DIANWANG QIYE XIAOFANG ANQUAN GUANLI PEIXUN JIAOCAI

# 电网企业消防安全管理培训教材

国网北京市电力公司 编

中国电力出版社
CHINA ELECTRIC POWER PRESS

## 内 容 提 要


为增强电力企业消防安全管理意识，掌握消防基础知识，熟悉消防相关法规和标准要求，国网北京市电力公司结合电力企业的特点，组织系统内外专家编写了本书。

本书共九章，主要内容有燃烧与火灾基本知识、常用消防法律法规和标准规范、电网企业消防安全基本要求、建设工程消防管理、消防安全重点场所（部位）管理、消防安全“四个能力”建设、消防基本能力训练、火灾应急预案与演练及电网企业火灾事故案例分析。

本书内容丰富，深入浅出，通俗易懂，具有较强的系统性、实用性和针对性，可作为电力企业消防安全管理的培训教材及学习参考资料。



**图书在版编目（CIP）数据**

电网企业消防安全管理培训教材 / 国网北京市电力公司编. —北京：中国电力出版社，2020.6（2025.9重印）
ISBN 978-7-5198-4570-4

Ⅰ. ①电… Ⅱ. ①国… Ⅲ. ①电力工业–消防–安全管理–安全培训–教材 Ⅳ. ①TM08

中国版本图书馆 CIP 数据核字（2020）第 065470 号

出版发行：中国电力出版社
地　　址：北京市东城区北京站西街 19 号（邮政编码 100005）
网　　址：http://www.cepp.sgcc.com.cn
责任编辑：薛　红
责任校对：黄　蓓　常燕昆
装帧设计：赵姗姗
责任印制：石　雷

印　　刷：北京世纪东方数印科技有限公司
版　　次：2020 年 6 月第一版
印　　次：2025 年 9 月北京第二次印刷
开　　本：787 毫米×1092 毫米　16 开本
印　　张：13
字　　数：293 千字
印　　数：2001—2200 册
定　　价：52.00 元

# 编　委　会

# 前　言

随着经济社会的发展和消防技术的进步，国家制定和修订了《建筑设计防火规范》（GB 50016—2014）、《建筑防烟排烟系统技术标准》（GB 51251—2017）、《消防应急照明和疏散指示系统技术标准》（GB 51309—2018）等一批消防技术规范，而且随着国家体制改革的深入推进，消防体制也有了重大调整；近年来，电力设施也发生了重大技术革新，电网安全日益重要，但是在日常消防监督、指导和管理工作中，也发现部分员工消防安全基础知识有所欠缺，消防管理人员在系统性消防安全知识上存在薄弱环节，为了更好地严格落实消防安全主体责任，抓好消防安全工作，国网北京市电力公司结合电力企业的特点，组织电力系统内、外专家编写了《电网企业消防安全管理培训教材》。本书的编写也为深入贯彻落实《中华人民共和国消防法》《中华人民共和国安全生产法》和《消防安全责任制实施办法》等法规，规范电力企业员工消防安全技术工作提供指导。

本书包含九章内容，主要介绍了燃烧与火灾基本知识、常用消防法律法规和标准规范、电网企业消防安全基本要求、建设工程消防管理、消防安全重点场所（部位）管理、消防安全“四个能力”建设、消防基本能力训练、火灾应急预案与演练及电网企业火灾事故案例分析。

本书内容丰富、深入浅出、通俗易懂，具有较强的系统性、实用性和针对性，可作为电力企业消防安全管理培训教材及学习参考资料。

由于时间和水平有限，书中疏漏之处在所难免，欢迎读者提出宝贵意见和建议，以便及时修改和补充。

**编　者**

**2020 年 3 月**

# 目 录


前言

**第一章 燃烧与火灾基本知识** …… 1

第一节 燃烧基础知识 …… 1

一、燃烧条件 …… 1

二、燃烧的类型 …… 3

三、燃烧方式与特点 …… 5

四、燃烧产物 …… 8

第二节 火灾基础知识 …… 9

一、火灾的定义、分类与危害 …… 9

二、火灾发生的常见原因 …… 12

三、建筑火灾蔓延的机理与途径 …… 13

四、灭火的基本原理与方法 …… 18

第三节 爆炸基础知识 …… 19

一、爆炸的概念及分类 …… 19

二、爆炸极限 …… 21

三、爆炸危险源 …… 22

**第二章 常用消防法律法规和标准规范** …… 25

第一节 消防法律 …… 25

一、消防法律的概念 …… 25

二、中华人民共和国消防法 …… 25

三、中华人民共和国建筑法 …… 28

四、中华人民共和国产品质量法 …… 29

五、中华人民共和国安全生产法 …… 31

六、中华人民共和国行政处罚法 …… 33

七、中华人民共和国行政许可法 …… 34

八、中华人民共和国刑法 …… 35

第二节 部门规章 …… 39

一、公共娱乐场所消防安全管理规定 …… 39

二、机关、团体、企业、事业单位消防安全管理规定 …… 39

三、社会消防安全教育培训规定 …… 41
第三节 规范性文件 …… 42
一、《关于印发〈消防安全重点单位微型消防站建设标准（试行）〉的通知》 …… 42
二、《国务院安全生产委员会关于〈开展电气火灾综合治理工作〉的通知》 …… 43
三、《国务院办公厅关于印发〈消防安全责任制实施办法〉的通知》 …… 43
第四节 国家标准及行业标准 …… 45
一、消防标准的概念及分类 …… 45
二、常用消防标准介绍 …… 46
三、电网企业常用标准 …… 47
**第三章 电网企业消防安全基本要求 …… 49**
第一节 消防管理基础知识 …… 49
一、消防的释义 …… 49
二、消防工作的重要性和意义 …… 49
三、消防工作的方针 …… 49
四、消防工作的基本原则 …… 50
五、消防工作的特点 …… 50
六、消防工作的任务 …… 50
第二节 消防安全责任制 …… 50
一、实行消防安全责任制意义 …… 51
二、电网企业消防安全责任制基本要求 …… 51
三、安全生产委员会消防安全主要职责 …… 52
四、消防安全责任人主要职责 …… 52
五、消防安全管理人主要职责 …… 52
六、消防管理部门主要职责 …… 53
七、安监部门主要职责 …… 54
八、志愿消防员主要职责 …… 54
九、专职消防员主要职责 …… 54
第三节 消防安全管理制度及操作规程 …… 54
一、各级和各岗位消防安全职责 …… 54
二、消防安全教育宣传和培训制度 …… 55
三、防火巡查、检查制度 …… 55
四、防火重点部位管理制度 …… 55
五、消防设施、器材维护管理制度 …… 55
六、消防隐患排查治理制度 …… 55
七、用电、动火安全管理制度 …… 55
八、危险物品和场所管理制度 …… 55
九、义务消防队组织管理制度 …… 55

十、灭火和应急疏散演练制度……56
十一、消防工程建设及验收制度……56
十二、消防工作考评及奖惩制度……56
十三、消防档案管理制度……56
十四、消防安全规程……56
十五、其他消防安全管理制度……56
第四节 消防安全教育培训……57
一、培训基本要求……57
二、消防安全专门培训范围……57
三、消防安全培训内容……57
四、消防安全培训档案内容……57
第五节 防火检查及隐患治理……58
一、日常防火巡查……58
二、定期防火检查……58
三、定期消防安全监督检查……58
四、火灾隐患治理……59
五、火灾隐患整改档案……59
第六节 消防设施及器材维护管理……60
一、日常维护保养……60
二、年度功能检验……60
三、维修保养档案……60
四、年度功能检验档案……60
第七节 灭火及疏散应急预案和演练……60
一、总则……60
二、预案制定……61
三、预案演练……61
四、演练方式……61
五、演练档案……61
六、预案修订……61
第八节 消防档案管理……61
一、基本要求……61
二、消防安全基本情况应包括的内容……62
三、消防安全管理情况应包括的内容……62
四、消防档案资料保存期限……62
**第四章 建设工程消防管理……63**
第一节 工程设计阶段消防管理……63
一、建（构）筑物火灾危险性分类、耐火等级、防火间距及消防道路……63

二、建（构）筑物的安全疏散和建筑构造……64
三、变压器及其他带油电气设备……65
四、电缆及电缆敷设……65
五、消防给水、灭火设施及火灾自动报警……65
六、采暖、通风和空气调节……66
七、消防供电及应急照明……67
八、消防设计文件审批与报备……68
第二节　工程施工期间的消防管理要求……68
第三节　工程竣工验收的消防管理要求……69
一、消防法对工程消防验收和备案的相关规定……69
二、建设工程消防验收办理……69
**第五章　消防安全重点场所（部位）管理……71**
第一节　动火管理……71
一、动火级别……71
二、禁止动火条件……71
三、动火安全组织措施……71
四、动火安全技术措施……74
五、一般动火安全措施……75
第二节　电缆防火封堵……75
一、电缆防火概述……75
二、电缆防火措施……77
三、电缆灭火措施……79
四、电缆防火管理……80
第三节　输变配电装置的防火措施及要求……82
一、变压器的防火措施和要求……82
二、电容器的防火措施和要求……93
三、蓄电池室的防火措施和要求……95
四、输电线路的防火措施……99
第四节　电缆隧道的防火措施……102
一、概述……102
二、电缆隧道及综合管廊电力舱的火灾特点及原因……102
三、相关规程要求……104
第五节　数据中心机房的防火措施及要求……112
一、数据中心机房防火措施的重要性……112
二、数据中心机房的电气火灾原因分析……112
三、数据中心机房的火灾特性……113
四、数据中心机房消防设施……113

五、数据中心机房的气体灭火系统的设置 …… 114
六、机房气体灭火系统使用及日常维护 …… 116
七、机房的其他消防安全设施 …… 116
八、灭火剂的选择 …… 116
九、高压细水雾灭火系统在数据中心机房中的应用 …… 117
十、机房日常维护管理 …… 120
**第六章　消防安全“四个能力”建设** …… 122
第一节　检查消除火灾隐患 …… 123
一、火灾隐患的定义及判定 …… 123
二、火灾隐患的检查 …… 125
三、火灾隐患的整改及消除 …… 148
第二节　扑救初期火灾 …… 149
一、扑灭初起火灾流程 …… 149
二、火灾报警 …… 149
三、常见火灾灭火方法 …… 150
四、电网企业防火重点部位初期火灾扑救 …… 151
第三节　安全疏散逃生 …… 153
一、掌握正确疏散方法的意义 …… 153
二、正确疏散逃生 …… 154
第四节　消防宣传教育和培训 …… 155
一、消防教育培训对象 …… 155
二、消防教育培训内容 …… 155
**第七章　消防基本能力训练** …… 157
第一节　常用消防设施与器材操作训练 …… 157
一、消防专用电话识别与操作训练 …… 157
二、消防应急广播识别与操作训练 …… 157
三、消防控制室综合应用操作训练 …… 158
四、防火卷帘操作训练 …… 159
五、防排烟设施识别与操作训练 …… 159
六、消防电梯操作训练 …… 160
七、水泵接合器识别与操作训练 …… 161
八、固定消防泵组识别与操作训练 …… 161
九、自动喷水灭火系统识别与操作训练 …… 162
十、消防安全标志识别训练 …… 163
十一、灭火器识别及扑救初起火灾训练 …… 163
十二、消火栓识别及扑救初起火灾训练 …… 164
第二节　火场疏散逃生基本方法操作训练 …… 165

一、消防过滤式自救呼吸器识别与操作训练……165
二、缓降器与救生软梯操作训练……166
三、伤员搬运训练……167
四、组织班（组）实施预案演练训练……168
**第八章 火灾应急预案与演练**……169
第一节 火灾应急预案概述……169
一、火灾应急预案的概念……169
二、火灾应急预案的分类……169
第二节 火灾应急预案编制……170
一、火灾应急预案的编制依据……170
二、火灾应急预案的编制范围……170
三、火灾应急预案制定的程序……170
四、火灾应急预案的编制内容……171
第三节 火灾应急预案演练……174
一、火灾应急预案演练分类……174
二、火灾应急预案演练规划……175
三、火灾应急预案演练准备……176
四、火灾应急预案演练实施……178
五、火灾应急预案演练评估与总结……180
**第九章 电网企业火灾事故案例分析**……182
第一节 主变压器火灾事故分析……182
第二节 换流站火灾事故分析……184
第三节 互感器火灾事故分析……185
第四节 电缆沟火灾事故分析……186
第五节 电缆隧道火灾事故分析……190
第六节 雷击事故引发变电站火灾事故分析……192

# 第一章
# 燃烧与火灾基本知识

## 第一节 燃 烧 基 础 知 识

### 一、燃烧条件

所谓燃烧，是指可燃物与氧化剂作用发生的放热反应，通常伴有火焰、发光和（或）发烟现象。燃烧过程中，燃烧区的温度较高，使其中白炽的固体粒子和某些不稳定（或受激发）的中间物质分子内电子发生能级跃迁，从而发出各种波长的光；发光的气相燃烧区就是火焰，它是燃烧过程中最明显的标志；由于燃烧不完全等原因，会使产物中混有一些小颗粒，这样就形成了烟。

**（一）燃烧的必要条件**

燃烧可分为有焰燃烧和无焰燃烧。通常看到的明火都是有焰燃烧；有些固体发生表面燃烧时，有发光发热的现象，但是没有火焰产生，这种燃烧方式则是无焰燃烧，例如木炭的燃烧。燃烧的发生和发展，必须具备三个必要条件，即可燃物、氧化剂（助燃物）和温度（引火源）。当燃烧发生时，上述三个条件必须同时具备，如果有一个条件不具备，那么燃烧就不会发生或者停止发生。三个燃烧条件如图 1－1 所示。

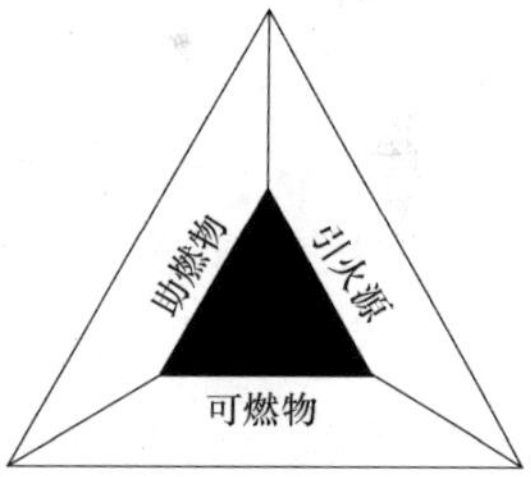

图 1－1　着火三角形（三个燃烧条件）

进一步研究表明，有焰燃烧的发生和发展除了具备上述三个条件以外，因其燃烧过程中还存在未受抑制的自由基（一种高度活泼的化学基团，能与其他自由基和分子起反应，从而使燃烧按链式反应的形式扩展，也称游离基）作中间体，因此，有焰燃烧发生和发展需要四个必要条件，即可燃物、氧化剂（助燃物）、引火源和链式反应。

1. 可燃物

凡是能与空气中的氧或其他氧化剂起化学反应的物质，均称为可燃物，如木材、氢气、汽油、煤炭、纸张、硫等。可燃物按其化学组成，分为无机可燃物和有机可燃物两大类。按其所处的状态，又可分为可燃固体、可燃液体和可燃气体三大类。

2. 氧化剂（助燃物）

凡是与可燃物结合能导致和支持燃烧的物质，称为助燃物，如广泛存在于空气中的氧气。普通意义上，可燃物的燃烧均指在空气中进行。

3. 引火源

凡是能引起物质燃烧的点燃能源，统称为引火源。一般分直接火源和间接火源两大类。了解火源的种类和形式，对有效预防火灾事故的发生具有十分重要的意义。

（1）直接火源。

1）明火。指生产、生活中的炉火、烛火、焊接火、吸烟火、撞击、摩擦打火、机动车辆排气管火星、飞火等。

2）电弧、电火花。指电气设备、电气线路、电气开关及漏电打火；电话、手机等通信工具火花；静电火花（物体静电放电、人体衣物静电打火、人体积聚静电对物体放电打火）等。

3）雷击。瞬间高压放电的雷击能引燃任何可燃物。

（2）间接火源。

1）高温。指高温加热、烘烤、积热不散、机械设备故障发热、摩擦发热、聚焦发热等。

2）自燃起火。是指在既无明火又无外来热源的情况下，物质本身自行发热、燃烧起火，如黄磷、烷基铝在空气中会自行起火；钾、钠等金属遇水着火；易燃、可燃物质与氧化剂、过氧化物接触起火等。

4. 链式反应

很多燃烧反应不是直接进行的，而是通过游离基团和原子这些中间产物在瞬间进行的循环链式反应。游离基的链锁反应是燃烧反应的实质，光和热是燃烧过程中的物理现象。

**（二）燃烧的充分条件**

可燃物、氧化剂和引火源是无焰燃烧的三个必要条件，但燃烧的发生需要三个条件达到一定量的要求，并且存在相互作用的过程，这就是燃烧的充分条件。对于有焰燃烧，还包括未受抑制的链式反应。

1. 一定的可燃物浓度

可燃气体或可燃液体的蒸气与空气混合只有达到一定浓度，才会发生燃烧或爆炸。例如，常温下用明火接触煤油，煤油并不立即燃烧，这是因为在常温下煤油表面挥发的煤油蒸气量不多，没有达到燃烧所需的浓度，虽有足够的空气和火源接触，也不能发生燃烧。灯用煤油在40℃以下、甲醇在低于7℃时，液体表面的蒸汽量均不能达到燃烧所需的浓度。

2. 一定的助燃物浓度

各种不同的可燃物发生燃烧，均有本身固定的最低氧含量要求。氧含量低于这一浓度，即使其他必要条件已经具备，燃烧仍不会发生。如：汽油的最低氧含量要求为14.4%，煤油为15%，乙醚为12%。

3. 一定的点火能量

各种不同可燃物发生燃烧，均有本身固定的最小点火能量要求。达到这一能量才能引起燃烧反应，否则燃烧便不会发生。如：汽油的最小点火能量为0.2mJ，乙醚（5.1%）为0.19mJ，甲醇（2.24%）为0.215mJ。

4. 燃烧条件的相互作用

燃烧要发生，必须使以上三个条件相互作用。要求每种条件都要达到一定的量，而且其中一个量的变化又会影响燃烧时对其他条件量的要求。如氧浓度的变化就会改变可燃气体、液体和部分可燃物的燃点。在实际情况下，对燃烧产生影响的条件还有很多：比如液态和气态可燃物，压力和温度对燃烧的影响就较大，当点火能量是电火花时，还要考虑电极间隙距离。又比如一般情况下，相同质量的固态可燃物与空气接触的表面积越大，燃烧所需的点火能量就越小。

5. 未受抑制的链式反应

对有焰燃烧，根据燃烧的链锁反应理论，因燃烧过程中存在未受抑制的游离基（自由基）作中间体，考虑游离基参加燃烧反应的附加维，从而形成着火四面体，如图1-2所示。自由基是一种高度活泼的化学基团，能与其他的自由基和分子起反应，从而使燃烧按链式反应的形式扩展。因此，有焰燃烧的发生需要未受抑制的链式反应。

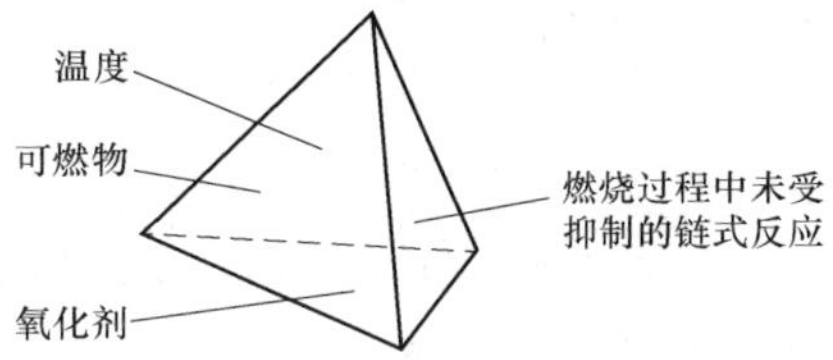

图1-2　着火四面体

## 二、燃烧的类型

燃烧可从着火方式、持续燃烧形式、燃烧物形态、燃烧现象等不同角度做不同的分类。掌握燃烧类型的有关常识，对于了解物质燃烧机理、火灾危险性的评定，有着重要的意义。

### （一）燃烧类型分类

按照燃烧形成的条件和发生瞬间的特点，可分为四种类型。

1. 闪燃

闪燃是指易燃或可燃液体（包括可熔化的少量固体，如石蜡、樟脑、萘等）挥发出来的蒸汽分子与空气混合后，达到一定的浓度时，遇火源产生一闪即灭的现象。发生闪燃的原因是：易燃或可燃液体在闪燃温度下蒸发的速度比较慢，蒸发出来的蒸气仅能维持一刹那的燃烧，来不及补充新的蒸汽维持稳定的燃烧，因而一闪就灭了。但闪燃却是引起火灾事故的先兆之一。闪点即是指易燃或可燃液体表面产生闪燃的最低温度。

2. 着火

可燃物在与空气共存的条件下，当达到某一温度时，与着火源接触即能引起燃烧，并在着火源离开后仍能持续燃烧，这种持续燃烧的现象叫着火。着火就是燃烧的开始，并且以出现火焰为特征。着火是日常生活中最常见的燃烧现象。如用火柴去点柴草、汽油、液化石油气等，就会引起它们着火。可燃物开始持续燃烧所需的最低温度称为着火点，即燃点。

3. 自燃

可燃物质在没有外部火花、火焰等火源的作用下，因受热或自身发热并蓄热所产生的自然燃烧，称为自燃。即物质在无外界引火源条件下，由于其本身内部所发生的生物、物理或化学变化而产生热量并积蓄，使温度不断上升，自然燃烧起来的现象。自燃点是指可燃物发生自燃的最低温度。

根据热的来源不同，可将自燃分为受热自燃和本身自燃两种。受热自燃是指没有外界明火的直接作用，而是受外界热源影响引起的自燃。引起受热自燃的主要原因有接触灼热物体、直接用火加热、摩擦生热、化学反应、绝热压缩、热辐射作用。本身自燃是指没有外界热源作用，靠物质内部发生生物、物理、化学等作用产生热量引起的自燃。引起本身自燃的原因有氧化生热、分解生热、聚合生热、吸附生热、发酵生热。黄磷暴露于空气中自燃是最典型的本身自燃现象。

部分植物或其产物，如干草、谷草、麦秸、稻草、三叶草、树叶、麦芽、锯末、甘蔗渣、苞米芯、原棉、苎麻等，部分浸油物品，如浸有油脂的棉花、棉纱、棉布、纸、麻、毛、丝绸和金属粉末等，是常见的自燃物质。

4. 爆炸

爆炸是指物质由一种状态迅速地转变成另一种状态，并在瞬间以机械功的形式释放出巨大的能量，或是气体、蒸气在瞬间发生的剧烈膨胀等现象。爆炸最重要的一个特征是爆炸点周围发生剧烈的压力突变，这种压力突变就是爆炸产生破坏作用的原因。作为燃烧类型之一的爆炸主要指化学爆炸，关于爆炸的具体分类及其各自特点详见本章第三节。

**（二）闪点、燃点、自燃点的概念**

气体、液体、固体物质的燃烧各有特点，通常根据不同燃烧类型，用不同的燃烧性能参数来分别衡量气体、液体、固体可燃物的燃烧特性。

1. 闪点

（1）闪点的定义。在规定的试验条件下，液体挥发的蒸气与空气形成的混合物，遇火源能够闪燃的液体最低温度（采用闭杯法测定），称为闪点。

（2）闪点的意义。闪点是可燃性液体性质的主要标志之一，是衡量液体火灾危险性大小的重要参数。闪点越低，火灾危险性越大，反之则越小。闪点与可燃性液体的饱和蒸汽压有关，饱和蒸气压越高，闪点越低。当液体的温度高于其闪点时，液体随时有可能被火源引燃或发生自燃，若液体的温度低于闪点，则液体是不会发生闪燃的，更不会发生着火。

（3）闪点在消防上的应用。闪点是判断液体火灾危险性大小以及对可燃性液体进行分类的主要依据。可燃性液体的闪点越低，其火灾危险性也越大。例如，汽油的闪点为－50℃，煤油的闪点为38～74℃，显然汽油的火灾危险性就比煤油大。根据闪点的高低，可以确定生产、加工、储存可燃性液体场所的火灾危险性类别：闪点＜28℃的为甲类；闪点≥28℃至＜60℃的为乙类；闪点≥60℃的为丙类。

2. 燃点

（1）燃点的定义。在规定的试验条件下，应用外部热源使物质表面起火并持续燃烧一定时间所需的最低温度，称为燃点。

（2）常见可燃物的燃点。可燃物的温度没有达到燃点时是不会着火的，物质的燃点越低，越易着火。

（3）燃点与闪点的关系。易燃液体的燃点一般高出其闪点1～5℃，且闪点越低，这一差值越小，特别是在敞开的容器中很难将闪点和燃点区分开来。因此，评定这类液体火灾危险性大小时，一般用闪点。对于闪点在100℃以上的可燃液体，闪点和燃点差值达30℃，这类液体一般情况下不易发生闪燃，也不宜用闪点去衡量它们的火灾危险性。固体的火灾危险性大小一般用燃点来衡量。

3. 自燃点

（1）自燃点的定义。在规定的条件下，可燃物质产生自燃的最低温度，称为自燃点。在这一温度时，物质与空气（氧）接触，不需要明火的作用，就能发生燃烧。

（2）常见可燃物的自燃点。自燃点是衡量可燃物质受热升温导致自燃危险的依据。可燃物的自燃点越低，发生自燃的危险性就越大。

（3）影响自燃点变化的规律。不同的可燃物有不同的自燃点，同一种可燃物在不同的条件下自燃点也会发生变化。可燃物的自燃点越低，发生火灾的危险性就越大。

对于液体、气体可燃物，其自燃点受压力、氧浓度、催化、容器的材质和内径等因素的影响。而固体可燃物的自燃点，则受受热熔融、挥发物的数量、固体的颗粒度、受热时间等因素的影响。

## 三、燃烧方式与特点

可燃物质受热后，因其聚集状态的不同，而发生不同的变化。绝大多数可燃物质的燃烧都是在蒸气或气体的状态下进行的，并出现火焰。而有的物质则不能成为气态，其燃烧发生在固相中，如焦炭燃烧时，呈灼热状态，而不呈现火焰。由于可燃物质的性质、状态不同，燃烧的特点也不一样。

### （一）气体燃烧的特点

可燃气体的燃烧不需像固体、液体那样需经熔化、蒸发过程，所需热量仅用于氧化或分解，或将气体加热到燃点，因此容易燃烧且燃烧速度快。根据燃烧前可燃气体与氧混合状况不同，其燃烧方式分为扩散燃烧和预混燃烧。

1. 扩散燃烧

即可燃性气体和蒸气分子与气体氧化剂互相扩散，边混合边燃烧。在扩散燃烧中，化学反应速度要比气体混合扩散速度快得多。整个燃烧速度的快慢由物理混合速度决定。气体（蒸气）扩散多少，就烧掉多少。人们在生产、生活中的用火（如燃气做饭、点气照明、烧气焊等）均属这种形式的燃烧。

扩散燃烧的特点为：燃烧比较稳定，扩散火焰不运动，可燃气体与氧化剂气体的混合在可燃气体喷口进行。对稳定的扩散燃烧，只要控制得好，就不至于造成火灾，一旦发生火灾也较易扑救。

2. 预混燃烧

又称动力燃烧或爆炸式燃烧。它是指可燃气体、蒸气或粉尘预先同空气（或氧）混合，遇火源产生带有冲击力的燃烧。预混燃烧一般发生在封闭体系中或在混合气体向周围扩散的速度远小于燃烧速度的敞开体系中，燃烧放热造成产物体积迅速膨胀，压力升高，压强可达 709.1～810.4kPa。通常的爆炸反应即属此种。

预混燃烧的特点为：燃烧反应快，温度高，火焰传播速度快，反应混合气体不扩散，在可燃混气中引入一火源即产生一个火焰中心，成为热量与化学活性粒子集中源。如果预混气体从管口喷出发生动力燃烧，若流速大于燃烧速度，则在管中形成稳定的燃烧火焰，由于燃烧充分，燃烧速度快，燃烧区呈高温白炽状，如汽灯的燃烧即是如此。若混气在管口流速小于燃烧速度，则会发生“回火”。如制气系统检修前不进行置换就烧焊，燃气系统开车前不进行吹扫就点火，用气系统产生负压回火或者漏气未被发现而用火时，往往形成动力燃烧，有可能造成设备损坏和人员伤亡。

### （二）液体燃烧的特点

易燃、可燃液体在燃烧过程中，并不是液体本身在燃烧，而是液体受热时蒸发出来的液体蒸汽被分解、氧化达到燃点而燃烧，即蒸发燃烧。因此，液体能否发生燃烧、燃烧速率高低，与液体的蒸气压、闪点、沸点和蒸发速率等性质密切相关。

常见的可燃液体中，液态烃类燃烧时，通常具有橘色火焰并散发浓密的黑色烟云。醇类燃烧时，通常具有透明的蓝色火焰，几乎不产生烟雾。某些醚类燃烧时，液体表面伴有明显的沸腾状，这类物质的火灾较难扑灭。在含有水分、黏度较大的重质石油产品，如原油、重油、沥青油等发生燃烧时，有可能产生沸溢现象和喷溅现象。

1. 沸溢

以原油为例，其黏度比较大，且都含有一定的水分，以乳化水和水垫两种形式存在。所谓乳化水是原油在开采运输过程中，原油中的水由于强力搅拌成细小的水珠悬浮于油中而成。放置久后，油水分离，水因比重大而沉降在底部形成水垫。

燃烧过程中，这些沸程较宽的重质油品产生热波，在热波向液体深层运动时，由于温度远高于水的沸点，因而热波会使油品中的乳化水气化，大量的蒸气就要穿过油层向液面上浮，在向上移动过程中形成油包气的气泡，即油的一部分形成了含有大量蒸汽气泡的泡沫。这样，必然使液体体积膨胀，向外溢出，同时部分未形成泡沫的油品也被下面的蒸汽膨胀力抛出罐外，使液面猛烈沸腾起来，就像“跑锅”一样，这种现象叫沸溢。从沸溢过程说明，沸溢形成必须具备三个条件：

（1）原油具有形成热波的特性，即沸程宽，比重相差较大；

（2）原油中含有乳化水，水遇热波变成蒸汽；

（3）原油黏度较大，使水蒸气不容易从下向上穿过油层。

2. 喷溅

在重质油品燃烧进行过程中，随着热波温度的逐渐升高，热波向下传播的距离也加大，当热波达到水垫时，水垫的水大量蒸发，蒸汽体积迅速膨胀，以至把水垫上面的液体层抛向空中，向罐外喷射，这种现象叫喷溅。

一般情况下，发生沸溢要比发生喷溅的时间早的多。发生沸溢的时间与原油的种类、水分含量有关。根据实验，含有 1%水分的石油，经 45～60min 燃烧就会发生沸溢。喷溅发生的时间与油层厚度、热波移动速度以及油的燃烧线速度有关。

### （三）固体燃烧的特点

固体可燃物由于其分子结构的复杂性、物理性质的不同，其燃烧方式也不相同。主要有下列四种。

1. 蒸发燃烧

可熔化的可燃性固体受热升华或熔化后蒸发，产生可燃气体进而发生的有焰燃烧，称为蒸发燃烧。发生蒸发燃烧的固体，在燃烧前受热只发生相变，而成分不发生变化。一旦火焰稳定下来，火焰传热给蒸发表面，促使固体不断蒸发或升华燃烧，直至燃尽为止。分子晶体、挥发性金属晶体和有些低熔点的无定形固体的燃烧，如石蜡、松香、硫、钾、磷、沥青和热塑性高分子材料等燃烧，均为蒸发燃烧。燃烧过程中保持边熔化、边蒸发、边燃烧形式，固体有蒸发面的部分都会有火焰出现，燃烧速度较快。钾、钠、镁等之所以称为挥发金属，因其燃烧属蒸发式燃烧，而生成白色浓烟是挥发金属蒸发式燃烧的特征。

2. 分解燃烧

分子结构复杂的固体可燃物，在受热后分解出其组成成分及与加热温度相应的热分解产物，这些分解产物再氧化燃烧，称为分解燃烧。如木材、纸张、棉、麻、毛、丝、以及合成高分子的热固性塑料、合成橡胶等燃烧。

煤、木材、纸张、棉花、农副产品等成分复杂的固体有机物，受热不发生整体相变，而是分解释放出可燃气体，燃烧产生明亮的火焰，火焰的热量又促使固体未燃部分的分解和均相燃烧。当固体完全分解且析出可燃气体全部烧尽后，留下的碳质固体残渣才开始无火焰的表面燃烧。

塑料、橡胶、化纤等高聚物，是由许多重复的较小结构单位（链节）所组成的大分子。绝大多数高分子材料都是易燃的，而且大部分发生分解式燃烧，燃烧放出的热量很大。一般说来，高聚物的燃烧过程包括受热软化熔融、解聚分解、氧化燃烧。分解产物随分解时的温度、氧浓度及高聚物本身的组成和结构不同而异。所有高聚物在分解过程中都会产生可燃气体，分解产生的较大分子会随燃烧温度的提高进一步蒸发热解或不完全燃烧。高聚物在火灾的高温下边熔化、边分解，边呈有焰均相燃烧，燃着的熔滴可把火焰从一个区域扩展到另一个区域，从而促使火热蔓延发展。

3. 表面燃烧

可燃物受热不发生热分解和相变，可燃物质在被加热的表面上吸附氧，从表面开始呈余烬的燃烧状态叫表面燃烧（也叫无火焰的非均相燃烧）。

这类燃烧的典型例子，如焦炭、木炭和不挥发金属等的燃烧。表面燃烧速度取决于氧气扩散到固体表面的速度，并受表面上化学反应速度的影响。焦炭、木炭为多孔性结构的简单固体，即使在高温下也不会熔融、升华或分解产生可燃气体。氧扩散到固体物质的表面，被高温表面吸附，发生气固非均相燃烧，反应的产物从固体表面解吸扩散，带着热量离开固体表面。整个燃烧过程中固体表面呈高温炽热发光而无火焰，燃烧速度小于蒸发速度。

铝、铁等不挥发金属的燃烧也为表面燃烧。不挥发金属的氧化物熔点低于该金属的沸点。燃烧的高温尚未达到金属沸点且无大量高热金属蒸气产生时，其表面的氧化物层已熔化退去，使金属直接与氧气接触，发生无火焰的表面燃烧。由于金属氧化物的熔化消耗了一部分热量，减缓了金属被氧化，致使燃烧速度不快，固体表面呈炽热发光。这类金属在粉末状、气熔胶状、刨花状时，燃烧进行得很激烈，且无烟生成。

4. 阴燃

阴燃是指物质无可见光的缓慢燃烧，通常产生烟和温度升高的迹象。这种燃烧看不见火苗，可持续数天甚至数十天，不易发现。

（1）容易发生阴燃的状况。一些固体可燃物在空气不流通、加热温度较低或湿度较大的条件下发生干馏分解，产生的挥发成分未能发生有焰燃烧；固体材料受热分解，必须能产生刚性结构多孔性炭化材料。常见易发生阴燃物质，如成捆堆放的棉、麻、纸张及大量堆放的煤、杂草、湿木材、布匹等。

（2）阴燃和有焰分解燃烧的相互转化。在缺氧或湿度较大条件下发生火灾，由于燃烧消耗氧气及水蒸气的蒸发耗能，使燃烧体系氧气浓度和温度均降低，燃烧速度减慢，固体分解出的气体量减少，火焰逐渐熄灭，由有焰燃烧转为阴燃。如果通风条件改变，当持续的阴燃完全穿透固体材料时，由于对流的加强，会使空气流入量相对增大，供氧量增加，或可燃物中水分蒸发到一定程度，也可能由阴燃转变为有火焰的分解燃烧甚至爆燃。火场上的复燃现象和由于固体阴燃引起的火灾等，都是阴燃在一定条件下转化为有焰分解燃烧的例子。

固体的上述四种燃烧形式中，蒸发燃烧和分解燃烧都是有火焰的均相燃烧，只是可燃气体的来源不同。蒸发燃烧的可燃气体是相变产物，分解燃烧的可燃气体来自固体的热分解。固体的表面燃烧和阴燃，都是发生在固体表面与空气的界面上，呈无火焰的非均相燃烧。阴燃和表面燃烧的区别，就在于表面燃烧的过程中固体不发生分解。

## 四、燃烧产物

火灾中因燃烧而产生一类物质，其成分取决于可燃物的组成和燃烧条件。大部分可燃物属于有机化合物，它们主要由碳、氢、氧、氮、硫、磷等元素组成，燃烧生成的气体一般有一氧化碳、氰化氢、二氧化碳、丙烯醛、氯化氢、二氧化硫等。

### （一）燃烧产物的概念

由燃烧或热解作用产生的全部物质，称为燃烧产物，有完全燃烧产物和不完全燃烧产物之分。

完全燃烧产物是指可燃物中的 C 被氧化生成的 $CO_2$（气）、H 被氧化生成的 $H_2O$（液）、S 被氧化生成的 $SO_2$（气）等；而 CO、$NH_3$、醇类、醛类、醚类等是不完全燃烧产物。燃烧产物的数量、组成等随物质的化学组成及温度、空气的供给情况等的变化而不同。

燃烧产物中的烟主要是燃烧或热解作用所产生的悬浮于大气中能被人们看到的直径一般在 $10^{-7}$ 至 $10^{-4}$cm 之间的极小的炭黑粒子，大直径的粒子容易由烟中落下来称为烟尘或炭黑。炭粒子的形成过程比较复杂。例如碳氢可燃物在燃烧过程中，会因受热裂解产生一系列中间产物，中间产物还会进一步裂解成更小的碎片，这些小碎片会发生脱氢、聚合、环化等反应，最后形成石墨化碳粒子，构成了烟。

### （二）几类典型物质的燃烧产物

按照构成状态可将物质分为纯净物和混合物。由一种物质构成的称为纯净物（即只能写出一个化学分子式的），由不同物质构成的称为混合物。

1. 单质的燃烧产物

由一种元素构成的纯净物，称为单质，如碳、氢、硫等。一般单质在空气中完全燃烧，其产物为构成该单质的元素的氧化物，如二氧化碳、水、二氧化硫等。一些单质在空气中燃烧除生成完全燃烧产物外，还会生成不完全燃烧产物。最典型的不完全燃烧产物是一氧化碳，它能进一步燃烧生成二氧化碳。

2. 化合物的燃烧产物

与单质相对，由两种或两种以上元素组成的纯净物称为化合物。其中，高分子化合物是指由众多原子或原子团主要以共价键结合而成的相对分子量在一万以上的化合物。对于一些高分子化合物，受热后会产生热裂解，生成许多不同类型的有机化合物，并能进一步燃烧。有些不完全燃烧产物能与空气形成爆炸性混合物，导致火势的突变。

3. 合成有机高分子材料的燃烧产物

合成有机高分子材料属混合物，主要是以煤、石油、天然气为原料制得的如塑料、橡胶、合成纤维、薄膜、胶粘剂和涂料等，其中塑料、合成橡胶和合成纤维被称为现代三大合成有机高分子材料。合成有机高分子材料在燃烧过程中伴有热裂解，会分解产生许多有毒或有刺激性的气体，如氯化氢（$HCl$）、光气（$COCl_2$）、氰化氢（$HCN$）及氧化氮（$NO_x$）等。

4. 木材的燃烧产物

木材是一种由碳、氢、氧等元素组成混合物，主要以纤维素（$C_6H_{10}O_5$）X 分子形式存在。木材在受热后发生热裂解反应，生成小分子产物。在 200℃左右开始，即生成二氧化碳、水蒸气、甲酸、乙酸、一氧化碳等产物。

**（三）燃烧产物的危害性**

统计资料表明，火灾中死亡人数大约 75%是由于吸入毒性气体而致死的。燃烧产物中含有大量的有毒成分，如一氧化碳、氰化氢、二氧化硫、二氧化氮等。这些气体均对人体有不同程度的危害。

二氧化碳和一氧化碳是燃烧产生的两种主要燃烧产物。其中，二氧化碳虽然无毒，但当达到一定的浓度时，会刺激人的呼吸中枢，导致呼吸急促、烟气吸入量增加，并且还会引起头痛、神志不清等症状。而一氧化碳是火灾中致死的主要燃烧产物之一，其毒性在于对血液中血红蛋白的高亲和性，其对血红蛋白的亲和力比氧气高出 250 倍，因而，它能够阻碍人体血液中氧气的输送，引起头痛、虚脱、神志不清等症状和肌肉调节障碍等。

除毒性之外，燃烧产生的烟气还具有一定的减光性。通常可见光波长 $\lambda$ 为 0.4～0.7μm，一般火灾烟气中的烟粒子粒径 $d$ 为几微米到几十微米，由于 $d>2\lambda$，烟粒子对可见光是不透明的。烟气在火场上弥漫，会严重影响人们的视线，使人们难以辨别火势发展方向和寻找安全疏散路线。同时，烟气中有些气体对人的肉眼有极大的刺激性，使人睁不开眼而降低能见度。试验证明，室内火灾在着火后大约 15min 左右，烟气的浓度最大，此时人们的能见距离一般只有数十厘米。

# 第二节 火灾基础知识

## 一、火灾的定义、分类与危害

火灾是灾害的一种，导致火灾的发生既有自然因素，又有许多人为因素。掌握火灾的定义、分类及其危害特性，是了解火灾规律、研究如何防范火灾的基础。

### （一）火灾的定义

根据《消防词汇　第一部分　通用术语》（GB 5907.1—2014），火灾是指在时间或空间上失去控制的燃烧。

### （二）火灾的分类

根据不同的需要，火灾可以按不同的方式进行分类。

1. 按照燃烧对象的性质分类

按照《火灾分类》（GB/T 4968—2008）的规定，火灾分为A、B、C、D、E、F六类。

A. 类火灾：固体物质火灾。这种物质通常具有有机物性质，一般在燃烧时能产生灼热的余烬。如木材、棉、毛、麻、纸张火灾等。

B. 类火灾：液体或可熔化固体物质火灾。如汽油、煤油、原油、甲醇、乙醇、沥青、石蜡火灾等。

C. 类火灾：气体火灾。如煤气、天然气、甲烷、乙烷、氢气、乙炔等。

D. 类火灾：金属火灾。如钾、钠、镁、钛、锆、锂等。

E. 类火灾：带电火灾。物体带电燃烧的火灾。如变压器等设备的电气火灾等。

F. 类火灾：烹饪器具内的烹饪物（如动植物油脂）火灾。

2. 按照火灾事故所造成的灾害损失程度分类

依据国务院2007年4月6日颁布的《生产安全事故报告和调查处理条例》（国务院令493号）中规定的生产安全事故等级标准，消防部门将火灾分为特别重大火灾、重大火灾、较大火灾和一般火灾四个等级。

（1）特别重大火灾：是指造成30人以上死亡，或者100人以上重伤，或者1亿元以上直接财产损失的火灾；

（2）重大火灾：是指造成10人以上30人以下死亡，或者50人以上100人以下重伤，或者5000万元以上1亿元以下直接财产损失的火灾；

（3）较大火灾：是指造成3人以上10人以下死亡，或者10人以上50人以下重伤，或者1000万元以上5000万元以下直接财产损失的火灾；

（4）一般火灾：是指造成3人以下死亡，或者10人以下重伤，或者1000万元以下直接财产损失的火灾。

注：“以上”包括本数，“以下”不包括本数。

### （三）火灾的危害

1. 危害生命安全

建筑物火灾会对人的生命安全构成严重威胁。一场大火，有时会吞噬几十人、甚至几百人的生命。据统计，2010～2012年，全国共发生火灾40.93万起，造成3242人死亡、1720人受伤，年均较大以上火灾60余起。2000年12月25日，河南省洛阳某商厦火灾，致309人死亡。2013年6月3日，吉林省某有限公司火灾，造成120人遇难、77人受伤。2015年2月5日13时43分许，广东省惠州市某小商品批发城发生火灾，造成17人死亡，2名群众、4名消防队员受伤，直接经济损失1173万元。2017年2月25日8时许，江西省南昌市某酒店KTV发生火灾，造成10人死亡，13人受伤。2017年11月18日18时许，北京市大兴区某新建村发生火灾，起火原因系埋在聚氨酯保温材料内的电气线路故障所致，火灾共造成19人死亡，8人受伤。2017年12月1日凌晨4时许，位于天津市某大厦B座38层发生火灾，造成10人死亡5人受伤。2018年8月25日凌晨，哈尔滨市松北区某酒店发生火灾，火灾共已造成20人死亡，20多人受伤。建筑物火灾对生命的威胁主要来自以下几方面：首先是建筑物采用的许多可燃性材料或高分子材料，在起火燃烧时产生高温高热，对人员的肌体造成严重伤害，甚至致人休克、死亡，据统计，因燃烧热造成的人员死亡约占整个火灾死亡人数的近1/4。其次，建筑材料燃烧过程中释放出的一氧化碳、氰化物等有毒烟气，吸入后会产生呼吸困难、头痛、恶心、神经系统紊乱等症状，威胁生命安全。在所有火灾死亡的人中，约有3/4的人系吸入有毒有害烟气后直接导致死亡。再次，建筑物经燃烧，达到甚至超过了承重构件的耐火极限，导致建筑整体或部分构件坍塌，造成人员伤亡。2003年11月3日，湖南省衡阳市某大厦火灾，由于燃烧时间长，建筑构件本身存在问题，最终建筑物坍塌，20名消防员牺牲。

2. 造成经济损失

火灾造成的经济损失主要以建筑火灾为主。体现在以下几个方面：

（1）火灾使建筑物化为灰烬，甚至因火势蔓延而烧毁整幢建筑物内的财物。2004年12月21日，湖南省常德市某市场发生特大火灾，过火建筑面积83 276m$^2$，直接财产损失1.876亿元。

（2）建筑物火灾产生的高温高热，将造成建筑结构的破坏，甚至引起建筑物整体倒塌。如2001年9月11日美国纽约世贸大厦，因飞机撞击后酿成大火，最后建筑垮塌。

（3）建筑火灾产生的流动烟气，将使远离火焰的财物特别是精密电器、纺织物等受到侵蚀，甚至无法再使用。

（4）扑救建筑火灾所用的水、干粉、泡沫等灭火剂，不仅本身是一种资源损耗，并且将使建筑内的财物遭受水渍、污染等损失。

（5）建筑火灾发生后，因建筑修复重建、人员善后安置、生产经营停业等，会造成巨大的间接经济损失。

3. 破坏文明成果

一些历史保护建筑、文化遗址一旦发生火灾，除了会造成人员伤亡和财产损失外，大量文物、典籍、古建筑等诸多的稀世瑰宝面临烧毁的威胁，这将对人类文明成果造成无法挽回的损失。1997年6月7日，印度南部泰米尔纳德邦坦贾武尔镇一座神庙发生火灾，使这座建于公元11世纪的人类历史遗产付之一炬。1994年11月15日，吉林省吉林市某夜总会发生火灾，火势蔓延到相邻的博物馆，使7000万年前的恐龙化石以及其他大批珍贵文物毁于一旦。2019年4月16日凌晨，巴黎圣母院遭遇大火，大火摧毁了大部分屋顶，并吞噬了这座标志性建筑的塔尖。

4. 影响社会稳定

从许多火灾案例来看，当学校、医院、宾馆、办公楼等公共场所发生群死群伤恶性火灾，或涉及粮食、能源、资源等涉及国计民生的重要工业建筑发生大火时，极可能在民众中造成心理恐慌。家庭是社会细胞，普通家庭生活遭受火灾的危害，也将在一定范围内造成负面影响，损害群众的安全感，影响社会的稳定。如2012年4月10日深圳市一座550kV的变电站运行开关设备突然爆炸，造成福田、罗湖、龙岗等多区域同时发生大规模停电。2014年6月19日三亚市河西区岭北社区大通小区一带的变压器爆炸烧毁，致使这一带的180户居民断水断电10天，严重影响居民正常生活。2016年6月18日凌晨0点25分，某座330kV变电站突发大火，火灾造成邻近商铺门窗受损，5台车辆不同程度受损，3名街边乘凉的无辜群众不同程度受伤；此外，火灾导致该市多个区域停电，三星电子某工厂约损失10%的生产力，造成约数百亿韩元的损失。

5. 破坏生态环境

火灾的危害不仅表现在毁坏财物、残害人类生命，而且还会严重破坏生态环境。如森林火灾的发生，会使大量的动植物灭绝，环境恶化，气候异常，干旱少雨，风暴增多，水土流失，导致生态平衡被破坏，引发饥荒和疾病的流行，严重威胁人类的生存和发展。2006年11月13日，中石油吉林石化公司双苯厂发生火灾爆炸事故，事故产生的主要污染物苯、苯胺和硝基苯等有机物进入松花江，引发严重水体污染事件。

## 二、火灾发生的常见原因

事故都有起因，火灾也是如此。分析起火原因，了解火灾发生的特点，是为了更有针对性地运用技术措施，有效控火，防止和减少火灾危害。

### （一）电气

电气原因引起的火灾在我国火灾中居于首位，据有关资料显示，2012年，全国因电气原因引起的火灾占火灾总数的32.2%。电气设备过负荷、电气线路接头接触不良、电气线路短路等是电气引起火灾的直接原因。其间接原因是由于电气设备故障或电器设备设置使用不当所造成，如将功率较大的灯泡安装在木板、纸等可燃物附近，将日光灯的镇流器安装在可燃基座上，以及用纸或布做灯罩紧贴在灯泡表面上等，在易燃易爆的车间内使用非防爆型的电动机、灯具、开关等。

### （二）吸烟

烟蒂和点燃烟后未熄灭的火柴梗虽然是个不大的火源，但它能引起许多可燃物质燃烧，在起火原因中，占有相当的比重。2012年，全国因吸烟引发的火灾占到了总数的6.2%。具体情况如将没有熄灭的烟头和火柴梗扔在可燃物中引起火灾；躺在床上，特别是醉酒后躺在床上吸烟，烟头掉在被褥上引起火灾；在禁止一切火种的地方吸烟引起火灾等案例很多。

### （三）生活用火不慎

主要是城乡居民家庭生活用火不慎，如炊事用火中炊事器具设置不当，安装不符合要求，在炉灶的使用中违反安全技术要求等引起火灾；家中烧香祭祀过程中无人看管，造成香灰散落引发火灾等。2012年，全国因生活用火不慎引发的火灾占到了总数的17.9%。

### （四）生产作业不慎

主要指违反生产安全制度引起火灾。比如，在易燃易爆的车间内动用明火，引起爆炸起火；将性质相抵触的物品混存在一起，引起燃烧爆炸；在用气焊焊接和切割时，飞迸出的大量火星和熔渣，因未采取有效的防火措施，引燃周围可燃物；在机器运转过程中，不按时加油润滑，或没有清除附在机器轴承上面的杂质、废物，使机器这些部位摩擦发热，引起附着物起火；化工生产设备失修，出现可燃气体，易燃、可燃液体跑、冒、滴、漏现象，遇到明火燃烧或爆炸等。2012 年，全国因生产作业不慎引发的火灾占到了总数的 4.1%。

**（五）设备故障**

在生产或生活中，一些设施设备疏于维护保养，导致在使用过程中无法正常运行，因摩擦、过载、短路等原因造成局部过热，从而引发火灾。再如，一些电子设备长期处于工作或通电状态下，因散热不济，最终内部故障而引发火灾。

**（六）玩火**

因小孩玩火造成火灾，是生活中常见的火灾原因之一。尤其在农村里，未成年儿童缺乏看管，玩火取乐，这一现象尤为常见。

此外，每逢节日庆典，不少人喜爱燃放烟花爆竹来增加节日气氛。被点燃的烟花爆竹本身即是火源，稍有不慎，就易引发火灾，还会造成人员伤亡。我国每年春节期间火灾频繁，其中约有 70%～80%是由燃放烟花爆竹所引起的。2012 年，全国因玩火引发的火灾占到了总数的 3.8%。

**（七）放火**

主要指采用人为放火的方式引起的火灾。一般是当事人以放火为手段，为达到某种目的，这类火灾为当事人故意为之，通常经过一定的策划准备，因而往往缺乏初期救助，火灾发展迅速，后果严重。此外，放火人群中还有一部分是精神病人。2012 年，全国因放火引发的火灾占到了总数的 2%。

**（八）雷击**

雷电导致的火灾原因，大体上有三种：

（1）雷电直接击在建筑物上发生的热效应、机械效应作用等；

（2）雷电产生的静电感应作用和电磁感应作用；

（3）高电位雷电波沿着电气线路或金属管道系统侵入建筑物内部。

在雷击较多的地区，建筑物上如果没有设置可靠的防雷保护设施，便有可能发生雷击起火。

## 三、建筑火灾蔓延的机理与途径

通常情况下，火灾都有一个由小到大、由发展到熄灭的过程，其发生、发展直至熄灭的过程在不同的环境下会呈现不同的特点。本节主要介绍建筑火灾蔓延的机理、火灾发展的几个阶段及蔓延途径。

**（一）建筑火灾蔓延的机理**

建筑物内火灾蔓延，是通过热传播进行的，其形式与起火点、建筑材料、物质的燃烧性能和可燃物的数量等因素有关。在火场上燃烧物质所放出的热能，通常是以传导、辐射和对流三种方式传播，并影响火势蔓延扩大。

1. 热传导

热传导又称导热，属于接触传热，是连续介质就地传递热量而又没有各部分之间相对的宏观位移的一种传热方式。固体、液体和气体物质都有这种传热性能，其中以固体物质为最强，气体物质最弱。由于固体物质的性质各异，其传热的性能也各有不同。例如，将一根铜棒和一根铁棒的一端均放入火中，结果铜棒的另一端比铁棒会更快地被加热，这说明铜比铁有较快的传热速率；如果把两根铁棒的各一端分别放在火里和热水里，结果是放在火里的比放在热水里的铁棒温度高、传热快，这说明同样物质，热源温度高时，传热速率快。

对于起火的场所，热导率大的物体，由于能受到高温迅速加热，又会很快地把热能传导出去，在这种情况下，就可能引起没有直接受到火焰作用的可燃物质发生燃烧，利于火势传播和蔓延。

2. 热对流

由于流体之间的宏观位移所产生的运动，叫做对流。通过对流形式来传播热能的，只有气体和液体，分别叫做气体对流和液体对流。

（1）气体对流。气体对流对火势发展变化的影响主要是：流动着的热气流能够加热可燃物质，以致达到燃烧程度，使火势蔓延扩大；被加热的气体在上升和扩散的同时，周围的冷空气迅速流入燃烧区助长燃烧；气体对流方向的改变，促使火势蔓延方向也随着发生变化。气体对流的强度，决定于通风孔洞面积的大小、通风孔洞在房间中的位置（高度）、以及烟雾与周围空气的温度差等条件。气体对流对露天和室内火灾的火势发展变化都是有影响的。即使是室内起火，气体对流对火势发展变化的影响也是较明显的。

室内发生火灾时，燃烧产物和热气流迅速上升，当其遇到顶棚等障碍物时，就会沿着房间上部向各方向平行流动。这时，在房间上部空间形成了烟层，其厚度逐渐增大。如果房间的墙壁上面有门窗孔洞，燃烧产物和热气流就会向邻近的房间室外扩散。但是，也可能有一部分燃烧产物被外界流入的空气带回室内。燃烧产物的浓度越大，温度越高，流动的速度也就越快。

（2）液体对流。液体对流是一部分液体受热以后，因体积增大、相对密度减小而上升，温度较低的部分则由于相对密度较大而下降，就在这种运动的同时进行着热的传播，最后使整个液体被加热。

通过液体对流进行传热，影响火势发展的主要情况是：装在容器中的可燃液体局部受热后，以对流的传热方式使整个液体温度升高，蒸发速度加快，压力增大，以致使容器爆裂，或蒸气逸出，遇着火源而发生燃烧；重质油品燃烧时发生的沸溢或喷溅，同样是由于对流等传热作用所引起的。

3. 热辐射

以电磁波传递热量的现象，叫做热辐射。无论是固体、液体和气体，都能把热量以电磁波（辐射能）的方式辐射出去，也能吸收别的物体辐射出的电磁波而转变成热能。因此，热辐射在热量传递过程中伴有能量形式的转化，即热能—辐射能—热能。电磁波的传递是不需要任何介质的，这是辐射与传导、对流方式传递热量的根本区别。

火场上的火焰、烟雾都能辐射热能，辐射热能的强弱取决于燃烧物质的热值和火焰温度。物质热值越大，火焰温度越高，热辐射也越强。火场上的辐射热随着火灾发展的不同阶段而变化。在火势猛烈发展的阶段，当温度达到最大数值时，辐射热能最强。反之，辐射热能就弱，火势发展则缓慢。辐射热作用于附近的物体上，能否引起可燃物质着火，要看热源的温度、热源的距离和角度。

火场上实际进行的传热过程很少由一种传热方式单独进行，而是由两种或三种方式综合而成，但是必定有一种是主要的。

**（二）建筑火灾发展的几个阶段**

对于建筑火灾而言，最初发生在室内的某个房间或某个部位，然后由此蔓延到相邻的房间或区域，以及整个楼层，最后蔓延到整个建筑物。其发展过程大致可分为初期增长阶段、充分发展阶段和衰减阶段。图 1－3 为建筑室内火灾温度－时间曲线。

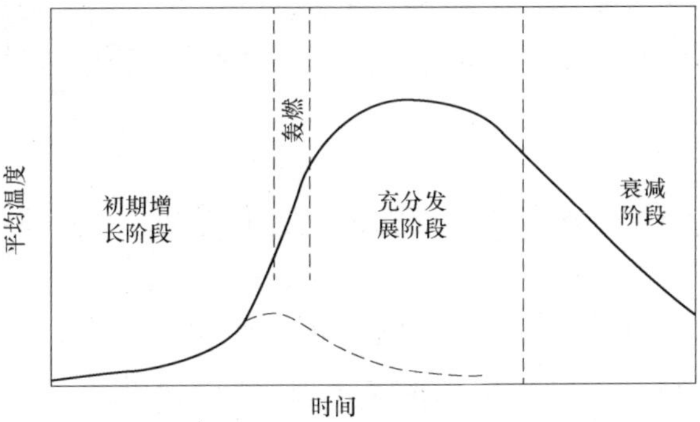


图 1－3　建筑室内火灾温度－时间曲线

*1. 初期增长阶段*

室内火灾发生后，最初只局限于着火点处的可燃物燃烧。局部燃烧形成后，可能会出现以下三种情况：

（1）以最初着火的可燃物燃尽而终止；

（2）因通风不足，火灾可能自行熄灭，或受到较弱供氧条件的支持，以缓慢的速度维持燃烧；

（3）有足够的可燃物，且有良好的通风条件，火灾迅速发展至整个房间。

这一阶段着火点处局部温度较高，燃烧的面积不大，室内各点的温度不平衡。由于可燃物性能、分布和通风、散热等条件的影响，燃烧的发展大多比较缓慢，有可能形成火灾，也有可能中途自行熄灭，燃烧发展不稳定。火灾初起阶段持续时间的长短不定。

*2. 充分发展阶段*

在建筑室内火灾持续燃烧一定时间后，燃烧范围不断扩大，温度升高，室内的可燃物在高温的作用下，不断分解释放出可燃气体，当房间内温度达到 400～600℃时，室内绝大部分可燃物起火燃烧，这种在一限定空间内可燃物的表面全部卷入燃烧的瞬变状态，称为轰燃。轰燃的出现是燃烧释放的热量在室内逐渐累积与对外散热共同作用、燃烧速率急剧增大的结果。通常，轰然的发生标志着室内火灾进入全面发展阶段。

轰燃发生后，室内可燃物出现全面燃烧，可燃物热释放速率很大，室温急剧上升，并出现持续高温，温度可达 800～1000℃。之后，火焰和高温烟气在火风压的作用下，会从房间的门窗、孔洞等处大量涌出，沿走廊、吊顶迅速向水平方向蔓延扩散。同时，由于烟囱效应的作用，火势会通过竖向管井、共享空间等向上蔓延。

3. 衰减阶段

在火灾全面发展阶段的后期，随着室内可燃物数量的减少，火灾燃烧速度减慢，燃烧强度减弱，温度逐渐下降，当降到其最大值的 80%时，火灾则进入熄灭阶段。随后房间内温度下降显著，直到室内外温度达到平衡为止，火灾完全熄灭。

**（三）建筑火灾蔓延的途径**

在火场上，烟雾流动的方向通常是火势蔓延的一个主要方向。建筑物发生火灾，烟火在建筑内的流动呈现水平流动和垂直流动，且两种流动是同时进行的。500℃以上热烟所到之处，遇到的可燃物都有可能被引燃起火。建筑火灾蔓延的途径主要有：内墙门、洞口，外墙窗口，房间隔墙，空心结构，闷顶，楼梯间，各种竖井管道，楼板上的孔洞及穿越楼板、墙壁的管线和缝隙等。

1. 垂直蔓延

建筑物内发生火灾，由于热对流的存在，火灾烟气通过门洞等各种开口、孔洞蔓延，导致灾情扩大。当烟火在走廊内流动时，一旦遇到楼梯间、电梯井、竖向管道、厂房内的设备吊装孔等，则会迅速向上蔓延，且在向上蔓延的同时也向上层水平方向蔓延。

在外墙面，高温热烟气流会促使火焰窜出窗口向上层蔓延。一方面，由于火焰与外墙面之间的空气受热逃逸形成负压，周围冷空气的压力致使烟火贴墙面而上，使火蔓延到上一层；另一方面，由于火焰贴附外墙面向上蔓延，致使热量透过墙体引燃起火层上面一层房间内的可燃物。建筑物外墙窗口的形状、大小对火势蔓延有很大影响，主要表现在：

（1）窗口高宽比较大时，火焰（或热气流）贴附外墙面向上蔓延的现象不显著。

（2）窗口高宽比较小时，火焰（或热气流）贴附外墙面的现象明显，使火势很容易向上方蔓延发展。

（3）同一房间内，在室内外各种因素都相同的情况下，窗口越大，火焰越靠近墙壁，造成火势向上蔓延的可能性就越大。

形成火灾垂直蔓延的主要因素有火风压和烟囱效应。

（1）火风压。火风压是建筑物内发生火灾时，在起火房间内，由于温度上升，气体迅速膨胀，对楼板和四壁形成的压力。火风压的影响主要在起火房间，如果火风压大于进风口的压力，则大量的烟火将通过外墙窗口，由室外向上蔓延；若火风压等于或小于进风口的压力，则烟火便全部从内部蔓延，当它进入楼梯间、电梯井、管道井、电缆井等竖向孔道以后，会大大加强烟囱效应。

（2）烟囱效应。当建筑物内外的温度不同时，室内外空气的密度随之出现差别，这将引发浮力驱动的流动。如果室内空气温度高于室外，则室内空气将发生向上运动，建筑物越高，这种流动越强。竖井是发生这种现象的主要场合，在竖井中，由于浮力作用产生的气体运动十分显著，通常称这种现象为烟囱效应。在火灾过程中，烟囱效应是造成烟气向上蔓延的主要因素。

烟囱效应和火风压不同，它能影响全楼。多数情况下，建筑物内的温度大于室外温度，所以室内气流总的方向是自下而上，即正烟囱效应。起火层的位置越低，影响的层数越多。在正烟囱效应下，若火灾发生在中性面（室内压力等于室外压力的一个理论分界面）以下的楼层，火灾产生的烟气进入竖井后会沿竖井上升，一旦升到中性面以上，烟气不单可由竖井上部的开口流出来，也可进入建筑物上部与竖井相连的楼层；若中性面以上的楼层起火，当火势较弱时，由烟囱效应产生的空气流动可限制烟气流进竖井，如果着火层的燃烧强烈，热烟气的浮力足以克服竖井内的烟囱效应仍可进入竖井而继续向上蔓延。因此，对高层建筑中的楼梯间、电梯井、管道井、天井、电缆井、排气道、中庭等竖向孔道，如果防火处理不当，就形同一座高耸的烟囱，强大的抽拔力将使火沿着竖向孔道迅速蔓延。

2. 水平蔓延

对主体为耐火结构的建筑来说，造成水平蔓延的主要途径和原因有：未设适当的水平防火分区，火灾在未受限制的条件下蔓延；洞口处的分隔处理不完善，火灾穿越防火分隔区域蔓延；防火隔墙和房间隔墙未砌至顶板，火灾在吊顶内部空间蔓延；采用可燃构件与装饰物，火灾通过可燃的隔墙、吊顶、地毯等蔓延。

（1）水平蔓延的过程。建筑内起火后，烟火从起火房间的内门窜出，首先进入室内走道，如果与起火房间依次相邻的房间门没有关闭，就会进入这些房间，将室内物品引燃。如果这些房间的门没有开启，则烟火要待房间的门被烧穿以后才能进入。即使在走道和楼梯间没有任何可燃物的情况下，高温热对流仍可从一个房间经过走道传到另一房间，从而逐步实现水平方向火势扩大。

（2）孔洞开口蔓延。在建筑物内部的一些开口处，是水平蔓延的主要途径，如可燃的木质户门、无水幕保护的普通卷帘，未用不燃材料封堵的管道穿孔处等。此外，发生火灾时，一些防火设施未能正常启动，如防火卷帘因卷帘箱开口、导轨等受热变形，或因卷帘下方堆放物品，或因无人操作手动启动装置等导致无法正常放下，同样造成火灾蔓延。

（3）穿越墙壁的管线和缝隙蔓延。室内发生火灾时，室内上半部处于较高压力状态下，该部位穿越墙壁的管线和缝隙很容易把火焰、高温烟气传播出去，造成蔓延。此外，穿过房间的金属管线在火灾高温作用下，会通过热传导方式将热量传到相邻房间或区域一侧，使与管线接触的可燃物起火。

（4）闷顶内蔓延。由于烟火是向上升腾的，因此吊顶棚上的入孔、通风口等都是烟火进入的通道。闷顶内没有防火分隔墙，空间大，很容易造成火灾水平蔓延，并通过内部孔洞再向四周、下方的房间蔓延。

据实验测量，火灾初起时，烟气在水平方向扩散的速度为 0.3m/s，燃烧猛烈时，烟气扩散的速度可达 0.5～3.0m/s；烟气顺楼梯间或其他竖向孔道扩散的速度可达 3.0～4.0m/s。而人在平地行走的速度约为 1.5～2.0m/s，上楼梯时的速度约为 0.5m/s，人上楼的速度大大低于烟气的垂直方向流动速度。因此，当楼房着火时，如果人往楼上跑是有危险的。对着火层以上的被困人员来说，迅速逃生自救尤为重要。

## 四、灭火的基本原理与方法

为防止火势失去控制，继续扩大燃烧而造成灾害，需要采取一定的方式将火扑灭，通常有以下几种方法，这些方法的根本原理是破坏燃烧条件。

### （一）冷却灭火法

可燃物一旦达到着火点，即会燃烧或持续燃烧。将可燃物的温度降到一定温度以下，燃烧即会停止。对于可燃固体，将其冷却在燃点以下；对于可燃液体，将其冷却在闪点以下，燃烧反应就会中止。用水扑灭一般固体物质的火灾，主要是通过冷却作用来实现的，水具有较大的热容量和很高的汽化潜热，冷却性能很好。在用水灭火的过程中，水大量的吸收热量，使燃烧物的温度迅速降低，致使火焰熄灭、火势控制、火灾终止。水喷雾灭火系统的水雾，其水滴直径细小，比表面积大，和空气接触范围大，极易吸收热气流的热量，也能很快地降低温度，效果更为明显。

### （二）隔离灭火法

在燃烧三要素中，可燃物是燃烧的主要因素。将可燃物与氧气、火焰隔离，就可以中止燃烧、扑灭火灾。如自动喷水泡沫联用系统在喷水的同时，喷出泡沫，泡沫覆盖于燃烧液体或固体的表面，在冷却作用的同时，将可燃物与空气隔开，从而可以灭火。再如，可燃液体或可燃气体火灾，在灭火时，迅速关闭输送可燃液体和可燃气体的管道上的阀门，切断流向着火区的可燃液体和可燃气体的输送，同时也打开可燃液体或可燃气体的管道通向安全区域的阀门，使已经燃烧或即将燃烧或受到火势威胁的容器中的可燃液体、可燃气体转移。

### （三）窒息灭火法

可燃物的燃烧是氧化作用，需要在最低氧浓度以上才能进行，低于最低氧浓度，燃烧不能进行，火灾即被扑灭。一般氧浓度低于15%时，就不能维持燃烧。在着火场所内，可以通过灌注不燃气体，如二氧化碳、氮气、水蒸气等，来降低空间的氧浓度，从而达到窒息灭火。此外，水喷雾灭火系统实施动作时，喷出的水滴吸收热气流热量而转化成蒸汽，当空气中水蒸气浓度达到35%时，燃烧即停止，这也是窒息灭火的应用。

### （四）化学抑制灭火法

由于有焰燃烧是通过链式反应进行的，如果能有效地抑制自由基的产生或降低火焰中的自由基浓度，即可使燃烧中止。化学抑制灭火的灭火剂常见的有干粉和卤代烷（已淘汰）。化学抑制法灭火，灭火速度快，使用得当可有效地扑灭初期火灾，减少人员和财产的损失。但抑制法灭火对于有焰燃烧火灾效果好，对深度火灾，由于渗透性较差，灭火效果不理想。在条件许可情况下，采用抑制法灭火的灭火剂与水、泡沫等灭火剂联用，会取得满意效果。

# 第三节 爆炸基础知识

## 一、爆炸的概念及分类

爆炸是物质从一种状态迅速转变成另一状态，并在瞬间放出大量能量，同时产生声响的现象。火灾过程有时会发生爆炸，从而对火势的发展及人员安全产生重大影响，爆炸发生后又易引发大面积火灾。

### （一）爆炸的定义

由于物质急剧氧化或分解反应产生温度、压力增加或两者同时增加的现象，称为爆炸。爆炸是由物理变化和化学变化引起的。在发生爆炸时，势能（化学能或机械能）突然转变为动能，有高压气体生成或者释放出高压气体，这些高压气体随之做机械功，如移动、改变或抛射周围的物体。一旦发生爆炸，将会对邻近的物体产生极大的破坏作用，这是由于构成爆炸体系的高压气体作用到周围物体上，使物体受力不平衡，从而遭到破坏。

### （二）爆炸的分类

爆炸有着不同的分类，按物质产生爆炸的原因和性质不同，通常将爆炸分为物理爆炸、化学爆炸和核爆炸三种。物理爆炸和化学爆炸最为常见。

1. 物理爆炸

物质因状态或压力发生突变而形成的爆炸叫物理爆炸。物理爆炸的特点是前后物质的化学成分均不改变。如蒸汽锅炉因水快速汽化，容器压力急剧增加，压力超过设备所能承受的强度而发生的爆炸；压缩气体或液化气钢瓶、油桶受热爆炸等。物理爆炸本身虽没有进行燃烧反应，但它产生的冲击力可直接或间接地造成火灾。

2. 化学爆炸

化学爆炸是指由于物质急剧氧化或分解产生温度、压力增加或两者同时增加而形成的爆炸现象。化学爆炸前后，物质的化学成分和性质均发生了根本的变化。这种爆炸速度快，爆炸时产生大量热能和很大的气体压力，并发出巨大的声响。化学爆炸能直接造成火灾，具有很大的火灾危险性。各种炸药的爆炸和气体、液体蒸气及粉尘与空气混合后形成的爆炸都属于化学爆炸，特别是后一种爆炸几乎存在于工业、交通、生活等各个领域，危害性很大，应特别注意。

（1）炸药爆炸。炸药是为了完成可控制爆炸而特别设计制造的物质，其分子中含有不稳定的基团，绝大多数炸药本身含有氧，不需要外界提供氧就能爆炸，但炸药爆炸需要外界点火源引起。其爆炸一旦失去控制，将会造成巨大灾难。

1）炸药爆炸的特点。炸药爆炸与属于分散体系的气体或粉尘爆炸不同，它属于凝聚体系爆炸。化学反应速度极快，可在万分之一秒甚至更短的时间内完成爆炸，能放出大量的热。爆炸时的反应热达到数千到上万千焦，温度可达数千摄氏度并产生高压，能在瞬间由固体迅速转变为大量的气体产物，使体积成百倍的增加。

2）炸药爆炸的破坏作用。炸药在空气中爆炸时，对周围介质的破坏作用主要有三部分：① 爆炸产物的直接作用，指高温、高压、高能量密度产物的直接膨胀冲击作用，一般爆炸产物只在爆炸中心的近距离内起作用；② 冲击波的作用，空气冲击波是一种具有巨大能量的超音速压力波，是爆炸时起主要破坏作用的物质，离爆炸中心越近，破坏作用越强；③ 外壳破片的分散杀伤作用。

（2）可燃气体爆炸。指物质以气体、蒸气状态所发生的爆炸。气体爆炸由于受体积能量密度的制约，造成大多数气态物质在爆炸时产生的爆炸压力分散在 5～10 倍于爆炸前的压力范围内，爆炸威力相对较小。按爆炸原理，气体爆炸包括混合气体爆炸、单一分解爆炸两种。

1）混合气体爆炸。指可燃气（或液体蒸汽）和助燃性气体的混合物在点火源作用下发生的爆炸，较为常见。可燃气与空气组成的混合气体遇火源能否发生爆炸，与混合气体中的可燃气浓度有关。可燃气与空气组成的混合气体遇火源能发生爆炸的浓度范围称为爆炸浓度极限。

2）气体单分解爆炸。指单一气体在一定压力作用下发生分解反应并产生大量反应热，使气态物膨胀而引起的爆炸。气体单分解爆炸的发生需要满足一定的压力和分解热的要求。能使单一气体发生爆炸的最低压力值称为临界压力。单分解爆炸气体物质压力高于临界压力且分解热足够大时，才能维持热与火焰的迅速传播而造成爆炸。

（3）可燃粉尘爆炸。粉尘是指分散的固体物质。粉尘爆炸是指悬浮于空气中的可燃粉尘触及明火或电火花等火源时发生的爆炸现象。可燃粉尘爆炸应具备三个条件，即粉尘本身具有可燃性、粉尘必须悬浮在空气中并与空气混合到爆炸浓度、有足以引起粉尘爆炸的火源。

1）粉尘爆炸的过程。粉尘的爆炸可视为由以下三步发展形成的：第一步是悬浮的粉尘在热源作用下迅速地干馏或气化而产生出可燃气体；第二步是可燃气体与空气混合而燃烧；第三步是粉尘燃烧放出的热量，以热传导和火焰辐射的方式传给附近悬浮的或被吹扬起来的粉尘，这些粉尘受热气化后使燃烧循环地进行下去。随着每个循环的逐次进行，其反应速度逐渐加快，通过剧烈的燃烧，最后形成爆炸。这种爆炸反应以及爆炸火焰速度、爆炸波速度、爆炸压力等将持续加快和升高，并呈跳跃式的发展。

2）粉尘爆炸的特点。主要有以下几点：

a. 连续性爆炸是粉尘爆炸的最大特点，因初始爆炸将沉积粉尘扬起，在新的空间中形成更多的爆炸性混合物而再次爆炸；

b. 粉尘爆炸所需的最小点火能量较高，一般在几十毫焦耳以上，而且热表面点燃较为困难；

c. 与可燃气体爆炸相比，粉尘爆炸压力上升较缓慢，较高压力持续时间长，释放的能量大，破坏力强。

3）影响粉尘爆炸的因素。各类可燃性粉尘因其燃烧热的高低、氧化速度的快慢、带电的难易、含挥发物的多少而具有不同的燃烧爆炸特性。但从总体看，粉尘爆炸受下列条件制约：

a. 颗粒的尺寸。颗粒越细小其表面积越大，氧吸附也越多，在空中悬浮时间越长，爆炸危险性越大。

b. 粉尘浓度。粉尘爆炸与可燃气体、蒸气一样，也有一定的浓度极限，即也存在粉尘爆炸的上、下限，单位符号用 $g/m^3$ 表示。粉尘的爆炸上限值很大，例如糖粉的爆炸上限为 13 500$g/m^3$，如此高的悬浮粉尘浓度只有沉积粉尘受冲击波作用才能形成。

c. 空气的含水量。空气中含水量越高，粉尘的最小引爆能量越高。

d. 含氧量。随着含氧量的增加，爆炸浓度极限范围扩大。

e. 可燃气体含量。有粉尘的环境中存在可燃气体时，会大大增加粉尘爆炸的危险性。

3. 核爆炸

由于原子核裂变或聚变反应，释放出核能所形成的爆炸，称为核爆炸。如原子弹、氢弹、中子弹的爆炸都属核爆炸。

## 二、爆炸极限

爆炸极限是物质发生爆炸必须具备的浓度或温度范围，根据物质的不同形态和不同需要，通常将爆炸极限分为爆炸浓度极限和爆炸温度极限两种。

### （一）爆炸浓度极限

可燃气体、液体蒸气和粉尘与空气混合后，遇火源会发生爆炸的最高或最低的浓度范围，称为爆炸浓度极限，简称爆炸极限。能引起爆炸的最高浓度称爆炸上限，能引起爆炸的最低浓度称爆炸下限，上限和下限之间的间隔称爆炸范围。可燃气体、液体蒸气和粉尘与空气混合后形成的混合物遇火源不一定都能发生爆炸，只有其浓度处在爆炸极限范围内，才发生爆炸。浓度高于上限，助燃物数量太少，不会发生爆炸，也不会燃烧；浓度低于下限，可燃物的数量不够，也不会发生爆炸或燃烧。但是，若浓度高于上限的混合物离开密闭的空间或混合物遇到新鲜空气，遇火源则有发生燃烧或爆炸的危险。

1. 气体和液体的爆炸（浓度）极限

气体和液体的爆炸极限通常用体积百分比（%）表示。不同的物质由于其理化性质不同，其爆炸极限也不同；即使是同一种物质，在不同的外界条件下，其爆炸极限也不同。如在氧气中的爆炸极限要比在空气中的爆炸极限范围宽，下限会降低。

除助燃物条件外，对于同种可燃气体，其爆炸极限还受以下几方面影响。

（1）火源能量的影响。引燃混气的火源能量越大，可燃混气的爆炸极限范围越宽，爆炸危险性越大。

（2）初始压力的影响。混气初始压力增加，爆炸范围增大，爆炸危险性增加。值得注意的是，干燥的一氧化碳和空气的混合气体，压力上升，其爆炸极限范围缩小。

（3）初温对爆炸极限的影响。混气初温越高，混气的爆炸极限范围越宽，爆炸危险性越大。

（4）惰性气体的影响。可燃混气中加入惰性气体，会使爆炸极限范围变宽，一般上限降低，下限变化比较复杂。当加入的惰性气体超过一定量以后，任何比例的混气均不能发生爆炸。

2. 可燃粉尘的爆炸（浓度）极限

粉尘的爆炸极限通常用单位体积中粉尘的质量（$g/m^3$）表示。因为可燃粉尘爆炸浓度上限太大，以致在多数场合都不会达到，所以没有实际意义，通常只应用粉尘的爆炸下限。

3. 爆炸混合物浓度与危险性的关系

爆炸性混合物在不同浓度时发生爆炸所产生的压力和放出的热量不同，因而具有的危险性也不同。在爆炸下限时，爆炸压力一般不会超过 $4\times10^5$Pa，放出的热量不多，爆炸温度不高。随着爆炸性混合物中可燃气体或液体蒸气浓度的增加，爆炸产生的热量增多，压力增大。当混合物中可燃物质的浓度增加到稍高于化学计量浓度时，可燃物质与空气中的氧发生充分反应，所以爆炸放出的热量最多，产生的压力最大。当混合物中可燃物质浓度超过化学计量浓度时，爆炸放出的热量和爆炸压力随可燃物质浓度的增加而降低。

**（二）爆炸温度极限**

由于液体的蒸气浓度是受温度的变化而变化的，故液体除有爆炸浓度极限外，还有一个爆炸温度极限。爆炸温度极限是指可燃性液体受热蒸发出的蒸气浓度等于爆炸浓度极限时的温度范围。爆炸温度下限是指液体在该温度下蒸发出等于爆炸浓度下限的蒸气浓度。液体的爆炸温度下限就是该液体的闪点。爆炸温度上限是指液体在该温度下蒸发出等于爆炸浓度上限的蒸气浓度。

爆炸温度上、下限值之间的范围越大，爆炸危险性就越大。例如，乙醇的爆炸温度下限是 11℃，上限是 40℃。在 11～40℃温度范围之内，乙醇蒸气与空气的混合物都有爆炸危险；乙醚的爆炸温度极限是 −45～13℃，显然乙醚比乙醇的爆炸危险性大。

**（三）爆炸极限在消防上的应用**

物质的爆炸极限是正确评价生产、储存过程的火灾危险程度的主要参数，是建筑、电气和其他防火安全技术的重要依据。控制可燃性物质在空间的浓度低于爆炸下限或高于爆炸上限，是保证安全生产、储存、运输、使用的基本措施之一。具体应用有以下几方面：

（1）爆炸极限是评定可燃气体火灾危险性大小的依据，爆炸范围越大，下限越低，火灾危险性就越大。

（2）爆炸极限是评定气体生产、储存场所火险类别的依据，也是选择电气防爆型式的依据：生产、储存爆炸下限＜10%的可燃气体的工业场所，应选用隔爆型防爆电气设备；生产、储存爆炸下限≥10%的可燃气体的工业场所，可选用任一防爆型电气设备。

（3）根据爆炸极限可以确定建筑物耐火等级、层数、面积、防火分区、安全疏散距离和灭火设施。

（4）根据爆炸极限，确定安全操作规程，例如，采用可燃气体或蒸气氧化法生产时，应使可燃气体或蒸气与氧化剂的配比处于爆炸极限范围以外，若处于或接近爆炸极限范围进行生产时，应充惰性气体稀释和保护。

## 三、爆炸危险源

发生爆炸必须具备两个基本要素，一是爆炸介质，二是引爆能源，两者缺一不可。在生产中，爆炸危险源可从潜在的爆炸危险性、存在条件及触发因素等几方面来确定，具体包括能量与危险物质、物的不安全状态、人的不安全行为以及管理缺陷等。

**（一）引起爆炸的直接原因**

通常，引起爆炸事故的直接原因可归纳为以下几方面。

1. 物料原因

生产中使用的原料、中间体和产品大多是有火灾、爆炸危险性的可燃物。由于工作场所过量堆放物品，对易燃易爆危险品没有安全防护措施，产品下机后不待冷却便入库堆积，不按规定掌握投料数量、投料比、投料先后顺序，控制失误或设备故障造成物料外溢，生产粉尘或可燃气体达到爆炸极限等原因，均会酿成爆炸事故。

2. 作业行为原因

作业行为导致爆炸的原因有：违反操作规程、违章作业、随意改变操作控制条件；生产和生活用火不慎，乱用炉火、灯火、乱丢未熄灭的火柴杆、烟蒂；判断失误、操作不当，对生产出现超温、超压等异常现象束手无策；不按科学态度指挥生产、盲目施工、超负荷运转等。

3. 生产设备原因

由于设备缺陷导致生产火灾的原因有：选材不当或材料质量有问题，而致设备存在先天性缺陷；由于结构设计不合理，零部件选配不当，而致设备不能满足工艺操作的要求；由于腐蚀、超温、超压等导致出现破损、失灵、机械强度下降、运转摩擦部件过热等。

4. 生产工艺原因

生产工艺原因主要表现为物料的加热方式方法不当，致使引燃引爆物料；对工艺性火花控制不力而致形成点火源；对化学反应型工艺控制不当，致使反应失控；对工艺参数的控制失灵，导致出现超温、超压现象。

此外，还因为人的故意破坏，如放火、停水停电、毁坏设备及地震、台风、雷击等自然灾害也同样可能会引发爆炸。

**（二）常见爆炸点火源**

点火源是发生爆炸的必要条件之一，常见引起爆炸的点火源主要有机械火源、热火源、电火源及化学火源。

1. 机械火源

撞击、摩擦产生火花，如机器上转动部分的摩擦，铁器的互相撞击或铁制工具打击混凝土地面，带压管道或铁制容器的开裂等，都可能产生高温或火花，成为爆炸的起因。

2. 热火源

（1）高温表面。生产工艺的加热装置，高温物料的传送管线、高压蒸汽管线及高温反应塔、器等设备表面温度都比较高，可燃物料与这些高温表面接触时间过长，就有可能引发爆炸事故。

（2）日光照射。直射的太阳光，通过凸透镜、凹面镜、圆形玻璃瓶、有气泡的平板玻璃等，会聚焦形成高温焦点，可能点燃可燃性物质。

3. 电火源

（1）电火花。电气方面形成的火源，一般指电气开关合闸、断开时产生的火花电弧，或由于电气设备短路、过载、接触不良或其他原因产生的电火花、电弧或危险温度。

（2）静电火花。静电指的是相对静止的电荷，是一种常见的带电现象。在一定条件下两种不同物质（其中至少有一种为电介质）相互接触、摩擦，就可能产生静电并积聚起来产生高电压。若静电能量以火花形式发出，则可能成为火源，引起爆炸事故。物质能否产生静电并积聚起来，主要取决于物质的电阻率和相对介电常数。在工业生产过程中，撕裂、剥离、拉伸、撞击、粉碎、筛分、滚压、搅拌、输送、喷涂和过滤物料，还有气、液体的流动、溅泼、喷射等各种操作，都可能产生静电。

（3）雷电。雷电所产生的火花温度之高可熔化金属，也是引起爆炸事故的祸根之一。

4. 明火

生产过程中的明火主要是指加热用火、维修用火以及其他火源。此外，烟头、火柴、烟囱飞火、机动车辆排气管喷火都可能引起可燃物料的燃爆。

**（三）最小点火能量**

所谓最小点火能量，是指每一种气体爆炸混合物，都有起爆的最小点火能量，低于该能量，混合物就不爆炸，目前都采用毫焦（符号 mJ）作为最小点火能量的单位。

# 第二章
# 常用消防法律法规和标准规范

## 第一节　消　防　法　律

### 一、消防法律的概念

消防法律是指全国人民代表大会及其常务委员会制定的有关消防安全方面的法律，它不仅对全国消防工作的开展具有普遍的指导意义，而且也是制定其他消防法规的主要依据。

根据消防法律所规定权利义务内容与消防安全直接关系程度的不同，将消防法律分为专门消防法律和相关消防法律两类。专门消防法律是专门为消防安全组织管理而制定，而相关消防法律虽不是专门为消防管理规定，但其内容与消防安全相关。

### 二、中华人民共和国消防法

《中华人民共和国消防法》（以下简称《消防法》）于 1998 年 4 月 29 日由第九届全国人民代表大会常务委员会第二次会议审议通过，自 1998 年 9 月 1 日起施行。2008 年 10 月 28 日由第十一届全国人民代表大会常务委员会第五次会议修订通过，自 2009 年 5 月 1 日起施行。2019 年 4 月 23 日第十三届全国人民代表大会常务委员会第十次会议《关于修改〈中华人民共和国建筑法〉等八部法律的决定》修正。该法共 7 章 74 条。

**（一）关于消防工作的方针、原则和责任制**

《消防法》在总则中规定“消防工作贯彻预防为主、防消结合的方针，按照政府统一领导、部门依法监管、单位全面负责、公民积极参与的原则，实行消防安全责任制，建立健全社会化的消防工作网络”，确立了消防工作的方针、原则和责任制。

“预防为主、防消结合”的方针，科学准确地阐明了“防”和“消”的关系，正确地反映了同火灾作斗争的基本规律。在消防工作中，必须坚持“防”“消”并举、“防”“消”并重的思想，将火灾预防和火灾扑救有机地结合起来，最大限度地保护人身、财产安全，维护公共安全，促进社会和谐。

“政府统一领导、部门依法监管、单位全面负责、公民积极参与”的原则是消防工作经验和客观规律的反映。“政府”“部门”“单位”“公民”四者都是消防工作的主体，共同构筑消防安全工作格局，任何一方都非常重要，不可偏废。

“实行消防安全责任制，建立健全社会化的消防工作网络”，这是我国做好消防工作的经验总结，也是从无数火灾中得出的教训。各级政府、政府各部门、各行各业以及每个人在消防安全方面各尽其责，实行消防安全责任制，建立健全社会化的消防工作网络，有利于增强全社会的消防安全意识，有利于调动各部门、各单位和广大人民群众做好消防安全工作的积极性，有利于进一步提高全社会整体抗御火灾的能力。

**（二）关于单位的消防安全责任**

《消防法》关于单位的消防安全责任的规定主要有：

（1）在总则中规定，任何单位都有维护消防安全、保护消防设施、预防火灾、报告火警的义务；任何单位都有参加有组织的灭火工作的义务；机关、团体、企业、事业等单位应当加强对本单位人员的消防宣传教育。

（2）规定了机关、团体、企事业单位等消防安全职责：

1）落实消防安全责任制，制定本单位的消防安全制度、消防安全操作规程，制定灭火和应急疏散预案；

2）按照国家标准、行业标准配置消防设施、器材，设置消防安全标志，并定期组织检验、维修，确保完好有效；

3）对建筑消防设施每年至少进行一次全面检测，确保完好有效，检测记录应当完整准确，存档备查；

4）保障疏散通道、安全出口、消防车通道畅通，保证防火防烟分区、防火间距符合消防技术标准；

5）组织防火检查，及时消除火灾隐患；

6）组织进行有针对性的消防演练；

7）法律、法规规定的其他消防安全职责。

（3）规定消防安全重点单位除履行单位消防安全职责外，还应当履行下列消防安全职责：

1）确定消防安全管理人，组织实施本单位的消防安全管理工作；

2）建立消防档案，确定消防安全重点部位，设置防火标志，实行严格管理；

3）实行每日防火巡查，并建立巡查记录；

4）对职工进行岗前消防安全培训，定期组织消防安全培训和消防演练。

（4）规定同一建筑物由两个以上单位管理或者使用的，应当明确各方的消防安全责任，并确定责任人对共用的疏散通道、安全出口、建筑消防设施和消防车通道进行统一管理。

（5）规定任何单位不得损坏、挪用或者擅自拆除、停用消防设施、器材，不得埋压、圈占、遮挡消火栓或者占用防火间距，不得占用、堵塞、封闭疏散通道、安全出口、消防车通道。

（6）规定任何单位都应当无偿为报警提供便利，不得阻拦报警，严禁谎报火警；发生火灾，必须立即组织力量扑救，邻近单位应当给予支援；火灾扑灭后，发生火灾的单位和相关人员应当按照消防救援机构的要求保护现场，接受事故调查，如实提供与火灾有关的情况。

（7）规定被责令停止施工、停止使用、停产停业的单位，应当在整改后向作出决定的部门或者机构报告，经检查合格，方可恢复施工、使用、生产、经营。

同时，《消防法》还规定，任何单位都有权对住房和城乡建设主管部门、消防救援机构及其工作人员在执法中的违法行为进行检举、控告。

**（三）关于公民在消防工作中的权利和义务**

《消防法》关于公民在消防工作中权利和义务的规定主要有：

（1）任何人都有维护消防安全、保护消防设施、预防火灾、报告火警的义务；任何成年人都有参加有组织的灭火工作的义务。

（2）任何人不得损坏、挪用或者擅自拆除、停用消防设施、器材，不得埋压、圈占、遮挡消火栓或者占用防火间距，不得占用、堵塞、封闭疏散通道、安全出口、消防车通道。

（3）任何人发现火灾都应当立即报警；任何人都应当无偿为报警提供便利，不得阻拦报警；严禁谎报火警。

（4）火灾扑灭后，相关人员应当按照消防救援机构的要求保护现场，接受事故调查，如实提供与火灾有关的情况。

（5）任何人都有权对消防救援机构及其工作人员在执法中的违法行为进行检举、控告。

**（四）关于建设工程消防设计审核、消防验收和备案抽查制度**

《消防法》改革了建设工程消防监督管理制度，明确了建设工程消防设计审核、消防验收和备案抽查制度：

（1）《消防法》第十一条、第十三条明确了消防设计审查、消防验收的范围。规定对国务院住房和城乡建设主管部门规定的特殊建设工程，由国务院住房和城乡建设主管部门实行建设工程消防设计审查、消防验收。

（2）《消防法》第十三条明确了其他工程实行备案抽查制度。规定对国务院住房和城乡建设主管部门规定其他特殊建设工程以外其他建设工程，建设单位在验收后应当报住房和城乡建设主管部门备案，住房和城乡建设主管部门应当进行抽查，依法抽查不合格的，应当停止使用。

（3）《消防法》第十二条及第十三条规定特殊建设工程未经消防设计审查或者审查不合格的，建设单位、施工单位不得施工；其他建设工程，建设单位未提供满足施工需要的消防设计图纸及技术资料的，有关部门不得发放施工许可证或者批准开工报告；依法应当进行消防验收的建设工程，未经消防验收或者消防验收不合格的，禁止投入使用；其他建设工程经依法抽查不合格的，应当停止使用。《消防法》第五十八条对违反建设工程消防设计审查、消防验收、备案抽查规定的违法行为，责令停止施工、停止使用、停产停业和罚款的行政处罚。

**（五）关于消防产品监督管理**

《消防法》进一步明确了消防产品监督管理制度：

（1）明确了对消防产品的基本要求，规定消防产品必须符合国家标准；没有国家标准的，必须符合行业标准。禁止生产、销售或者使用不合格的消防产品以及国家明令淘汰的消防产品。

（2）依法实行强制性产品认证的消防产品，由具有法定资质的认证机构按照国家标准、行业标准的强制性要求认证合格后，方可生产、销售、使用。实行强制性产品认证的消防产品目录，由国务院产品质量监督部门会同国务院应急管理部门制定并公布。

（3）新研制的尚未制定国家标准、行业标准的消防产品，应当按照国务院产品质量监督部门会同国务院应急管理部门规定的办法，经技术鉴定符合消防安全要求的，方可生产、销售、使用。

（4）依照本条规定经强制性产品认证合格或者技术鉴定合格的消防产品，国务院应急管理部门消防机构应当予以公布。

（5）明确了消防产品的监督管理主体，规定产品质量监督部门、工商行政管理部门、消防救援机构应当按照各自职责加强对消防产品质量的监督检查，并依法进行处罚。

**（六）关于消防技术服务机构和执业人员**

《消防法》第三十四条规定，消防产品质量认证、消防设施检测、消防安全监测等消防技术服务机构和执业人员，应当依法获得相应的资质、资格；依照法律、行政法规、国家标准、行业标准和执业准则，接受委托提供消防技术服务，并对服务质量负责。本条既是确立消防技术服务市场地位、规范消防技术服务机构资质和执业人员资格及其消防技术服务行为的基本法律依据。

**（七）关于法律责任的规定**

《消防法》强化了法律责任追究，共设有警告、罚款、拘留、责令停产停业（停止施工、停止使用）、没收违法所得、责令停止执业（吊销相应资质、资格）6类行政处罚。例如，依法应当经住房和城乡建设主管部门进行消防设计审查的建设工程，未经依法审查或者审核不合格，擅自施工的，责令停止施工，并处三万元以上三十万元以下罚款。建筑施工企业不按照消防设计文件和消防技术标准施工，降低消防施工质量的，责令改正或者停止施工，并处一万元以上十万元以下罚款。消防产品质量认证、消防设施检测等消防技术服务机构出具虚假文件的，责令改正，处五万元以上十万元以下罚款，并对直接负责的主管人员和其他直接责任人员处一万元以上五万元以下罚款；有违法所得的，并处没收违法所得；给他人造成损失的，依法承担赔偿责任；情节严重的，由原许可机关依法责令停止执业或者吊销相应资质、资格。消防技术服务机构出具失实文件，给他人造成损失的，依法承担赔偿责任；造成重大损失的，由原许可机关依法责令停止执业或者吊销相应资质、资格。

## 三、中华人民共和国建筑法

《中华人民共和国建筑法》（以下简称《建筑法》），于1997年11月1日由第八届全国人民代表大会常务委员会第二十八次会议通过，自1998年3月1日起施行；2011年4月22日第十一届全国人民代表大会常务委员会第二十次会议修正通过，自2011年7月1日起施行。2019年4月23日第十三届全国人民代表大会常务委员会第十次会议《关于修改〈中华人民共和国建筑法〉等八部法律的决定》修正。该法共8章85条。

**（一）适用范围**

《建筑法》重点规范各类房屋建筑及其附属设施的建造和与其配套的线路、管道、设备的安装活动。

**（二）建筑许可**

《建筑法》规定的建筑许可主要包括建筑工程施工许可和对从业资格的规定。第七条规定，建筑工程开工前，建设单位应当按照国家有关规定向工程所在地县级以上人民政府建设行政主管部门申请领取施工许可证。但并非所有的建筑工程都需要申领施工许可证，本法授权国务院建设行政主管部门根据实际情况确定一个限额，限额以下小型工程不需要申领施工许可证。此外，按照国务院规定的权限和程序批准开工报告的建筑工程，不再领取施工许可证。需要注意的是，任何单位和个人不得将应当申领施工许可证的工程分解为若干限额以下的工程以规避申领施工许可证。招标工程应以招标的标的为申请办理施工许可证的最小单位，非招标工程以立项批准文件中批准投资和规模作为办理许可证的最小单位。第十二条至第十四条对建筑业企业从业资格作出规定，明确从事建筑活动建筑施工企业、勘察单位、设计单位、工程监理单位及其专业技术人员，包括建筑师、勘察设计工程师、监理工程师等，必须拥有相应的资质或者从业资格，并在相应的资质等级许可范围内从事建筑活动。

**（三）建筑工程发包与承包**

《建筑法》第三章“建筑工程发包与承包”中强调，建筑工程发包与承包，应当遵循“公开、公正、平等竞争”的原则，按照招标投标的法定程序，采取招标发包或直接发包，择优选择承包单位。同时，还就建筑工程发包、总包、承包单位采购权、联合体承包建筑工程以及总承包单位与分包单位就分包工程对建设单位承担连带责任等作了明确的法律规定。

**（四）建筑工程监理制度**

《建筑法》第四章是关于建筑工程监理制度的规定。第三十条规定“国家推行建筑工程监理制定”。第三十四条特别强调工程监理单位须在其资质等级许可的监理范围内，承担工程监理业务。工程监理单位与被监理工程的承包单位以及建筑材料、建筑构配件和设备供应单位不得有隶属关系或者其他利害关系。对工程监理单位不得转让工程监理业务，也做了明确的规定。

**（五）建筑安全生产管理及建筑工程质量管理**

《建筑法》第五章“建筑安全生产管理”中首先强调建筑工程安全生产管理必须坚持“安全第一、预防为主”的方针，并对工程设计、施工安全等内容作出规定。第六章“建筑工程质量管理”对影响建筑工程质量的勘察、设计和施工单位提出了具体要求。

**（六）法律责任**

《建筑法》第七章是关于法律责任的规定，对在建筑许可、工程发包与承包、工程监理、安全生产及工程质量等方面的违法行为作出相应的处罚规定。例如第六十四条规定：“违反本法规定，未取得施工许可证或者开工报告未经批准擅自施工的，责令改正，对不符合开工条件的责令停止施工，可以处以罚款。”

## 四、中华人民共和国产品质量法

《中华人民共和国产品质量法》（以下简称《产品质量法》）于 1993 年 2 月 22 日由第七

届全国人民代表大会常务委员会第三十次会议通过，自 1993 年 9 月 1 日起施行；根据 2000 年 7 月 8 日第九届全国人民代表大会常务委员会第十六次会议《关于修改〈中华人民共和国产品质量法〉的决定》第一次修正；根据 2009 年 8 月 27 日第十一届全国人民代表大会常务委员会第十次会议《关于修改部分法律的决定》第二次修正。根据 2018 年 12 月 29 日第十三届全国人民代表大会常务委员会第七次会议《关于修改〈中华人民共和国产品质量法〉等五部法律的决定》第三次修正。该法共 6 章 74 条。

### （一）适用范围

《产品质量法》所称产品是指经过加工、制作，用于销售的产品。建设工程不适用本法规定，但是用于建设工程的建筑材料、构配件、设备，如果作为一个独立的产品而被使用的，则应属于产品质量法的调整范围。另，服务业中从事经营性服务所使用的材料和零配件，将其视同销售，纳入产品质量法的调整范围。

### （二）产品质量的监督

《产品质量法》明确提出了对产品质量都应经检验合格的要求，并以法律形式确立了国家对产品质量实施监督的基本制度，主要包括：

（1）对涉及保障人体健康和人身、财产安全的产品实行严格的强制监督管理的制度。

（2）市场监督管理部门依法对产品质量实行监督抽查并对抽查结果进行公告的制度。

（3）推行企业质量体系认证和产品质量认证的制度。

（4）市场监督管理部门对涉嫌在产品生产、销售活动中从事违反本法的行为可以依法实行强制检查和采取必要的查封、扣押等强制措施的制度等。

### （三）产品质量责任制度

《产品质量法》以生产者的产品质量责任和义务以及销售者的产品质量责任和义务构成产品质量责任制度，主要内容有：

（1）生产者、销售者是产品质量责任的承担者，是产品质量的责任主体。

（2）生产者应当对其生产的产品质量负责，产品存在缺陷造成损害的，生产者应当承担赔偿责任。

（3）由于销售者的过错使产品存在缺陷，造成危害的，销售者应当承担赔偿责任。

（4）因产品缺陷造成损害的，受害人可以向生产者要求赔偿，也可以向销售者要求赔偿。

（5）产品质量有瑕疵的，生产者、销售者负瑕疵担保责任，采取修理、更换、退货等救济措施；给购买者造成损失的，承担赔偿责任。

（6）产品质量应当是不存在危及人身、财产安全的不合理的危险，具备产品应当具备的使用性能，符合在产品或者其包装上注明采用的产品标准，符合以产品说明、实物样品等方式表明的质量状况。

（7）禁止生产、销售不符合保障人体健康和人身、财产安全的标准和要求的工业产品。

（8）产品质量应当检验合格，不得以不合格产品冒充合格产品。

### （四）消费者权益保护

《产品质量法》从四个方面为消费者合法权益提供了保证：

（1）明确了消费者的社会监督权利。消费者有权对产品质量问题进行查询、申诉。

（2）经销者必须对消费者购买的产品质量负责。消费者发现产品质量有问题，有权要求销售者对出售的产品负责修理、更换、退货。

（3）消费者因产品质量问题受到人身伤害、财产损失后，有权向生产者或销售者的任何一方提出赔偿要求。享有诉讼的选择权利和获得及时、合理的损害赔偿的要求。

（4）发生产品质量民事纠纷后，消费者可以选择协商、调解、协议仲裁或者起诉等各种渠道解决。

#### （五）法律责任

本法罚则条文共 24 条，占全部法律条文的三分之一，处罚力度较以往大。

（1）处罚的重点主要是生产、销售不符合保障人体健康和人身、财产安全的国家标准、行业标准的产品的行为，制假售假行为，以及其他违法产品的生产、销售行为。

（2）处罚的手段多样，如警告，罚款，责令停止生产、销售，没收违法所得、没收非法财物，吊销执照，撤销资格、资格，行政处分，追究民事责任、刑事责任；处罚的方式更有可操作性，如罚款，采用计算货值这种易于计算罚款的基数，并包含了加重处罚。

（3）处罚的对象范围宽泛，不仅有产品生产者、销售者，而且还有产品质量中介机构、产品质量的监督者、国家机关工作人员，以及参与质量违法活动的运输、保管、仓储、制假技术的提供者。

### 五、中华人民共和国安全生产法

《中华人民共和国安全生产法》（以下简称《安全生产法》）于 2002 年 6 月 29 日由第九届全国人民代表大会常务委员会第 28 次会议通过，自 2002 年 11 月 1 日起施行；根据 2009 年 8 月 27 日第十一届全国人民代表大会常务委员会第十次会议《关于修改部分法律的决定》进行修正公布，并自公布之日起施行。该法共 7 章 97 条。

#### （一）调整范围

《安全生产法》第二条规定了其调整范围：“在中华人民共和国境内从事生产经营活动的单位的安全生产，适用本法；有关法律、行政法规对消防安全和道路交通安全、铁路交通安全、水上交通安全、民用航空安全以及核与辐射安全、特种设备安全另有规定的，适用其规定。”这确定了《安全生产法》的安全生产基本法的地位，也说明了与其他相关法律、法规的关系。

#### （二）生产经营单位的安全生产保障

《安全生产法》第二章共二十八条，为生产经营单位在安全生产的各个方面和各个环节上确立了必须遵循的行为准则。主要包括：生产经营单位的安全生产条件；生产经营单位的主要负责人的安全生产职责；安全生产资金；安全生产管理人员；安全生产教育和培训；安全设施的“三同时”；安全条件论证和安全评价；安全设施设计和施工；安全警示标志；安全设备；特种设备以及危险物品的容器、运输工具管理；对严重危及生产安全的工艺、设备的淘汰制度；危险物品及废弃危险物品管理；重大危险源管理；生产经营场所和宿舍安全管理；爆破、吊装作业管理；劳动防护用品；安全检查；安全协作；生产经营单位发包或者出租的情况下的安全生产责任；发生重大生产事故后，单位主要负责人的职责；工伤社会保险。

**（三）从业人员的权利和义务**

《安全生产法》第三章规定的从业人员权利和义务主要包括：

（1）从业人员与生产经营单位订立的劳动合同应当载明与从业人员劳动安全有关的事项，以及生产经营单位不得以协议免除或者减轻安全事故伤亡责任。

（2）从业人员有权了解其作业场所和工作岗位存在的危险因素、防范措施及事故应急措施，有权对本单位的安全生产工作提出建议。

（3）从业人员有权对本单位存在的安全问题提出批评、检举、控告，有权拒绝违章指挥和强令冒险作业。

（4）从业人员有权在发现直接危及人身安全的紧急情况时停止作业或者在采取可能的应急措施后撤离作业场所，生产经营单位不得因从业人员采取上述措施而降低其工资、福利等待遇或者解除与其订立的劳动合同。

（5）因生产安全事故受到损害的从业人员享有有关赔偿的权利。本章在规定从业人员权利的同时，也要求从业人员必须遵守安全生产法律法规以及规章制度，照章操作；接受安全生产培训；对事故隐患或者不安全因素进行报告等义务。

**（四）安全生产的监督管理**

《安全生产法》第四章是关于安全生产的监督管理的规定，主要包括县级以上地方各级人民政府以及相关部门在安全生产监督管理方面应当履行的主要职责。

**（五）生产安全事故的应急救援与调查处理**

《安全生产法》第五章共九条，对生产安全事故的应急救援和调查处理作出规定。明确县级以上人民政府应当组织制定安全生产事故应急救援预案，建立应急救援体系。危险物品生产经营单位以及矿山、建筑施工单位应当建立应急救援组织、配备必要的应急救援器材、设备，并经常进行维护、保养。生产经营单位发生事故，必须按规定报告安全和生产监督管理部门和有关部门，不得隐瞒不报、谎报或者拖延不报。安全生产监督管理部门和有关部门按照有关规定逐级上报，并积极组织事故抢救。事故调查处理按照实事求是、尊重科学的原则和国家有关规定进行。

**（六）法律责任**

《安全生产法》第六章共二十四条，规定了安全生产违法行为的法律责任，包括应当承担行政责任、民事责任和刑事责任及其他相关规定。第八十一条规定，生产经营单位的主要负责人未履行本法规定的安全生产管理职责的，责令限期改正；逾期未改正的，责令生产经营单位停产停业整顿。生产经营单位的主要负责人有前款违法行为，导致发生生产安全事故，构成犯罪的，依照刑法有关规定追究刑事责任；尚不够刑事处罚的，给予撤职处分或者处二万元以上二十万元以下的罚款。生产经营单位的主要负责人依照前款规定受刑事处罚或者撤职处分的，自刑罚执行完毕或者受处分之日起，五年内不得担任任何生产经营单位的主要负责人。

## 六、中华人民共和国行政处罚法

《中华人民共和国行政处罚法》(以下简称《行政处罚法》)于 1996 年 3 月 17 日由第八届人民代表大会第四次会议通过，并自同年 10 月 1 日起施行。根据 2017 年 9 月 1 日第十二届全国人民代表大会常务委员会第二十九次会议《关于修改〈中华人民共和国法官法〉等八部法律的决定》第二次修正。该法共 8 章 64 条。

### (一)行政处罚的概念和种类

行政处罚是指国家行政机关和法律、法规授权组织依照有关法律、法规和规章，对公民、法人或者其他组织违反行政管理秩序的行为所实施的行政惩戒。对实施处罚的主体来说，行政处罚是一种制裁性行政行为，对承受处罚的主体来说，行政处罚是一种惩罚性的行政法律责任。

《行政处罚法》规定的行政处罚种类有：警告；罚款；没收违法所得，没收非法财物；责令停产停业；暂扣或吊销许可证，暂扣或吊销执照；行政拘留；以及法律、行政法规规定的其他行政处罚。

### (二)行政处罚的设定权

《行政处罚法》对行政处罚种类严格加以限制的同时，又对法律、行政法规、地方性法规、部门规章、政府规章各自的行政处罚设定权予以明确的规定。除此之外，任何规范性文件不得设定行政处罚。

### (三)行政处罚的原则

(1) 处罚法定原则。行政处罚的设定、主体、程序都要合法，法无明文规定不处罚。任何机关或组织不得在没有法律依据的情况下，对公民、法人或其他组织加以处罚。

(2) 处罚公正、公开原则。公正原则要求设定和实施行政处罚必须以事实为依据，与违法行为的事实、性质、情节以及社会危害程度相当。公开原则要求有关行政处罚的法律规范要公开，行政机关的处罚行为要公开，违法责任要公开。

(3) 处罚与教育相结合原则。行政处罚的目的不仅仅在于制裁违法者，更为重要的是纠正违法行为，教育违法者及广大人民群众，提高人们的法制观念，从而自觉遵守法律规范。

(4) 权利保障原则。在行政处罚的实施中必须对行政相对人的权利予以保障，行政相对人享有陈述权、申辩权、申请复议权、行政诉讼权、要求行政赔偿的权利以及要求举行听证的权利。

(5) 一事不再罚原则。即对行为人的同一违法行为，不得给予两次以上罚款处罚。

### (四)行政处罚的程序

行政处罚的程序分为一般程序、简易程序两大类，分别适用于不同条件的行政处罚行为。一般程序由受案、调查取证、告知、听取申辩和质证、决定等阶段构成。简易程序适用于违法事实确凿并有法定依据，当场作出的对公民处以警告或较少罚款的行政处罚。听证程序作为一般程序中可能经历的一个阶段，因其程序要求的特殊性，《行政处罚法》单节作出了具体规定，这种程序只适用于行政机关作出责令停产停业、吊销许可证或者执照、较大数额罚款等行政处罚。

**（五）违法处罚的法律责任**

《行政处罚法》规定，对违法实施行政处罚的人员追究法律责任。根据其行为的性质和程度，构成犯罪的，对直接负责的主管人员或其他直接责任人员追究刑事责任；不构成犯罪的，给予行政处分。

## 七、中华人民共和国行政许可法

《中华人民共和国行政许可法》（以下简称《行政许可法》）于 2003 年 8 月 27 日由第十届全国人民代表大会常务委员会第四次会议通过，自 2004 年 7 月 1 日起施行。2019 年 4 月 23 日第十三届全国人民代表大会常务委员会第十次会议《关于修改〈中华人民共和国建筑法〉等八部法律的决定》修正。该法共 8 章 83 条。

**（一）行政许可概念**

行政许可是指行政机关根据公民、法人或者其他组织的申请，经依法审查准予其从事特定活动的行为。有关行政机关对其他机关或者对其直接管理的事业单位的人事、财物、外事等事项的审批，不属于行政许可的范围。

**（二）行政许可的基本原则**

（1）合法原则。设定和实施行政许可，都必须严格按照法定的权限、范围、条件和程序进行。

（2）公开、公平、公正原则。有关行政许可的规定必须公布，未经公布的，不得作为实施行政许可的依据；行政许可的实施和结果，除涉及国家秘密、商业秘密或者个人隐私外，应当公开；对符合法定条件标准的申请人，要一视同仁，不得歧视。

（3）便民原则。行政机关在实施行政许可过程中，应当减少环节、降低成本，提高办事效率，提供优质服务。

（4）救济原则。公民、法人或者其他组织对行政机关实施行政许可，享有陈述权、申辩权；有权依法申请行政复议或者提起行政诉讼；其合法权益因行政机关违法实施行政许可受到损害的，有权依法要求赔偿。

（5）信赖保护原则。公民、法人或者其他组织依法取得行政许可受到法律保护，非特殊情况行政机关不得擅自改变已经生效的行政许可。

（6）监督原则。县级以上人民政府必须建立健全对行政机关实施行政许可的监督制度。同时，行政机关也要对公民、法人或者其他组织从事行政许可事项的活动实施有效监督，发现违法行为应当依法查处。

**（三）行政许可的设定**

《行政许可法》第十二条规定了六类可以设定行政许可的事项：直接涉及国家安全、公共安全、经济宏观调控、生态环境保护以及直接关系人身健康、生命财产安全等特定活动，需要按照法定条件予以批准的事项；有限自然资源开发利用、公共资源配置以及直接关系公共利益的特定行业的市场准入等，需要赋予特定权利的事项；提供公众服务并且直接关系公共利益的职业、行业，需要确定具备特殊信誉、特殊条件或者特殊技能等资格、资质的事项；直接关系公共安全、人身健康、生命财产安全的重要设备、设施、产品、物品，需要按照技术标准、技术规范，通过检验、检测、检疫等方式进行审定的事项；企业或者其他组织的设立等，需要确定主体资格的事项；法律、行政法规规定可以设定行政许可的其他事项。

**（四）行政许可的撤销**

被许可人以欺骗、贿赂等不正当手段取得行政许可的，行政机关应当予以撤销。行政机关工作人员滥用职权、玩忽职守，违法作出行政许可决定的，有关行政机关根据利害关系人的请求或者依据职权，可以撤销行政许可。但可能对公共利益造成重大损害的，不予撤销。

**（五）行政审批不得收取任何费用**

行政机关实施行政许可和对行政许可事项进行监督检查，不得收取任何费用。但是，法律、行政法规另有规定的，依照其规定。

**（六）法律责任**

（1）行政机关及其工作人员的法律责任。针对该许可不许可，不该许可乱许可以及不依法履行监督责任或者监督不力等违法犯罪行为，对行政机关直接负责主管人员和其他直接责任人员依法追究刑事、行政和民事责任。

（2）以不正当手段获取行政许可的行政相对人将受惩处。主要包括：① 行政许可申请人隐瞒有关情况或提供虚假材料申请行政许可的违法行为；② 被许可人以欺骗、贿赂等不正当手段取得行政许可的违法犯罪行为；③ 行政相对人违法从事行政许可，涂改、转让、倒卖、出租和出借行政许可证件或者非法转让行政许可的违法犯罪行为；④ 行政相对人违法从事行政许可，超越行政许可范围进行活动的违法犯罪行为；⑤ 向监督检查机关隐瞒有关情况，提供虚假材料或者拒绝提供真实材料的违法犯罪的行为；⑥ 行政相对人未经行政许可，擅自从事行政许可活动的。针对这些违法犯罪行为，对行政相对人依法追究刑事、行政和民事责任。

## 八、中华人民共和国刑法

《中华人民共和国刑法》（以下简称《刑法》）于 1979 年 7 月 1 日由第五届全国人民代表大会第二次会议通过，自 1980 年 1 月 1 日起施行，并经一次修订，十次修正。根据 2011 年 2 月 25 日中华人民共和国刑法修正案（八）修正，《中华人民共和国刑法修正案（九）》已由中华人民共和国第十二届全国人民代表大会常务委员会第十六次会议于 2015 年 8 月 29 日通过，2017 年 11 月 4 日第十二届全国人民代表大会常务委员会第三十次会议通过《中华人民共和国刑法修正案（十）》。

**（一）失火罪**

是指由于行为人的过失引起火灾，造成严重后果，危害公共安全的行为。

（1）立案标准。最高人民检察院、公安部《关于公安机关管辖刑事案件立案追诉标准的规定（一）》（公通字〔2008〕第 36 号）第一条规定，过失引起火灾，涉嫌下列情形之一的，应予以立案追诉：

1）导致死亡一人以上，或者重伤三人以上的；

2）导致公共财产或者他人财产直接经济损失五十万元以上的；

3）造成十户以上家庭的房屋以及其他基本生活资料烧毁的；

4）造成森林火灾，过火有林地面积二公顷以上或者过火疏林地、灌木林地、未成林地、苗圃地面积四公顷以上的；

5）其他造成严重后果的情形。

（2）刑罚。《刑法》第一百一十五条第二款规定，犯失火罪的，处三年以上七年以下有期徒刑；情节较轻的，处三年以下有期徒刑或者拘役。

（3）案例说明。

**【案例】**2004年3月3日，吉林市某人民检察院对吉林市某商厦“2004－2－15”特大火灾犯罪嫌疑人于某某等7人批准逮捕。其中于某某涉嫌失火罪被提起公诉。公诉机关认为：相关管理规定要求员工不许在工作期间在仓库等存在火灾危险性的地方吸烟。但犯罪嫌疑人于某某在明知此项规定的同时，在工作期间将烟头扔在仓库重地，使没有熄灭的烟头引燃仓库中的易燃物品，并导致此次特大火灾，造成重大人员伤亡和财产损失，后果极其严重，依据《刑法》中的相关规定，应处于某某失火罪。后法院以失火罪判处于某某有期徒刑7年。

### （二）消防责任事故罪

是指违反消防管理法规，经消防监督机构通知采取改正措施而拒绝执行，造成严重后果，危害公共安全的行为。

（1）立案标准。《规定（一）》第十五条规定，违反消防管理法规，经消防监督机构通知采取改正措施而拒绝执行，涉嫌下列情形之一的，应予立案追诉：

1）导致死亡一人以上，或者重伤三人以上的；

2）直接经济损失五十万元以上的；

3）造成森林火灾，过火有林地面积二公顷以上，或者过火疏林地、灌木林地、未成林地、苗圃地面积四公顷以上的；

4）其他造成严重后果的情形。

（2）刑罚。《刑法》第一百三十九条第一款规定，犯消防责任事故罪，处三年以下有期徒刑或者拘役；后果特别严重的，处三年以上七年以下有期徒刑。

（3）案例说明。

**【案例】**2004年2月15日吉林市某商厦发生特大火灾事故后，法庭查明，在火灾发生之前，吉林市公安局某分局消防科曾就火灾隐患向某商厦下达了《责令限期改正通知书》。但该商厦总经理刘某某、副总经理赵某、保卫科科长马某某对该通知书提出的有关改正要求未予全部落实，导致仓库着火后，火势蔓延至商厦楼内，造成重大人员伤亡及财产损失。针对以上3人，法庭判决如下：该商厦原总经理刘某某犯消防责任事故罪，判处有期徒刑6年；该商厦原副总经理赵某犯消防责任事故罪，判处有期徒刑5年；该商厦保卫科原科长马某某犯消防责任事故罪，判处有期徒刑4年。

**（三）重大责任事故罪**

是指在生产、作业中违反有关安全管理的规定，因而发生重大伤亡事故或者造成其他严重后果的行为。

（1）立案标准。《规定（一）》第八条规定，在生产、作业中违反有关安全管理的规定，涉嫌下列情形之一的，应予以立案追诉：

1）造成死亡一人以上，或者重伤三人以上的；

2）造成直接经济损失五十万元以上的；

3）发生矿山生产安全事故，造成直接经济损失一百万元以上的；

4）其他造成严重后果的情形。

（2）刑罚。《刑法》第一百三十四条第一款规定，在生产、作业中违反有关安全管理的规定，因而发生重大伤亡事故或者造成其他严重后果的，处三年以下有期徒刑或者拘役；情节特别恶劣的，处三年以上七年以下有期徒刑。

（3）案例说明。

**【案例】**2010 年 11 月 15 日，上海市静安区某公寓大楼发生特别重大火灾事故后，经法院审理查明，2010 年 6 月初，静安区某教师公寓节能改造工程被违法层层转包，最后脚手架项目中的电焊作业又被不具备资质的施工方承包，之后又招用无有效特种作业操作证的吴某某和王某某等人从事电焊作业。施工期间，存在未经审批动火、电焊作业工人无有效特种作业证、电焊作业时未配备灭火器及接火盆等严重安全事故隐患。相关被告人的行为致使教师公寓节能改造项目施工组织管理混乱，施工安全监管缺失，施工重大安全事故隐患未能及时排除。11 月 15 日，在没有申请动火证的情况下，电焊工吴某某及电焊辅助工王某某在无灭火器及接火盆的情况下违规进行电焊作业。电焊溅落的金属熔融物引燃下方 9 层脚手架防护平台上堆积的聚氨酯材料碎块、碎屑，引发火灾，造成 58 人死亡、71 人受伤的特别严重后果。2010 年 8 月 2 日下午，上海市第二中级人民法院对“11·15”特别重大火灾事故相关 6 起刑事案件作出一审判决，分别判处 26 名被告人有期徒刑 16 年至免予刑事处罚。

**（四）强令违章冒险作业罪**

是指强令他人违章冒险作业，因而发生重大伤亡事故或者造成其他严重后果的行为。

（1）立案标准。《规定（一）》第九条规定，强令他人违章冒险作业，涉嫌下列情形之一的，应予以立案追诉：

1）造成死亡一人以上，或者重伤三人以上的；

2）造成直接经济损失五十万以上的；

3）发生矿山生产安全事故，造成直接经济损失一百万以上的；

4）其他造成严重后果的情形。

（2）刑罚。《刑法》第一百三十四条第二款规定，强令他人违章冒险作业，因而发生重大伤亡事故或者造成其他严重后果的，处五年以下有期徒刑或者拘役；情节特别恶劣的，处五年以上有期徒刑。

**（五）重大劳动安全事故罪**

是指安全生产设施或者安全生产条件不符合国家规定，因而发生重大伤亡事故或者造成其他严重后果的行为。

（1）立案标准。《规定（一）》第十条规定，安全生产设施或者安全生产条件不符合国家规定，涉嫌下列情形之一的，应予以立案追诉：

1）造成死亡一人以上，或者重伤三人以上的；

2）造成直接经济损失五十万以上的；

3）发生矿山生产安全事故，造成直接经济损失一百万以上的；

4）其他造成严重后果的情形。

（2）刑罚。《刑法》第一百三十五条第一款规定，安全生产设施或者安全生产条件不符合国家规定，因而发生重大伤亡事故或者造成其他严重后果的，对直接负责的主管人员和其他直接责任人员，处三年以下有期徒刑或者拘役；情节特别恶劣的，处三年以上七年以下有期徒刑。

**（六）大型群众性活动重大安全事故罪**

是指举办大型群众性活动违反安全管理规定，因而发生重大伤亡事故或者造成其他严重后果的行为。

（1）立案标准。《规定（一）》第十一条规定，举办大型群众性活动违反安全管理规定，涉嫌下列情形之一的，应予以立案追诉：

1）造成死亡一人以上，或者重伤三人以上的；

2）造成直接经济损失五十万以上的；

3）其他造成严重后果的情形。

（2）刑罚。《刑法》第一百三十五条第二款规定，举办大型群众性活动违反安全管理规定，因而发生重大伤亡事故或者造成其他严重后果的，对直接负责的主管人员和其他直接责任人员，处三年以下有期徒刑或者拘役；情节特别恶劣的，处三年以上或者七年以下有期徒刑。

**（七）工程重大安全事故罪**

是指建设单位、设计单位、施工单位、工程监理单位违反国家规定，降低工程质量标准，造成重大安全事故的行为。

（1）立案标准。《规定（一）》第十三条规定，建设单位、设计单位、施工单位、工程监理单位违反国家规定，降低工程质量标准，涉嫌下列情形之一的，应予以立案追诉：

1）造成死亡一人以上，或者重伤三人以上的；

2）造成直接经济损失五十万以上的；

3）其他造成严重后果的情形。

（2）刑罚。《刑法》第一百三十七条规定，建设单位、涉及单位、施工单位、工程监理单位违反国家规定，降低工程质量标准，造成重大安全事故的，对直接责任人员，处五年以下有期徒刑或者拘役，并处罚金；后果特别严重的，处五年以上十年以下有期徒刑，并处罚金。

# 第二节　部　门　规　章

据不完全统计，公安部和其他部门制定了近 20 部与消防工作相关的部门规章。本节主要介绍《公共娱乐场所消防安全管理规定》等三部部门规章。

## 一、公共娱乐场所消防安全管理规定

《公共娱乐场所消防安全管理规定》（公安部令第 39 号，以下简称 39 号令）经 1999 年 5 月 11 日公安部部长办公会议通过，自 1999 年 5 月 25 日起施行。该规章共 23 条。

### （一）概念

公共娱乐场所是公众开放的下列室内场所：① 影剧院、录像厅、礼堂等演出、放映场所；② 舞厅、卡拉 O K 厅等歌舞娱乐场所；③ 具有娱乐功能的夜总会、音乐茶座和餐饮场所；④ 游艺、游乐场所；⑤ 保龄球馆、旱冰场、桑拿浴室等营业性健身、休闲场所。

### （二）消防行政许可办理

公共娱乐场所应当依法办理消防设计审查、竣工验收和消防安全检查，其消防安全由经营者负责。

### （三）公共娱乐场所的消防安全技术及管理要求

39 号令第六条至第十三条规定了公共娱乐场所的消防安全技术要求，包括设置场所、防火分区设置、内部装修设计、安全疏散、应急照明设置、电气线路敷设以及地下建筑内设置公共娱乐场所技术要求等内容。同时，39 号令第十四条至第十七条设定了禁止性条款，规定公共娱乐场所内严禁带入和存放易燃易爆物品；严禁在公共娱乐场所营业时进行设备检修、电气焊、油漆粉刷等施工、维修作业；演出、放映场所的观众厅内禁止吸烟和明火照明；公共娱乐场所在营业时，不得超过额定人数等。

### （四）公共娱乐场所及其从业人员的消防安全管理责任

公共娱乐场所应当制定防火安全管理制度、全员防火安全责任制度，制定紧急疏散方案，指定专人在营业期间、营业结束后进行安全巡视检查。

## 二、机关、团体、企业、事业单位消防安全管理规定

《机关、团体、企业、事业单位消防安全管理规定》（公安部令第 61 号）经 2001 年 10 月 19 日公安部部长办公会议通过，自 2002 年 5 月 1 日起施行。该规章共 10 章 48 条。

### （一）消防安全责任人、消防安全管理人的确定

单位应当确定消防安全责任人、消防安全管理人，并依法报当地消防救援机构备案。法人单位的法定代表人或者非法人单位的主要负责人，对本单位的消防安全工作全面负责。

### （二）单位消防安全管理工作中的两项责任制落实

单位应逐级落实消防安全责任制和岗位消防安全责任制，明确逐级和岗位消防安全职责，确定各级各岗位的消防安全责任人，对本级、本岗位的消防安全负责，建立起单位内

部自上而下的逐级消防安全责任制度。

**（三）消防安全责任人的消防安全职责**

（1）贯彻执行消防法规，保障单位消防安全符合规定，掌握本单位的消防安全情况；

（2）将消防工作与本单位的生产、科研、经营、管理等活动统筹安排，批准实施年度消防工作计划；

（3）为本单位的消防安全提供必要的经费和组织保障；

（4）确定逐级消防安全责任，批准实施消防安全制度和保障消防安全的操作规程；

（5）组织防火检查，督促落实火灾隐患整改，及时处理涉及消防安全的重大问题；

（6）根据消防法规的规定建立专职消防队、志愿消防队；

（7）组织制定符合本单位实际的灭火和应急疏散预案，并实施演练。

**（四）消防安全管理人的消防安全职责**

（1）拟订年度消防工作计划，组织实施日常消防安全管理工作；

（2）组织制订消防安全制度和保障消防安全的操作规程并检查督促其落实；

（3）拟订消防安全工作的资金投入和组织保障方案；

（4）组织实施防火检查和火灾隐患整改工作；

（5）组织实施对本单位消防设施、灭火器材和消防安全标志的维护保养，确保其完好有效，确保疏散通道和安全出口畅通；

（6）组织管理专职消防队和义务消防队；

（7）在员工中组织开展消防知识、技能的宣传教育和培训，组织灭火和应急疏散预案的实施和演练；

（8）单位消防安全责任人委托的其他消防安全管理工作。另，消防安全管理人应当定期向消防安全责任人报告消防安全情况，及时报告涉及消防安全的重大问题。

**（五）强化消防安全管理**

确定消防安全重点单位，严格实行管理；明确公众聚集场所应当具备的消防安全条件；强化消防安全制度和消防安全操作规程的建立健全，明确单位动火作业要求；明确单位禁止性行为和消防安全管理义务。

**（六）加强防火检查，落实火灾隐患整改**

消防安全重点单位应当进行每日防火巡查，并确定巡查的人员、内容、部位和频次。其他单位可以根据需要组织防火巡查。公众聚集场所在营业期间的防火巡查应当至少每两小时一次；营业结束时应当对营业现场进行检查，消除遗留火种。医院、养老院、寄宿制的学校、托儿所、幼儿园应当加强夜间防火巡查，其他消防安全重点单位可以结合实际组织夜间防火巡查。机关、团体、事业单位应当至少每季度进行一次防火检查，其他单位应当至少每月进行一次防火检查。消防设施、器材应当依法进行维修保养检测。对发现的火灾隐患要按照规定及时、坚决的整改。

**（七）开展消防宣传教育培训和疏散演练**

消防安全重点单位对每名员工应当至少每年进行一次消防安全培训；公众聚集场所对员工的消防安全培训应当至少每半年进行一次；单位应当组织新上岗和进入新岗位的员工

进行上岗前的消防安全培训。四类人员应当接受消防安全专门培训。单位应当制定的灭火和应急疏散预案。其中，消防安全重点单位至少每半年按照预案进行一次演练；其他单位至少每年组织一次演练。

**（八）建立消防档案**

消防安全重点单位应当建立健全包括消防安全基本情况和消防安全管理情况的消防档案，并统一保管、备查。其他单位也应当将本单位的基本概况、消防救援机构填发的各种法律文书、与消防工作有关的材料和记录等统一保管备查。

## 三、社会消防安全教育培训规定

《社会消防安全教育培训规定》（公安部令第 109 号）经 2008 年 12 月 30 日公安部长办公会通过，并经教育部、民政部、人力资源和社会保障部、住房城乡建设部、文化部、广电总局、安全监督总局、国家旅游局同意，于 2009 年 4 月 13 日予以发布，自 2009 年 6 月 1 日起施行。该规章共 6 章 37 条。

**（一）部门管理职责**

公安、教育、民政、人力资源和社会保障、住房和城乡建设、文化、广电、安监、旅游、文物等部门应当依法开展有针对性的消防安全培训教育工作，并结合本部门职业管理工作，将消防法律法规和有关消防技术标准纳入执业或从业人员培训、考核内容。

**（二）消防安全培训**

单位应当建立健全消防安全教育培训制度，保障教育培训工作经费，按照规定对职工进行消防安全教育培训；在建工程的施工单位应当在施工前对施工人员进行消防安全教育，并做好建设工地宣传和明火作业管理等，建设单位应当配合施工单位做好消防安全教育工作；各类学校、居（村）委员会、新闻媒体、公共场所、旅游景区、物业服务企业等单位依法履行消防安全教育培训工作职责。

**（三）消防安全培训机构**

国家机构以外的社会组织或者个人利用非国家财政性经费，举办消防安全专业培训机构，面向社会从事消防安全专业培训的，应当经省级教育行政部门或者人力资源和社会保障部门依法批准，并到省级民政部门申请民办非企业单位登记。消防安全专业培训机构应当按照有关法律法规、规章和章程规定，开展消防安全专业培训，保证培训质量。消防安全专业培训机构开展消防安全专业培训，应当将消防安全管理、建筑防火和自动消防设施施工、操作、检测、维护技能作为培训的重点，对经理论和技能操作考核合格的人员，颁发培训证书。

**（四）奖惩**

地方各级人民政府及有关部门和社会单位对在消防安全教育培训工作中有突出贡献或者成绩显著的，给予表彰奖励。公安、教育、民政、人力资源和社会保障、住房和城乡建设、文化、广电、安全监管、旅游、文物等部门依法对不履行消防安全教育培训工作职责的单位和个人予以处理。

## 第三节 规范性文件

### 一、《关于印发〈消防安全重点单位微型消防站建设标准（试行）〉的通知》

公安部消防局2015年11月11日下发了《关于印发〈消防安全重点单位微型消防站建设标准（试行）〉的通知》（公消〔2015〕301号），共分为六部分内容。

**（一）建设原则**

除按照消防法规须建立专职消防队的重点单位外，其他设有消防控制室的重点单位，以救早、灭小和“3分钟到场”扑救初起火灾为目标，依托单位志愿消防队伍，配备必要的消防器材，建立重点单位微型消防站，积极开展防火巡查和初起火灾扑救等火灾防控工作。合用消防控制室的重点单位，可联合建立微型消防站。

**（二）人员配备**

（1）微型消防站人员配备不少于6人。

（2）微型消防站应设站长、副站长、消防员、控制室值班员等岗位，配有消防车辆的微型消防站应设驾驶员岗位。

（3）站长应由单位消防安全管理人兼任，消防员负责防火巡查和初起火灾扑救工作。

（4）微型消防站人员应当接受岗前培训；培训内容包括扑救初起火灾业务技能、防火巡查基本知识等。

**（三）站房器材**

（1）微型消防站应设置人员值守、器材存放等用房，可与消防控制室合用；有条件的，可单独设置。

（2）微型消防站应根据扑救初起火灾需要，配备一定数量的灭火器、水枪、水带等灭火器材；配置外线电话、手持对讲机等通信器材；有条件的站点可选配消防头盔、灭火防护服、防护靴、破拆工具等器材。

（3）微型消防站应在建筑物内部和避难层设置消防器材存放点，可根据需要在建筑之间分区域设置消防器材存放点。

（4）有条件的微型消防站可根据实际选配消防车辆。

**（四）岗位职责**

（1）站长负责微型消防站日常管理，组织制定各项管理制度和灭火应急预案，开展防火巡查、消防宣传教育和灭火训练；指挥初起火灾扑救和人员疏散。

（2）消防员负责扑救初起火灾；熟悉建筑消防设施情况和灭火应急预案，熟练掌握器材性能和操作使用方法，并落实器材维护保养；参加日常防火巡查和消防宣传教育。

（3）控制室值班员应熟悉灭火应急处置程序，熟练掌握自动消防设施操作方法，接到火情信息后启动预案。

**（五）值守联动**

（1）微型消防站应建立值守制度，确保值守人员 24 小时在岗在位，做好应急准备。

（2）接到火警信息后，控制室值班员应迅速核实火情，启动灭火处置程序。消防员应按照“3 分钟到场”要求赶赴现场处置。

（3）微型消防站应纳入当地灭火救援联勤联动体系，参与周边区域灭火处置工作。

**（六）管理训练**

（1）重点单位是微型消防站的建设管理主体，重点单位微型消防站建成后，应向辖区消防救援机构备案。

（2）微型消防站应制定并落实岗位培训、队伍管理、防火巡查、值守联动、考核评价等管理制度。

（3）微型消防站应组织开展日常业务训练，不断提高扑救初起火灾的能力。训练内容包括体能训练、灭火器材和个人防护器材的使用等。

## 二、《国务院安全生产委员会关于〈开展电气火灾综合治理工作〉的通知》

国务院安全生产委员会于 2017 年 4 月 26 日下发了《国务院安全生产委员会关于〈开展电气火灾综合治理工作〉的通知》（安委〔2017〕4 号），共分五部分内容。

**（一）工作目标**

全面排查整治电器产品生产质量、建设工程电气设计施工、电器产品及其线路使用管理等方面存在的隐患和问题，严厉打击违法生产、销售假冒伪劣电器产品行为，排查整治社会单位电气使用违章违规行为，力争通过三年综合治理，实现电器产品质量明显提升，建设工程电气设计、施工质量明显提升，社会单位电气使用管理水平明显提升，全国电气火灾事故显著减少。

**（二）治理内容及工作措施**

（1）全面开展电器生产领域治理。

（2）全面开展电器产品流通领域治理。

（3）加强建设工程电气设计质量管理。

（4）加强电气施工质量管理。

（5）落实建设单位电气质量管理责任。

（6）强化社会单位电气安全隐患排查整治。

（7）推动城乡社区、村镇电气安全隐患排查整治。

（8）加强电气相关从业人员监管。

## 三、《国务院办公厅关于印发〈消防安全责任制实施办法〉的通知》

《国务院办公厅关于印发〈消防安全责任制实施办法〉的通知》（国办发〔2017〕87 号）由国务院办公厅于 2017 年 10 月 29 日发布。该办法共 6 章 31 条。

**（一）机关、团体、企业、事业等单位应当落实消防安全主体责任，履行下列职责**

（1）明确各级、各岗位消防安全责任人及其职责，制定本单位的消防安全制度、消防安全操作规程、灭火和应急疏散预案。定期组织开展灭火和应急疏散演练，进行消防工作检查考核，保证各项规章制度落实。

（2）保证防火检查巡查、消防设施器材维护保养、建筑消防设施检测、火灾隐患整改、专职或志愿消防队和微型消防站建设等消防工作所需资金的投入。生产经营单位安全费用应当保证适当比例用于消防工作。

（3）按照相关标准配备消防设施、器材，设置消防安全标志，定期检验维修，对建筑消防设施每年至少进行一次全面检测，确保完好有效。设有消防控制室的，实行 24 小时值班制度，每班不少于 2 人，并持证上岗。

（4）保疏散通道、安全出口、消防车通道畅通，保证防火防烟分区、防火间距符合消防技术标准。人员密集场所的门窗不得设置影响逃生和灭火救援的障碍物。保证建筑构件、建筑材料和室内装修装饰材料等符合消防技术标准。

（5）定期开展防火检查、巡查，及时消除火灾隐患。

（6）根据需要建立专职或志愿消防队、微型消防站，加强队伍建设，定期组织训练演练，加强消防装备配备和灭火药剂储备，建立与公安消防队联勤联动机制，提高扑救初起火灾能力。

（7）消防法律、法规、规章以及政策文件规定的其他职责。

**（二）消防安全重点单位除履行规定的职责外，还应当履行下列职责**

（1）明确承担消防安全管理工作的机构和消防安全管理人并报知当地消防救援机构，组织实施本单位消防安全管理。消防安全管理人应当经过消防培训。

（2）建立消防档案，确定消防安全重点部位，设置防火标志，实行严格管理。

（3）安装、使用电器产品、燃气用具和敷设电气线路、管线必须符合相关标准和用电、用气安全管理规定，并定期维护保养、检测。

（4）组织员工进行岗前消防安全培训，定期组织消防安全培训和疏散演练。

（5）根据需要建立微型消防站，积极参与消防安全区域联防联控，提高自防自救能力。

（6）积极应用消防远程监控、电气火灾监测、物联网技术等技防物防措施。

**（三）火灾高危单位除履行机关、团体、企业、事业单位、消防安全重点单位规定的职责外，还应当履行下列职责**

（1）定期召开消防安全工作例会，研究本单位消防工作，处理涉及消防经费投入、消防设施设备购置、火灾隐患整改等重大问题。

（2）鼓励消防安全管理人取得注册消防工程师执业资格，消防安全责任人和特有工种人员须经消防安全培训；自动消防设施操作人员应取得建（构）筑物消防员资格证书。

（3）专职消防队或微型消防站应当根据本单位火灾危险特性配备相应的消防装备器材，储备足够的灭火救援药剂和物资，定期组织消防业务学习和灭火技能训练。

（4）按照国家标准配备应急逃生设施设备和疏散引导器材。

（5）建立消防安全评估制度，由具有资质的机构定期开展评估，评估结果向社会公开。

（6）参加火灾公众责任保险。

**（四）单位其他消防安全职责**

（1）同一建筑物由两个以上单位管理或使用的，应当明确各方的消防安全责任，并确定责任人对共用的疏散通道、安全出口、建筑消防设施和消防车通道进行统一管理。物业服务企业应当按照合同约定提供消防安全防范服务，对管理区域内的共用消防设施和疏散通道、安全出口、消防车通道进行维护管理，及时劝阻和制止占用、堵塞、封闭疏散通道、安全出口、消防车通道等行为，劝阻和制止无效的，立即向公安机关等主管部门报告。定期开展防火检查巡查和消防宣传教育。

（2）消防设施检测、维护保养和消防安全评估、咨询、监测等消防技术服务机构和执业人员应当依法获得相应的资质、资格，依法依规提供消防安全技术服务，并对服务质量负责。

（3）建设工程的建设、设计、施工和监理等单位应当遵守消防法律、法规、规章和工程建设消防技术标准，在工程设计使用年限内对工程的消防设计、施工质量承担终身责任。

**（五）消防安全责任落实**

（1）因消防安全责任不落实发生一般及以上火灾事故的，依法依规追究单位直接责任人、法定代表人、主要负责人或实际控制人的责任，对履行职责不力、失职渎职的政府及有关部门负责人和工作人员实行问责，涉嫌犯罪的，移送司法机关处理。

（2）发生造成人员死亡或产生社会影响的一般火灾事故的，由事故发生地县级人民政府负责组织调查处理；发生较大火灾事故的，由事故发生地设区的市级人民政府负责组织调查处理；发生重大火灾事故的，由事故发生地省级人民政府负责组织调查处理；发生特别重大火灾事故的，由国务院或国务院授权有关部门负责组织调查处理。

## 第四节　国家标准及行业标准

### 一、消防标准的概念及分类

**（一）消防标准的概念**

消防标准是指通过消防标准化活动，按照规定的程序经协商一致制定，为各种活动或其结果提供规则、指南或特性，供共同使用和重复使用的规范性文件。

**（二）消防标准的分类**

消防标准从不同的角度划分为以下类型：

1. 根据层级和有效的适用范围分类

（1）国家标准。该类标准由国务院标准化行政主管部门批准发布，在全国范围内适用。国家标准层级的消防标准内容涉及建设工程、石油化工、机械加工、电气、器材装备以及其他相关专业领域，如《建筑设计防火规范》（GB 50016—2014，2018 修订）等，是消防标准的主要组成部分。

（2）公共安全行业标准。该类标准是由国务院公安部门，为了在全国某个行业范围内统一有关技术要求而制定，在本行业范围内适用，如《人员密集场所消防安全管理》（GA 654—2006）等。

（3）地方标准。该类标准由省、自治区、直辖市标准化行政主管部门在没有国家标准和行业标准的情况下，为了在本辖区范围内统一有关技术要求而制定，在本行政区域范围内适用，如《北京市电气防火检测技术规范》（DBJ 11/065—2000）等。

（4）企业标准。该类标准是企业生产的产品在没有国家标准和行业标准的情况下，由企业制定的标准，作为组织生产的依据。企业的产品标准须报当地政府标准化行政主管部门和有关行政主管部门备案。已有国家标准或者行业标准的，国家鼓励企业制定严于国家标准或者行业标准的企业标准，在企业内部适用。在没有国家标准和行业标准的情况下，企业标准就是判定该企业产品是否合格的依据，当企业标准高于国家标准或行业标准时，企业产品承诺的企业标准就是判定该企业产品是否合格的依据。

2. 根据标准的强制约束力不同分类

（1）强制性标准。该类标准是指具有法律属性，在一定范围内通过法律、行政法规等强制手段加以实施的标准。凡属保障人体健康，人身、财产安全的标准和法律、行政法规规定强制执行的标准，都属于强制性标准。强制性标准必须执行，否则就要承担相应法律后果。

（2）推荐性标准。该类标准又称非强制性标准，是指在生产、交换、使用方面，通过经济手段或市场调节而自愿采用的一类标准。这类标准是否采用由单位自己决定，国家鼓励采用推荐性标准，而不能强制。

3. 根据标准内容不同分类

（1）消防基础标准。该类标准主要是规范消防通用术语、基本方法、图形符号和型号分类等，如《火灾分类》（GB/T 4968—2008）。

（2）消防工程技术标准。该类标准主要是规范建筑、库房、桥梁、涵洞以及消防设施等建设工程的设计、施工和验收等方面的标准，如《火灾自动报警系统设计规范》（GB 50116—2013）等。

（3）消防产品标准。该类标准主要是规范固定灭火系统、灭火剂、消防车、防火材料、建筑构件、灭火器、消防装备等消防产品的技术参数、性能要求、检测试验以及使用维护等方面的标准，如《火灾显示盘》（GB 17429—2011）等。

（4）消防管理标准。该标准主要是规范消防安全管理方面的标准，如《建筑消防设施的维护管理》（GB 25201—2010）等。

## 二、常用消防标准介绍

### （一）《建筑防火设计规范》

《建筑设计防火规范》（GB 50016—2014，2018 修订）共分 12 章，主要内容包括：总则；术语和符号；建筑物及其设施的防火设计要求，如厂房和仓库，甲、乙、丙类液体、气体储罐（区）与可燃材料堆场，民用建筑，建筑构造，灭火救援设施，消防设施的设置，供暖、通风和空气调节，电气，木结构建筑，城市交通隧道等。

该规范适用于以下新建、扩建和改建的建筑：厂房，仓库，民用建筑，甲、乙、丙类液体储罐（区），可燃、助燃气体储罐（区），可燃材料堆场，城市交通隧道；不适用于火药、炸药及其制品厂房（仓库）、花炮厂房（仓库）的建筑防火。

### （二）《火灾自动报警系统设计规范》

《火灾自动报警系统设计规范》（GB 50116—2013）共分 12 章，主要内容包括：总则，术语，基本规定，消防联动控制设计，火灾探测器的选择，系统设备的设置，住宅建筑火灾自动报警系统，可燃气体探测报警系统，电气火灾监控系统，系统供电、布线，典型场所的火灾自动报警系统等。

**（三）《消防给水及消火栓系统技术规范》**

《消防给水及消火栓系统技术规范》（GB 50974—2014）共分 14 章，主要内容包括：总则，术语和符号，基本参数，消防水源，供水设施，给水形式，消火栓系统，管网，消防排水，水力计算，控制与操作，施工，系统调试与验收，维护管理等。

**（四）《自动喷水灭火系统设计规范》**

《自动喷水灭火系统设计规范》（GB 50084—2017）共分 12 章，主要内容包括：总则，术语和符号，设置场所火灾危险等级，系统选型，设计基本参数，系统组件，喷头布置，管道，水力计算，供水，操作与控制，局部应用系统等。

**（五）《建筑灭火器配置设计规范》**

《建筑灭火器配置设计规范》（GB 50140—2005）共分 7 章，主要内容包括：总则，术语和符号，灭火器配置场所的火灾种类和危险等级，灭火器的选择，灭火器的设置，灭火器的配置，灭火器配置设计计算。

**（六）《建筑消防设施的维护管理》**

《建筑消防设施的维护管理》（GB 25201—2010）规定了建筑消防设施值班、巡查、检测、维修、保养、建档等维护管理内容，对于引导和规范建筑消防设施的维护管理工作，确保建筑消防设施的完好有效具有重要意义。

**（七）《人员密集场所消防安全管理》**

《人员密集场所消防安全管理》（GA 654—2006）规定了人员密集场所使用和管理单位的消防安全管理要求和措施。该标准适用于各类人员密集场所及其所在建筑的消防安全管理。人员密集场所可以通过采用本标准规范自身消防安全管理行为，建立消防安全自查、火灾隐患自除、消防责任自负的自我管理与约束机制，达到防止火灾发生、减少火灾危害、保障人身和财产安全的目的。

**（八）《消防控制室通用技术要求》**

《消防控制室通用技术要求》（GB 25506—2010）规定了消防控制室的一般要求、消防安全管理、控制和显示要求、信息记录要求、信息传输要求。该标准适用于《火灾自动报警系统设计规范》（GB 50116—2013）中规定的集中火灾报警系统、控制中心报警系统中的消防控制室或消防控制中心。

## 三、电网企业常用标准

下列标准规范是电网企业消防安全管理必不可少的，但不限于以下标准。

**（一）国家标准**

GB 50229　《火力发电厂与变电站设计防火标准》

GB 26860　《电力安全工作规程　发电厂和变电站电气部分》

GB 26164.1　《电业安全工作规程　第 1 部分：热力和机械》

GB 50059　《35kV－110kV 变电站设计技术规范》
GB 50053　《20kV 及以下变电所设计规范》
GB 50060　《3－110kV 高压配电装置设计规范》
GB 50054　《低压配电设计规范》
GB 50052　《供配电系统设计规范》
GB 50217　《电力工程电缆设计标准》
GB 50169　《电气装置安装工程接地装置施工及验收规范》
GB 50016　《建筑设计防火规范》
GB 50222　《建筑内部装修设计防火规范》
GB 51251　《建筑防烟排烟系统技术标准》
GB 50720　《建设工程施工现场消防安全技术规范》
GB 50974　《消防给水及消火栓系统技术规范》
GB 25506　《消防控制室通用技术要求》
GB 50116　《火灾自动报警系统设计规范》
GB 50084　《自动喷水灭火系统设计规范》
GB 50151　《泡沫灭火系统设计规范》
GB 50219　《水喷雾灭火系统技术规范》
GB 50370　《气体灭火系统设计规范》
GB 50140　《建筑灭火器配置规范》
GB 17945　《消防应急照明和疏散指示系统》
GB 15630　《消防安全标志设置要求》
GB 12955　《防火门》
GB 14102　《防火卷帘》
GB 16809　《防火窗》
GB 25201　《建筑消防设施的维护管理》
GB 3518　《重大火灾隐患判定方法》
GB/T 33000　《企业安全生产标准化基本规范》

**（二）行业标准**

DL 5027　《电力设备典型消防规程》
DL/T 5218　《220kV～750kV 变电站设计技术规程》
DL/T 5216　《35kV～220kV 城市地下变电站设计规程》
DL/T 5496　《220kV～500kV 户内变电站设计规程》
DL/T 5223　《高压直流换电站设计技术规程》
DL/T 5484　《电力电缆隧道设计规程》
GA 503　《建筑消防设施检测技术规程》
GA 1131　《仓储场所消防安全管理通则》
GA 835　《油浸变压器排油注氮灭火装置》

# 第三章
# 电网企业消防安全基本要求

## 第一节 消防管理基础知识

### 一、消防的释义

消防系指预防和解决人们在生活和社会活动过程中遇到的人为与自然灾害的总称（通常理解就是扑灭和预防火灾）。据历史文献记载，我国古代没有“消防”一词，当时是采用“火禁”“火政”“救火”等词。“消防”一词是清朝末年由日本传到我国的，当初，它的含义是消除与预防火灾、水患等灾害，后来经过不断地发展和变革，消防才具有现代人们所共知的词义，并沿用至今。

### 二、消防工作的重要性和意义

消防工作是国民经济和社会发展的重要组成部分，是发展社会主义市场经济不可或缺的保障条件。消防工作直接关系人民生命财产的安全和社会的稳定。近年来，我国一些地方重特大火灾时有发生，造成巨大的伤亡和经济损失。不仅如此，而且事故的善后处理往往也牵扯了政府很多精力，严重影响了经济建设的发展和社会的稳定，有些火灾事故还成为国内外舆论的焦点，造成了重大的社会影响，教训十分沉重和深刻。因此做好消防工作、预防和减少火灾事故，特别是群死群伤的恶性火灾事故的发生，具有十分重要的意义。

“隐患险于明火、防患胜于救灾、责任重于泰山”的科学论断，用辩证唯物主义观点，科学地阐述了消防安全工作的重要意义，深刻地揭示了消防安全工作的内在规律，突出强调火灾预防是做好消防安全工作的关键性问题，对指导和加强消防安全工作具有十分重要的现实意义和深远的历史意义。因此，全社会、各部门、各行业、各单位以及每个社会成员都要高度重视并认真做好消防工作，认真学习并掌握基本的消防安全知识，共同维护公共消防安全。只有这样，才能从根本上提高一个城市、一个地区乃至全社会预防和抗御火灾的整体能力。

### 三、消防工作的方针

消防工作实行“预防为主、防消结合”的方针。

这一方针不仅是人民群众长期同火灾作斗争的经验总结。而且也正确地反映了消防工作的客观规律，体现了防和消的辩证关系。

预防为主，就是要在同火灾的斗争中，把预防火灾的工作作为重点，放在首位。防患于未然。

防消结合，是在做好预防工作的同时，做好灭火准备，一旦发生火灾，及时扑救，以免造成大的损失，辅助预防不足的措施，使防和消的工作紧密结合为一体。

## 四、消防工作的基本原则

消防工作原则是政府统一领导，部门依法监管，单位全面负责，公民积极参与。国务院领导全国的消防工作，地方各级人民政府负责本行政区域内的消防工作。国务院应急管理部门对全国消防工作实施监督管理，县级以上地方各级人民政府应急管理部门对本行政区域内的消防工作实施监督管理，并由本级消防救援机构负责实施。政府、部门、单位、公民是消防工作主体。

## 五、消防工作的特点

消防工作是一项社会性很强的工作，它涉及社会的各个领域，与人们的生活都有着十分密切的关系。随着社会的发展，综合能源的普遍运用，消防安全问题所涉及的范围几乎无处不在。全社会每个行业、每个部门、每个单位甚至每个家庭，都有随时预防火灾、确保消防安全的责任和义务。总结以往的火灾教训，绝大多数火灾都是由于一些领导、管理者和人民群众的思想麻痹、行为放纵、不懂消防法规，或者有章不循、管理不严、明知故犯、冒险工作造成的。火灾发生后，有不少人缺乏起码的消防科学知识，遇到火情束手无策，不知如何报警，甚至不会逃生自救，导致严重后果。因此，只有依靠全社会的力量，在全社会成员的关心、支持、参与配合下才能搞好消防工作。

## 六、消防工作的任务

《中华人民共和国消防法》规定消防工作的总体任务是：预防火灾和减少火灾危害，加强应急救援工作，保护人身、财产安全，维护公共安全。

消防工作的基本任务有：

（1）控制、消除发生火灾、爆炸的一切不安全条件和因素；

（2）限制、消除火灾、爆炸蔓延、扩大的条件和因素；

（3）保证有足够的消防人员和消防设备，以便一旦发生火灾，及时扑灭，减少损失；

（4）彻底查清火灾、爆炸原因，总结教训，做到“四不放过”（原因不明不放过、事故责任人未受到处理不放过、事故责任人和相关人员没有受到教育不放过、防范措施不落实不放过）。

# 第二节　消防安全责任制

实行消防安全责任制是我国经济体制改革和社会发展的需要，《中华人民共和国消防法》对供电企业的消防安全管理做了明确规定，要求其消防安全管理工作应该与企业的其他日常管理和经济建设同步进行，并将其有效融入生产、经营、管理活动中，使其成为不可分割的整体。消防安全管理指的是针对电力基建、生产、运行、维护等各个环节特点，运用行政、经济、技术等多种手段实现有效管理的一种方式。其主要作用是预防火灾发生及消除火灾事故，从而确保电力生产安全，是供电企业生产的需要。

## 一、实行消防安全责任制意义

《机关、团体、企业、事业单位消防安全管理规定》（公安部61号令）规定：法人单位的法定代表人或者非法人单位的主要负责人是单位的消防安全责任人，对本单位的消防安全工作全面负责。单位应当落实逐级消防安全责任制和岗位消防安全责任制，明确逐级和岗位消防安全职责，确定各级、各岗位的消防安全责任人。

消防安全责任制提出了社会单位的负责人、各级领导干部、各岗位人员都应该管辖好自己范围内的相关消防安全工作，建立一个完整性、全方位、多层次的防火责任网络。因此，在消防工作中开展消防安全责任制，具有如下意义：

（1）消防安全责任制这项制度，是消防工作的经验总结，也是新形势消防工作的需要。实行消防安全责任制，能更好地调动群众的积极性，统筹各阶层的消防力量，保障“群防群治”工作的开展，更好地落实“预防为主、防消结合”的方针政策。实行消防安全责任制，符合消防法律法规的基本要求，不仅使消防监督和管理的职责更加明确，还调动了单位自身的防火积极性，解决了实际监督不力的问题，是消防工作走上依法治火法制轨道的必然要求。随着经济体系的发展，过去依靠行政管理手段进行消防管理的模式无法适应新形势的需要，实行消防安全责任制，采取新的行政、法律手段，树立主体意识，才能满足当下经济改革和建设的发展需求。

（2）实行消防安全责任制，增强了企业的社会效益。从实际效果上分析，实行消防安全责任制后增强了各级领导对消防工作的重视度，转变了“要我负责”的传统思想，加大了相关消防工作的相关职责。增强了单位法人代表和主要负责人的紧迫感，并且充分调动了人民群众的积极性，从而较好地解决了传统消防安全措施难以落实的顽症，强化了公安机关消防监督管理职能。各单位改变传统的大包大揽，落实“责任自负、防火自查、隐患自改”的监管体系，有利于消防工作整体监督的严谨性、科学性和依法性。

## 二、电网企业消防安全责任制基本要求

（1）单位应当落实逐级消防安全责任制和岗位消防安全责任制，明确逐级和岗位消防安全职责，确定各级、各岗位的消防安全责任人。

（2）安全生产委员会是电网企业消防安全工作领导机构，单位应成立安全生产委员会，履行消防安全职责。

（3）法人单位的法定代表人或者非法人单位的主要负责人是单位的消防安全责任人，对本单位的消防安全工作全面负责。消防安全管理人对单位的消防安全责任人负责。

单位层面的消防安全管理人：对本单位消防安全责任人负责的分管消防安全工作的单

位领导。

（4）电网企业应建立消防安全保证和监督体系，督促两个体系各司其职。

（5）电网企业的有关人员应按其工作职责，熟悉《电力设备典型消防规程》（DL 5027）的有关部分，并结合消防知识每年考试一次。

## 三、安全生产委员会消防安全主要职责

（1）组织贯彻落实国家有关消防安全的法律、法规、标准和规定（以下简称消防法规），建立健全消防安全责任制和规章制度，对落实情况进行监督、考核。

（2）建立消防安全保证和监督体系，督促两个体系各司其职。明确消防工作归口管理职能部门（以下简称消防管理部门）和消防安全监督部门（以下简称安监部门），确保消防管理和安监部门的人员配置与其承担的职责相适应。

（3）制定本单位的消防安全目标并组织落实，定期研究、部署本单位的消防安全工作。

（4）深入现场，了解单位的消防安全情况，推广消防先进管理经验和先进技术，对存在的重大或共性问题进行分析，制定针对性的整改措施，并督促措施的落实。

（5）组织或参与火灾事故调查。

（6）对消防安全做出贡献者给予表扬或奖励；对负有事故责任者，给予批评或处罚。

## 四、消防安全责任人主要职责

（1）贯彻执行消防法规，保障单位消防安全符合规定，掌握本单位的消防安全情况。

（2）将消防工作与本单位的生产、科研、经营、管理等活动统筹安排，批准实施年度消防工作计划。

（3）为本单位的消防安全提供必要的经费和组织保障。

（4）确定逐级消防安全责任，批准实施消防安全管理制度和保障消防安全的操作规程。

（5）组织防火检查，督促落实火灾隐患整改，及时处理涉及消防安全的重大问题。

（6）根据消防法规的规定建立专职消防队、志愿消防队。

（7）组织制定符合本单位实际的灭火和应急疏散预案，并实施演练。

（8）确定本单位消防安全管理人。

（9）发生火灾事故做到事故原因不清不放过，责任者和应受教育者没有受到教育不放过，没有采取防范措施不放过，责任人员未受到处理不放过。

## 五、消防安全管理人主要职责

（1）拟订年度消防工作计划，组织实施日常消防安全管理工作。

（2）组织制订消防安全管理制度和保障消防安全的操作规程并检查督促其落实。

（3）拟订消防安全工作的资金投入和组织保障方案。

（4）组织实施防火检查和火灾隐患整改工作。

（5）组织实施对本单位消防设施、灭火器材和消防安全标志维护保养，确保其完好有效，确保疏散通道和安全出口畅通。

（6）组织管理专职消防队和志愿消防队。

（7）组织对员工进行消防知识的宣传教育和技能培训，组织灭火和应急疏散预案的实施和演练。

（8）单位消防安全责任人委托的其他消防安全管理工作。

（9）应定期向消防安全责任人报告消防安全情况，及时报告涉及消防安全的重大问题。

## 六、消防管理部门主要职责

（1）贯彻执行消防法规、本单位消防安全管理制度。

（2）拟定逐级消防安全责任制，及其消防安全管理制度。

（3）指导、督促各相关部门制定和执行各岗位消防安全职责、消防安全操作规程，消防设施运行和检修规程等制度，以及制定发电厂厂房、车间、变电站、换流站、调度楼、控制楼、油罐区等重要场所及重点部位的灭火和应急疏散预案。

（4）定期向消防安全管理人报告消防安全情况，及时报告涉及消防安全的重大问题。

（5）拟订年度消防管理工作计划。

（6）拟订消防知识、技能的宣传教育和培训计划，经批准后组织实施。

（7）负责消防安全标志设置，负责或指导、督促有关部门做好消防设施、器材配置、检验、维修、保养等管理工作，确保完好有效。

（8）管理专职消防队和志愿消防队。根据消防法规、消防救援机构的规定和实际情况配备专职消防员和消防装备器材，组织实施专业技能训练，维护保养装备器材。志愿消防员的人数不应少于职工总数的10%，重点部位不应少于该部位人数的50%，且人员分布要均匀；年龄男性一般不超55岁、女性一般不超45岁，能行使职责工作。同时根据志愿消防人员变动、身体和年龄等情况，及时进行调整或补充，并公布。

（9）确定消防安全重点部位；建立消防档案。

（10）将消防费用纳入年度预算管理，确保消防安全资金的落实，包括消防安全设施、器材、教育培训资金，以及兑现奖惩等。

（11）督促有关部门在实施新建、改建、扩建工程时消防设施必须与主体设备（项目）同时设计、同时施工、同时投入生产或使用。

（12）指导、督促有关部门确保疏散通道、安全出口、消防车通道畅通，保证防火防烟分区、防火间距符合消防标准。

（13）指导、督促有关部门按照要求组织发电厂厂房、车间、变电站、换流站、调度楼、控制楼、油罐区等重要场所及重点部位的灭火和应急疏散演练。

（14）指导、督促有关部门实行每月防火检查、每日防火巡查，建立检查和巡查记录，及时消除消防安全隐患。

（15）发生火灾时，立即组织实施灭火和应急疏散预案。

## 七、安监部门主要职责

（1）熟悉国家有关消防法规，以及消防救援机构的工作要求；熟悉本单位消防安全管理制度，并对贯彻落实情况进行监督。

（2）拟订年度消防安全监督工作计划，制定消防安全监督制度。

（3）组织消防安全监督检查，建立消防安全检查、消防安全隐患和处理情况记录，督促隐患整改。

（4）定期向消防安全管理人报告消防安全情况，及时报告涉及消防安全的重大问题。

（5）对各级、各岗位消防安全责任制等制度的落实情况进行监督考核。

（6）协助公安消防部门对火灾事故的调查。

## 八、志愿消防员主要职责

（1）掌握各类消防设施、消防器材和正压式消防空气呼吸器等的适用范围和使用方法。

（2）熟知相关的灭火和应急疏散预案，发生火灾时能熟练扑救初起火灾、组织引导人员安全疏散及进行应急救援。

（3）根据工作安排负责一、二级动火作业的现场消防监护工作。

## 九、专职消防员主要职责

（1）应按照有关要求接受岗前培训和在岗培训。

（2）熟知单位灭火和应急疏散预案，参加消防活动和进行灭火训练，发生火灾时能熟练扑救火灾、组织引导人员安全疏散。

（3）做好消防装备、器材检查、保养和管理，保证其完好有效。

（4）政府部门规定的其他职责。

# 第三节　消防安全管理制度及操作规程

一个消防安全管理健全的单位一定是制度完善、管理规范、安全有序。因此，依法建立健全本单位消防安全管理制度体系和操作规程，是单位进行正常生产经营管理所必需的，它是一种强有力的保证，能改善单位安全生产规章制度不健全、管理方法不适当、消防状况不佳的现状，从根本上促使单位健全消防安全管理机制，提升管理水平和保障安全局面。

单位消防安全制度和操作规程的制定必须认真结合实际情况，符合必要性和可行性，供电单位应建立以下消防管理制度和操作规程，并及时修订。

## 一、各级和各岗位消防安全职责

电网企业应当制定《各级和各岗位消防安全职责》，落实逐级消防安全责任制和岗位消防安全责任制，明确逐级和岗位消防安全职责，确定各级、各岗位的消防安全责任人。

## 二、消防安全教育宣传和培训制度

举办消防知识宣传栏、开展知识竞赛等多种形式的活动，积极开展消防四个能力（检查消除火灾隐患的能力、组织扑救初期火灾的能力、组织人员疏散逃生的能力、宣传教育培训的能力）建设，定期组织员工学习消防法规和各项规章制度，针对岗位特点进行消防安全教育培训。

## 三、防火巡查、检查制度

落实逐级各层级、各岗位消防安全责任制，落实巡查检查制度。消防工作管理实施部门按周期要求开展防火巡查、消防设施检查，填写防火检查记录。

## 四、防火重点部位管理制度

依据防火重点部位管理要求，梳理并建立防火重点部位台账资料，落实专职管理责任人，建立完备有效的消防设施和标识，制定防火检查、日常值班、出入管理、应急处置等保障制度。

## 五、消防设施、器材维护管理制度

建立消防设施日常使用管理、维保、检测等制度，定期检查维保，及时更换不合格设施设备，使设备保持完好的技术状态和正常投运。

## 六、消防隐患排查治理制度

组织开展消防隐患排查治理活动，对所发现的消防隐患进行逐项登记，并落实整改闭环。在消防隐患未消除前，应落实临时防范措施确保安全；对无力解决的重大火灾隐患应当提出解决方案，及时向单位消防安全责任人报告，并向上级主管部门或当地政府报告。对消防救援机构责令限期改正的消防隐患，应及时改正并向消防救援机构复函。

## 七、用电、动火安全管理制度

加强单位用电安全管理，严禁私拉乱接、超限用电。严格执行动火审批制度，动火作业现场加强安全监护、配备灭火器材。

## 八、危险物品和场所管理制度

易燃易爆危险物品应配置专用的库房和专人管理，配备必要的消防器材设施和防火防爆措施。易燃易爆危险物品应分类、分项储存，出入库应检验、登记。

## 九、义务消防队组织管理制度

义务消防员应在消防工作归口管理部门领导下开展业务学习和灭火技能训练，各项技术考核应达到规定的指标。要结合对消防设施、设备、器材维护检查，有计划地对每个义务消防员进行轮训，使每个人都具有实际操作技能。按照灭火和应急疏散预案按期进行演练、灭火知识培训考核，并结合实际完善预案，提高防火灭火自救能力。

## 十、灭火和应急疏散演练制度

制定符合本单位实际情况的灭火和应急疏散预案，组织全员学习和熟悉灭火和应急疏散预案。按制定的预案按期进行演练，认真总结预案演练的情况，发现不足之处应及时修改和完善预案。

## 十一、消防工程建设及验收制度

制定新建、扩建、改建（含室内外装修、建筑保温、用途变更）等建设工程的消防监督管理制度，依照消防法规、建设工程质量管理法规和国家消防技术标准，落实建设工程消防设计、施工质量和安全责任，开展内部验收工作。依法配合公安消防部门对建设工程的消防设计审核、消防验收和备案，并取得相应合格证书。

## 十二、消防工作考评及奖惩制度

建立消防工作成效和质量考评管理制度，对工作优秀扎实的单位个人给予奖励，对工作质量差、有事故事件责任的单位个人给予处罚。

## 十三、消防档案管理制度

消防档案应当包括消防安全基本情况和消防安全管理情况。消防档案应当翔实，全面反映单位消防工作的基本情况，并附有必要的图表，根据情况变化及时更新。单位应当对消防档案统一保管。

## 十四、消防安全规程

电网企业应结合单位实际，制定消防安全操作规定、消防设施运行规程、消防设施检修规程、与消防安全相关的其他操作规程和检修规程。

根据实际情况，制定火灾报警系统、自动灭火系统、应急照明系统、防排烟设施、灭火器等设施器材的操作规程及检修规程。

根据实际生产、经营情况，制定电气焊、易燃易爆危险品生产、储存、运输、使用等与消防安全有关的操作规程及检修规程。

## 十五、其他消防安全管理制度

根据有关规定和单位实际需要制定其他消防安全管理制度，如电缆、电缆间、电缆通道防火管理，消防控制室值班管理，防雷、防静电管理等。

# 第四节 消防安全教育培训

应当根据本单位特点，建立健全消防安全教育培训制度，明确机构和人员，保障教育培训工作经费；采取岗前培训、重点岗位培训、内部培训、专门培训等多种形式对全员进行消防安全培训。

## 一、培训基本要求

消防安全培训应符合下列要求：

（1）单位应对新上岗和转岗的员工进行上岗前的消防安全培训。

（2）单位应通过多种形式开展经常性消防安全培训，至少每半年组织1次全员消防安全培训。

（3）单位对消防安全培训应有计划、有安排，培训程序、内容应考虑不同层次、不同岗位的需要。

（4）经常性的消防安全培训应有季度或年度总结。

## 二、消防安全专门培训范围

下列人员应当接受消防安全专门培训：

（1）单位的消防安全责任人、消防安全管理人。

（2）专、兼职消防管理人员。

（3）消防控制室的值班人员、消防设施操作人员，应通过消防行业特有工种职业技能鉴定，持有初级技能以上等级的职业资格证书。

（4）其他依照规定应当接受消防安全专门培训的人员。

## 三、消防安全培训内容

消防安全教育培训的内容应符合全国统一的消防安全教育培训大纲的要求，主要包括：

（1）国家消防工作方针、政策，消防法律法规。

（2）消防安全制度和操作规程。

（3）本单位、本岗位的火灾危险性和防火措施。

（4）有关消防设施的性能、灭火器材的使用方法。

（5）检查消除火灾隐患、报火警、扑救初起火灾、组织引导人员疏散的知识和技能。

（6）其他应培训的消防安全知识。

## 四、消防安全培训档案内容

单位应建立消防培训档案，档案应包括培训影像资料、试卷、文字记录等内容。

单位应将员工取得的职业资格证书、培训证书原件或复印件统一存档，在消防控制室放置、张贴或悬挂自动消防系统操作人员的证书。

## 第五节　防火检查及隐患治理

### 一、日常防火巡查

单位应当进行每日防火巡查，并确定巡查的人员、内容、部位和频次。防火巡查应包括下列内容：

（1）用火、用电有无违章；安全出口、疏散通道是否畅通，安全疏散指示标志、应急照明是否完好；消防设施、器材情况。

（2）消防安全标志是否在位、完整；常闭式防火门是否处于关闭状态，防火卷帘下是否堆放物品影响使用等消防安全情况。

（3）防火巡查人员应当及时纠正违章行为，妥善处置火灾危险，无法当场处置的，应当立即报告。发现初起火灾应立即报警并及时扑救。

（4）防火巡查应填写巡查记录，巡查人员及其主管人员应在巡查记录上签名。

### 二、定期防火检查

单位应至少每月进行一次防火检查。防火检查应包括下列内容：

（1）火灾隐患的整改以及防范措施的落实；安全疏散通道、疏散指示标志、应急照明和安全出口；消防车通道、消防水源；用火、用电有无违章情况。

（2）重点工种人员以及其他员工消防知识的掌握情况；消防安全重点部位的管理情况；易燃易爆危险物品和场所防火防爆措施的落实以及其他重要物资的防火安全情况。

（3）消防控制室值班和消防设施运行、记录情况；防火巡查；消防安全标志的设置和完好、有效情况；电缆封堵、阻火隔断、防火涂层、槽盒是否符合要求。

（4）消防设施日常管理情况，是否放在正常状态，建筑消防设施每年检测；灭火器材配置和管理；动火工作执行动火制度；开展消防安全学习教育和培训情况。

（5）灭火和应急疏散演练情况等需要检查的内容。

（6）防火检查应当填写检查记录。检查人员和被检查部门负责人应当在检查记录上签名。

### 三、定期消防安全监督检查

应定期进行消防安全监督检查，检查应包括下列内容：

（1）建筑物或者场所依法通过消防验收或者进行消防竣工验收备案。

（2）新建、改建、扩建工程，消防设施与主体设备或项目同时设计、同时施工、同时投入生产或使用，并通过消防验收。

（3）制定消防安全制度、灭火和应急疏散预案，以及制度执行情况。

（4）建筑消防设施定期检测、保养情况，消防设施、器材和消防安全标志。

（5）电器线路、燃气管路定期维护保养、检测。

（6）疏散通道、安全出口、消防车通道，防火分区，防火间距。

（7）组织防火检查，特殊工种人员参加消防安全专门培训，持证上岗情况。

（8）开展每日防火巡查和每月防火检查，记录情况。

（9）定期组织消防安全培训和消防演练。

（10）建立消防档案、确定消防安全重点部位等。

## 四、火灾隐患治理

（1）单位对存在的火灾隐患，应当及时予以消除。

（2）对不能当场改正的火灾隐患，消防工作归口管理职能部门或者专兼职消防管理人员应当根据本单位的管理分工，及时将存在的火灾隐患向单位的消防安全管理人或者消防安全责任人报告，提出整改方案。消防安全管理人或者消防安全责任人应当确定整改的措施、期限以及负责整改的部门、人员，并落实整改资金。

（3）在火灾隐患未消除之前，单位应当落实防范措施，保障消防安全。不能确保消防安全，随时可能引发火灾或者一旦发生火灾将严重危及人身安全的，应当将危险部位停产停业整改。

（4）火灾隐患整改完毕，负责整改的部门或者人员应当将整改情况记录报送消防安全责任人或者消防安全管理人签字确认后存档备查。

（5）对于涉及城市规划布局而不能自身解决的重大火灾隐患，以及机关、团体、事业单位确无能力解决的重大火灾隐患，单位应当提出解决方案并及时向其上级主管部门或者当地人民政府报告。

（6）对消防救援机构责令限期改正的火灾隐患，单位应当在规定的期限内改正并写出火灾隐患整改复函，报送消防救援机构。

## 五、火灾隐患整改档案

对火灾隐患的整改应分类建立完整齐全的档案资料，其内容应包括：

（1）火灾隐患基本情况（包括情况描述、部位、照片资料等）；

（2）火灾隐患确定的相关资料（如公安机关消防机构的法律文书、单位防火检查记录等）；

（3）火灾隐患整改方案（包括领导批示、资金落实、施工合同、相关设施设备的文件资料等）；

（4）整改进度和责任人；

（5）整改结果（包括情况描述、整改后照片、公安机关消防机构法律文书、中介机构检测报告等）。

## 第六节　消防设施及器材维护管理

### 一、日常维护保养

（1）单位应当按照《建筑消防设施的维护管理》（GB 25201）及保养有关规定的要求，对建筑消防设施的完好有效情况进行检查和维修保养。

（2）单位应当按照有关规定定期对灭火器进行维护保养和维修检查。对灭火器应当建立档案资料，记明配置类型、数量、设置位置、检查维修单位（人员）、更换药剂的时间等有关情况。

### 二、年度功能检验

（1）设有自动消防设施的单位，应当按照有关规定定期对其自动消防设施进行全面检查测试，并出具检测报告，存档备查。

（2）不具备检测能力单位应委托消防设施检测机构至少每年进行 1 次建筑消防设施功能检验。

### 三、维修保养档案

单位应建立建筑消防设施维修保养资料档案，主要包括以下内容：

（1）与维修保养机构签订的《建筑消防设施维修保养合同》；

（2）维修保养机构每月对消防设施开展维修保养的《建筑消防设施维修保养报告书》；

（3）对消防设施故障及维修的相关记录和资料；

（4）消防设施改造相关技术资料；

（5）其他维修保养资料。

### 四、年度功能检验档案

单位应建立建筑消防设施年度功能检验资料档案，主要包括以下内容：

（1）建筑消防系统检测委托书；

（2）建筑消防设施年度功能检验报告；

（3）不合格项目整改措施及记录。

## 第七节　灭火及疏散应急预案和演练

### 一、总则

单位应根据实际制定灭火和疏散应急预案并定期进行演练，以确保在火灾事故或紧急情况发生时减少火灾危害和人员伤亡。

## 二、预案制定

灭火和疏散应急预案应包括以下内容：

（1）组织机构（应包括灭火行动组、通信联络组、疏散引导组、安全防护救护组等）和职责；

（2）报警和接警处置程序；

（3）应急疏散的组织程序和措施；

（4）扑救初起火灾的程序和措施；

（5）通信联络、安全防护的程序和措施。

## 三、预案演练

单位应按照制定的灭火和疏散应急预案要求进行演练，并做好相关记录。每年 6 月和 11 月分别组织 1 次综合性消防演练；单位的内设部门、岗位应由消防工作职能部门指导，每季度至少组织 1 次适应岗位火灾危险性的灭火和应急疏散演练。

## 四、演练方式

应按以下演练方式开展演练：

（1）局部演练：是指组织重点部位、部门全体人员进行演练；

（2）全员演练：是指组织全体人员进行演练；

（3）指定演练：是指按照预先设定的起火点发生火灾事故时进行的演练；

（4）随机演练：是指随机指定起火点发生火灾事故时进行的演练。

## 五、演练档案

单位应建立灭火和应急疏散演练档案，档案应包括演练影像资料、文字记录等内容。

## 六、预案修订

单位应根据单位的人员、规模等变化情况，并针对每次演练发现的问题，不断修订和完善预案，使其更加贴近于实战要求。预案至少每 3 年进行一次有效性评估，根据评估结果进行修订。

# 第八节　消 防 档 案 管 理

## 一、基本要求

（1）消防安全重点单位应当建立健全消防档案。消防档案应当包括消防安全基本情况和消防安全管理情况。消防档案应当详实，全面反映单位消防工作的基本情况，并附有必要的图表，根据情况变化及时更新。

（2）单位应当对消防档案统一保管、备查。

## 二、消防安全基本情况应包括的内容

（1）单位基本概况和消防安全重点部位情况；

（2）建筑物或者场所施工、使用或者开业前的消防设计审核、消防验收以及消防安全检查的文件、资料；

（3）消防管理组织机构和各级消防安全责任人；

（4）消防安全制度；

（5）消防设施、灭火器材情况；

（6）专职消防队、志愿消防队人员及其消防装备配备情况；

（7）与消防安全有关的重点工种人员情况；

（8）新增消防产品、防火材料的合格证明材料；

（9）灭火和应急疏散预案。

## 三、消防安全管理情况应包括的内容

（1）消防救援机构填发的各种法律文书；

（2）消防设施定期检查记录、自动消防设施全面检查测试的报告以及维修保养的记录；

（3）火灾隐患及其整改情况记录；

（4）防火检查、巡查记录；

（5）有关燃气、电气设备检测（包括防雷、防静电）等记录资料；

（6）消防安全培训记录；

（7）灭火和应急疏散预案的演练记录；

（8）火灾情况记录；

（9）消防奖惩情况记录。

前款规定中的第（2）～（5）项记录，应当明确记录检查的人员、时间、部位、内容、发现的火灾隐患以及处理措施等；第（6）项记录，应当明确记录培训的时间、参加人员、内容等；第（7）项记录，应当明确记录演练的时间、地点、内容、参加部门以及人员等。

## 四、消防档案资料保存期限

（1）建筑消防设施的原始资料应长期保存；

（2）《消防控制室值班记录》和《消防设施巡查记录》存档时间不得少于 1 年；

（3）《消防设施故障维修记录》《消防设施检测记录》《消防设施维护保养记录》存档时间不少于 5 年。

# 第四章
# 建设工程消防管理

## 第一节　工程设计阶段消防管理

### 一、建（构）筑物火灾危险性分类、耐火等级、防火间距及消防道路

（1）建（构）筑物的火灾危险性分类及耐火等级应符合表4－1规定。

**表4－1　　建（构）筑物的火灾危险性分类及耐火等级表**

| 建筑物名称 | | 火灾危险性分类 | 耐火等级 |
|---|---|---|---|
| 主控通信楼 | | 戊 | 二级 |
| 继电器室 | | 戊 | 二级 |
| 电缆夹层 | | 丙 | 二级 |
| 配电装置楼 | 单台设备油量60kg以上 | 丙 | 二级 |
| | 单台设备油量60kg以下 | 丁 | 二级 |
| | 无含油电气设备 | 戊 | 二级 |
| 屋外配电装置 | 单台设备油量60kg以上 | 丙 | 二级 |
| | 单台设备油量60kg以下 | 丁 | 二级 |
| | 无含油电气设备 | 戊 | 二级 |
| 油浸变压器室 | | 丙 | 一级 |
| 气体或干式变压器 | | 丁 | 二级 |
| 电容器室（有可燃介质） | | 丙 | 二级 |
| 干式电容器 | | 丁 | 二级 |
| 油浸电抗器 | | 丙 | 二级 |
| 干式铁芯电抗器室 | | 丁 | 二级 |
| 总事故贮油室 | | 丙 | 一级 |
| 生活、消防水泵房 | | 戊 | 二级 |
| 雨淋阀室、泡沫设备室 | | 戊 | 二级 |
| 污水、雨水泵房 | | 戊 | 二级 |

（2）建（构）筑物构件的燃烧性能和耐火极限，应符合《建筑设计防火规范》（GB 50016）的有关规定。

（3）变电站内各建（构）筑物及设备的防火间距不应小于表 4－2 的规定。

**表 4－2　　变电站内建（构）筑物及设备之间的防火间距　　（m）**

| 建（构）筑物、设备名称 | | 丙、丁、戊类生产建筑耐火等级 | | 屋外配电装置每组断路器油量（t） | | 可燃介质电容器（棚） | 事故贮油池 | 生活建筑耐火等级 | |
|---|---|---|---|---|---|---|---|---|---|
| | | 一、二级 | 三级 | ＜1 | ≥1 | | | 一、二级 | 三级 |
| 丙、丁、戊类生产建筑耐火等级 | 一、二级 | 10 | 12 | — | 10 | 10 | 5 | 10 | 12 |
| | 三级 | 12 | 14 | | | | | 12 | 14 |
| 屋外配电装置每组断路器油量（t） | ＜1 | — | | — | | 10 | 5 | 10 | 12 |
| | ≥1 | 10 | | | | | | | |
| 油浸变压器、油浸电抗器单台设备油量（t） | ＞5 ≤10 | 10 | | 见《建筑设计防火规范》（GB 50016—2014）第 11.1.9 条 | | 10 | 5 | 15 | 20 |
| | ＞10 ≤50 | | | | | | | 20 | 25 |
| | ＞50 | | | | | | | 25 | 30 |
| 可燃介质电容器（棚） | | 10 | | 10 | | — | 5 | 15 | 20 |
| 事故贮油池 | | 5 | | 5 | | 5 | — | 10 | 12 |
| 生活建筑耐火等级 | 一、二级 | 10 | 12 | 10 | | 15 | 10 | 6 | 7 |
| | 三级 | 12 | 14 | 12 | | 20 | 12 | 7 | 8 |

（4）当变电站内建筑的火灾危险性为丙类且建筑的占地面积超过 3000m$^2$ 时，变电站内的消防车道宜布置成环形；当为尽端式车道时，应设回车场地或回车道。消防车道宽度及回车场的面积应符合 GB 50016 的有关规定。

## 二、建（构）筑物的安全疏散和建筑构造

（1）变压器室、电容器室、蓄电池室、配电装置室、继电器室、通信远动机房、电缆层的门应向疏散方向开启；当门外为公共走道或其他房间时，该门应采用乙级防火门。配电装置室的中间隔墙上的门应采用由不燃烧材料制作的双向弹簧门。

（2）建筑面积超过 250m$^2$ 的主控室、配电装置室、继电器室、变压器室、电容器室、电缆层的疏散出口不宜少于 2 个，楼层的第二出口可设在固定楼梯的室外平台处。配电装置室的长度超过 60m 时，应增设一个中间疏散出口。

（3）地下变电站每个防火分区的建筑面积不应大于 1000m$^2$。设置自动灭火系统的防火分区，其防火分区的面积可增大 1.0 倍；当局部设置自动灭火系统时，增加面积可按该局部面积的 1.0 倍计算。

（4）变压器室之间、变压器与配电室之间，应采用耐火极限不低于 2.00h 的不燃烧体墙体隔开。

（5）地下变电站楼梯间应设置不低于乙级防火门，并向疏散方向开启。

## 三、变压器及其他带油电气设备

（1）带油电气设备的防火、防爆、挡油、排油设计，应符合《火力发电厂与变电站设计防火标准》（GB 50229）的有关规定。

（2）地下变电站的变压器应设置能贮存最大一台变压器油量的事故贮油池。

## 四、电缆及电缆敷设

（1）电缆从室外进入室内的入口处、电缆竖井的出入口处、电缆接头处、主控制室与电缆夹层之间以及长度超过 100m 的电缆沟或电缆隧道，均应采取防止电缆火灾蔓延的阻燃或分隔措施，并应根据变电站的规模及重要性采取下列一种或数种措施：

1）采用防火隔墙或隔板，并用防火材料封堵电缆通过的空洞。

2）电缆局部涂料或局部采用防火带、防火槽盒。

（2）220kV 及以上变电站，当电力电缆与控制电缆或通信电缆敷设在同一电缆沟或电缆隧道内时，宜采用防火槽盒或防火隔板进行分隔。

（3）地下变电站电缆夹层宜采用 C 类或 C 类以上的阻燃电缆。

## 五、消防给水、灭火设施及火灾自动报警

（1）变电站、换流站和开关站应设置消防给水系统和消火栓。消防水源应有可靠保证，同一时间按一次火灾考虑，供水水量和水压应满足一次最大灭火用水，用水量应为室内和室外（如有）消防用水量之和。变电站、换流站和开关站内的建筑物耐火等级不低于二级，体积不超过 3000m$^3$，且火灾危险性为戊类时，可不设消防给水。

（2）设有给水的变电站、换流站和开关站应设置带消防水泵、稳压设施和消防水池的临时（稳）高压给水系统、消防水泵应设置备用泵、备用泵流量和扬程不应小于最大一台消防泵的流量和扬程。

（3）变电站的规划和设计，应同时设计消防给水系统。消防水源应有可靠的保证。当生产、生活用水量达到最大时，市政给水管道、进水管或天然水源不能满足室内外消防用水量应设置消防水池。

1）变电站建筑室外消防用水量的规定如表 4－3 所示。

**表 4－3　　变电站建筑室外消防用水量**

| 建筑物耐火等级 | 建筑物类别 | 建筑物体积（m$^3$） | | | | |
|---|---|---|---|---|---|---|
| | | ≤1500 | 1500＜$V$≤3000 | 3000＜$V$≤5000 | 5000＜$V$≤20 000 | 20 000＜$V$≤50 000 |
| 一、二级 | 丙类厂房 | 15 | | 20 | 25 | 30 |
| | 丁、戊类厂房 | 15 | | | | |
| | 丁、戊类仓库 | 15 | | | | |

2）消防水池和消防水泵。主变压器设水喷雾灭火时，消防水池的容量应满足 0.4h 水

喷雾灭火和室外消火栓的用水总量。室外消火栓用水量不应小于 10L/s。消防水池的补水时间不宜超过 48h，对于缺水地区不应超过 96h。

3）独立建造的消防水泵房，其耐火等级不应低于二级。消防水泵房设置在首层时，其疏散门宜直通室外；设置在地下层时，其疏散门应靠近安全出口。消防水泵应保证在火警后 30s 内启动。消防水泵与动力机械应直接连接。消防水泵按“一运一备”或“二运一备”比例设置备用泵，备用泵的流量和扬程不应小于最大 1 台消防泵的流量和扬程。应有备用电源和自动切换装置。

4）灭火设施主要包括消火栓、水喷雾系统、合成型泡沫喷雾灭火系统、气体灭火系统等。

a. 室内消火栓的布置应保证有两支水枪的充实水柱同时到达室内任何部位。室外消火栓采取同一规格型号消火栓，消火栓距路边不应大于 2m，距房屋外墙不宜小于 5m，主变压器区域宜布置在主变压器对侧。

b. 水喷雾灭火系统的设计，应符合《水喷雾灭火系统设计规范》（GB 50219）的有关规定。

c. 灭火器的设计应符合《建筑灭火器配置设计规范》（GB 50140）的有关规定。

5）火灾自动报警系统由火灾报警控制器、点式离子感烟探测器、警铃报警器、手动报警按钮及相关信号输入/输出模块等设备组成。

a. 火灾自动报警系统的设计，应符合《火灾自动报警系统设计规范》（GB 50116）的有关规定。

b. 下列场所和设备应采用火灾自动报警系统：

（a）主控通信室、配电装置室、可燃介质电容器室、继电器室。

（b）地下变电站、无人值班变电站，其主控通信室、配电装置室、可燃介质电容器室、继电器室应设置火灾自动报警系统，无人值班变电站应将火警信号传至上级有关单位。

（c）采用固定灭火系统的油浸变压器。

（d）地下变电站油浸变压器。

（e）220kV 及以上变电站的电缆夹层及电缆竖井。

（f）地下变电站、户内无人值班的变电站的电缆夹层及电缆竖井。

## 六、采暖、通风和空气调节

1. 地上变电站的通风

地上变电站的通风应符合下列规定：

（1）配电装置室、变压器室、蓄电池室、电容器室、电抗器室应设置事故排风机，其电源开关应设在发生火灾时能安全方便切断的位置。

（2）当几个屋内配电装置室共设一个通风系统时，应在每个房间的送风支风道上设置防火阀。

（3）变压器室的通风系统应与其他通风系统分开，变压器室之间的通风系统不应合并。凡具有火灾探测器的变压器室，当发生火灾时，应能自动切断通风机的电源。

（4）当蓄电池室采用机械通风时，室内空气不应再循环，室内应保持负压。

（5）蓄电池室送风设备和排风设备不应布置在同一风机室内；当采用新风机组，送风设备在密闭箱体内时，可与排风设备布置在同一个房间。

（6）采用机械通风系统的电缆夹层，当发生火灾时应立即切断通风机电源。通风系统的风机应与火灾自动报警系统联锁。

2. 地下变电站采暖、通风和空气调节

地下变电站采暖、通风和空气调节应符合下列规定：

（1）所有采暖区域严禁采用明火取暖。

（2）地下变电站的电气配电装置室应设置机械排烟装置，其他房间宜设置自然或机械排烟设施。

（3）地下变电站的送、排风系统、空调系统应与火灾自动报警系统联锁，当发生火灾时应能自动停止运行。当消防系统采用气体灭火系统时，穿过防护区的通风或空调风道上的防火阀应能自动关闭。

3. 地下变电站的空气调节

地下变电站的空气调节应符合下列规定：

（1）计算机室、控制室、电子设备间应设排烟设施；机械排烟系统的排烟量可按房间换气次数每小时不少于 6 次计算。

（2）空气调节系统的送、回风道，在穿越重要房间或火灾危险性大的房间时应设置防火阀。防火阀动作温度应为 70℃。

（3）空气调节风道不宜穿过防火墙和楼板，当必须穿过时，应在穿过处风道内设置防火阀。穿过防火墙两侧各 2m 范围内的风道应采用不燃烧材料保温，穿过处的空隙应采用防火材料封堵。

（4）空气调节系统的送风机、回风机应与消防系统联锁，当出现火警时，应立即停运。

（5）空气调节系统的新风口应远离废气口和其他火灾危险区的烟气排气口。

（6）空气调节系统的电加热器应与送风机联锁，并应设置超温断电保护信号。

（7）空气调节系统的风道及其附件应采用不燃烧材料制作。

（8）空气调节系统风道的保温材料、冷水管道的保温材料、消声材料及其粘结剂，应采用不燃烧材料或者难燃烧材料。

## 七、消防供电及应急照明

1. 变电站的消防供电

变电站的消防供电应符合下列规定：

（1）消防水泵、电动阀门、火灾探测报警与灭火系统、火灾应急照明应按Ⅱ类负荷供电。

（2）消防电源采用双电源或双回路供电，应在供电至末级配电箱进行自动切换，并应配置必要的控制回路和备用设备，保证切换的可靠性。

（3）消防用电设备应采用单独的供电回路，当发生火灾切断生产、生活用电时，仍应保证消防用电，其配电设备应设置明显标志。

（4）消防用电设备的配电线路应满足火灾时连续供电的需要。

2. 火灾应急照明和疏散标志

火灾应急照明和疏散标志应符合下列规定：

（1）户内变电站、户外变电站主控通信室、配电装置室、消防水泵房和建筑疏散通道应设置应急照明。

（2）地下变电站的主控通信室、配电装置室、变压器室、继电器室、消防水泵房、建筑疏散通道和楼梯间应设置应急照明。

（3）事故照明或应急照明灯、安全出口、疏散指示标志的电源线路应单独敷设，采用穿金属管、硬质塑料管保护在墙体内暗线敷设。

（4）应急照明可采用蓄电池作备用电源，其连续供电时间不应少于 20min。

## 八、消防设计文件审批与报备

1.《中华人民共和国消防法》(2019 年修正版）第十一条、第十二条规定

（1）国务院住房和城乡建设主管部门规定的特殊建设工程，建设单位应当将消防设计文件报送住房和城乡建设主管部门审查，住房和城乡建设主管部门依法对审查的结果负责。

（2）前款规定以外的其他建设工程，建设单位申请领取施工许可证或者申请批准开工报告时应当提供满足施工需要的消防设计图纸及技术资料。

（3）特殊建设工程未经消防设计审查或者审查不合格的，建设单位、施工单位不得施工；其他建设工程，建设单位未提供满足施工需要的消防设计图纸及技术资料的，有关部门不得发放施工许可证或者批准开工报告。

2. 建设单位申请消防设计审核应当提供的材料

（1）建设工程消防设计审核申报表；

（2）建设单位的工商营业执照等合法身份证明文件；

（3）设计单位资质证明文件；

（4）消防设计文件；

（5）法律、行政法规规定的其他材料。

# 第二节　工程施工期间的消防管理要求

新建、改造消防工程的施工单位，施工单位必须具备国家二级以上的消防安装企业资质、许可证及相应的项目经理资质证书方可施工，否则一律不得施工。

施工单位在施工前必须与业主单位签订施工安全责任协议书，同时报送施工组织措施和技术措施交业主和监理单位各一份，经业主或监理单位审查同意后，施工单位方可进行施工。

施工设计图纸经住建部门、业主部门审批后，施工单位和个人不得随意更改。如施工

单位确需更改设计图纸，按下列程序进行：

（1）施工单位向业主或监理单位提出书面申请，提出设计图纸必须更改理由和具体范围。

（2）业主或监理单位接到报告后必须立即派人到现场进行勘察，并针对施工单位的申请进行详细审查。如认为确有必要则与设计部门联系更改图纸事宜。

（3）修改的图纸应报当地住建部门进行复审。

（4）在图纸未修改完毕之前不得擅自进行施工，而应等图纸修改完毕后再施工。

施工单位对于隐蔽工程的施工，必须保质保量的进行。对隐蔽工程进行施工时，必须有业主或监理单位现场监督人员在场，否则不得进行施工。对隐蔽工程进行施工后必须由业主和监理单位先行验收，并在验收单上签字后方可继续施工，验收单和隐蔽工程施工记录必须妥善保存。

施工单位在施工过程中必须向业主和监理单位报每日施工进度表，施工单位在施工安排中如有变化必须及时以书面形式报告业主或监理单位，并取得业主或监理单位的同意。

施工单位在施工中必须服从监理和监护人员的监督和管理，并与监护人员派出单位签订安全监护协议书，以确保人身和设备运行安全，防止意外事件发生。

施工单位的施工人员必须经业主单位安全业务培训，经考试合格取得上岗证，持证进入场地施工。

工程项目在建设期间，施工现场总平面布局、建筑防火、临时消防设施管理、防火管理应满足《建设工程施工现场消防安全技术规范》（GB 50720—2011）要求。

## 第三节　工程竣工验收的消防管理要求

### 一、消防法对工程消防验收和备案的相关规定

1.《中华人民共和国消防法》（2019 年修正版）第十三条规定

（1）国务院住房和城乡建设主管部门规定应当申请消防验收的建设工程竣工，建设单位应当向住房和城乡建设主管部门申请消防验收。

（2）前款规定以外的其他建设工程，建设单位在验收后应当报住房和城乡建设主管部门备案，住房和城乡建设主管部门应当进行抽查。

（3）依法应当进行消防验收的建设工程，未经消防验收或者消防验收不合格的，禁止投入使用；其他建设工程经依法抽查不合格的，应当停止使用。

2.《中华人民共和国消防法》（2019 年修正版）第十四条规定

建设工程消防设计审查、消防验收、备案和抽查的具体办法，由国务院住房和城乡建设主管部门规定。

### 二、建设工程消防验收办理

对具有下列情形之一的特殊建设工程，建设单位应当向住建部门申请消防设计审核，

并在建设工程竣工后向出具消防设计审核意见的住建部门申请消防验收：第（二）款：国家机关办公楼、电力调度楼、电信楼、邮政楼、防灾指挥调度楼、广播电视楼、档案楼；第（五）款：城市轨道交通、隧道工程，大型发电、变配电工程。

建设单位申请消防验收应当提供下列材料：

（1）建设工程消防验收申报表；

（2）工程竣工验收报告和有关消防设施的工程竣工图纸；

（3）消防产品质量合格证明文件；

（4）具有防火性能要求的建筑构件、建筑材料、装修材料符合国家标准或者行业标准的证明文件、出厂合格证；

（5）消防设施检测合格证明文件；

（6）施工、工程监理、检测单位的合法身份证明和资质等级证明文件；

（7）建设单位的工商营业执照等合法身份证明文件；

（8）法律、行政法规规定的其他材料。

# 第五章 消防安全重点场所（部位）管理

## 第一节 动 火 管 理

### 一、动火级别

根据火灾危险性、发生火灾损失、影响等将动火级别分为一级动火、二级动火两个级别。

火灾危险性很大，发生火灾造成后果很严重的部位、场所或设备应为一级动火区；一级动火区以外的防火重点部位、场所或设备及禁火区域应为二级动火区。

### 二、禁止动火条件

（1）油船、油车停靠区域。

（2）压力容器或管道未泄压前。

（3）存放易燃易爆物品的容器未清理干净或未进行有效置换前。

（4）作业现场附近堆有易燃易爆物品，未作彻底清理或者未采取有效安全措施前。

（5）风力达五级以上的露天动火作业。

（6）附近有与明火作业相抵触的工种在作业。

（7）遇有火险异常情况未查明原因和消除前。

（8）带电设备未停电前。

（9）按国家和政府部门有关规定必须禁止动用明火的。

### 三、动火安全组织措施

（1）动火作业应落实动火安全组织措施，动火安全组织措施应包括动火工作票、工作许可、监护、间断和终结等措施。

（2）在一级动火区进行动火作业必须使用一级动火工作票，在二级动火区进行动火作业必须使用二级动火工作票。

（3）发电单位一级动火工作票可使用相关规定样张，电网经营单位一级动火工作票可使用相关规定样张，二级动火工作票可使用相关规定样张。

（4）动火工作票应由动火工作负责人填写。动火工作票签发人不准兼任该项工作的工作负责人。动火工作票的审批人、消防监护人不准签发动火工作票。一级动火工作票一般应提前8h办理。

（5）动火工作票至少一式三份。一级动火工作票一份由工作负责人收执，一份由动火执行人收执，另一份由发电单位保存在单位安监部门、电网经营单位保存在动火部门（车间）。二级动火工作票一份由工作负责人收执，一份由动火执行人收执，一份保存在动火部门（车间）。若动火工作与运行有关时，还应增加一份交运行人员收执。

（6）动火工作票的审批应符合下列要求。

1）一级动火工作票。

a. 发电单位：由申请动火部门（车间）负责人或技术负责人签发，单位消防管理部门和安监部门负责人审核，单位分管生产的领导或总工程师批准，包括填写批准动火时间和签名。

b. 电网经营单位：由申请动火班组班长或班组技术负责人签发，动火部门（车间）消防管理负责人和安监负责人审核，动火部门（车间）负责人或技术负责人批准，包括填写批准动火时间和签名。

c. 必要时应向当地消防救援机构提出申请，在动火作业前到现场进行消防安全检查和指导工作。

2）二级动火工作票由申请动火班组班长或班组技术负责人签发，动火部门（车间）安监人员审核，动火部门（车间）负责人或技术负责人批准，包括填写批准动火时间和签名。

（7）动火工作票经批准后，允许实施动火条件。

1）与运行设备有关的动火工作必须办理运行许可手续。在满足运行部门可动火条件，运行许可人在动火工作票填写许可动火时间和签名，完成运行许可手续。

2）一级动火。

a. 发电单位：在检查应配备的消防设施和采取的消防措施、安全措施已符合要求，可燃性、易爆气体含量或粉尘浓度合格，动火执行人、消防监护人、动火工作负责人、动火部门负责人、单位安监部门负责人、单位分管生产领导或总工程师分别在动火工作票签名确认，并由单位分管生产领导填写允许动火时间。

b. 电网经营单位：在检查应配备的消防设施和采取的消防措施、安全措施已符合要求，可燃性、易爆气体含量合格，动火执行人、消防监护人、动火工作负责人、动火部门（车间）安监负责人、动火部门（车间）负责人或技术负责人分别在动火工作票签名确认，并由动火部门（车间）负责人或技术负责人填写允许动火时间。

3）二级动火。在检查应配备的消防设施和采取的消防措施、安全措施已符合要求，可燃性、易爆气体含量或粉尘浓度合格后，动火执行人、消防监护人、动火工作负责人、动火部门（车间）安监人员分别签名确认，并由动火部门（车间）安监人员填写允许动火时间。

（8）动火作业的监护，应符合下列要求：

1）一级动火时，消防监护人、工作负责人、动火部门（车间）安监人员必须始终在现场监护。

2）二级动火时，消防监护人、工作负责人必须始终在现场监护。

3）一级动火在首次动火前，各级审批人和动火工作票签发人均应到现场检查防火、灭火措施正确、完备，需要检测可燃性、易爆气体含量或粉尘浓度的检测值应合格，并在监护下做明火试验，满足可动火条件后方可动火。

4）消防监护人应由本单位专职消防员或志愿消防员担任。

（9）动火作业间断，应符合下列要求：

1）动火作业间断，动火执行人、监护人离开前，应清理现场，消除残留火种。

2）动火执行人、监护人同时离开作业现场，间断时间超过30min，继续动火前，动火执行人、监护人应重新确认安全条件。

3）一级动火作业，间断时间超过 2h，继续动火前，应重新测定可燃性、易爆气体含量或粉尘浓度，合格后方可重新动火。

4）一级、二级动火作业，在次日动火前必须重新测定可燃性、易爆气体含量或粉尘浓度，合格后方可重新动火。

（10）动火作业终结，应符合下列要求：

1）动火作业完毕，动火执行人、消防监护人、动火工作负责人应检查现场无残留火种等，确认安全后，在动火工作票上填明动火工作结束时间，经各方签名，盖“已终结”印章，动火工作告终结。若动火工作经运行许可的，则运行许可人也要参与现场检查和结束签字。

2）动火作业终结后工作负责人、动火执行人的动火工作票应交给动火工作票签发人。发电单位一级动火一份留存班组，一份交单位安监部门；二级动火一份留存班组，一份交动火部门（车间）。电网经营单位一份留存班组，一份交动火部门（车间）。动火工作票保存三个月。

（11）动火工作票所列人员的主要安全责任。

1）各级审批人员及工作票签发人主要安全责任应包括下列内容：

a. 审查工作的必要性和安全性；

b. 审查申请工作时间的合理性；

c. 审查工作票上所列安全措施正确、完备；

d. 审查工作负责人、动火执行人符合要求；

e. 指定专人测定动火部位或现场可燃性、易爆气体含量或粉尘浓度符合安全要求。

2）工作负责人主要安全责任应包括下列内容：

a. 正确安全地组织动火工作；

b. 确认动火安全措施正确、完备，符合现场实际条件，必要时进行补充；

c. 核实动火执行人持允许进行焊接与热切割作业的有效证件，督促其在动火工作票上签名；

d. 向有关人员布置动火工作，交待危险因素、防火和灭火措施；

e. 始终监督现场动火工作；

f. 办理动火工作票开工和终结手续；

g. 动火工作间断、终结时检查现场无残留火种。

3）运行许可人主要安全责任应包括下列内容：

a. 核实动火工作时间、部位；

b. 工作票所列有关安全措施正确、完备，符合现场条件；

c. 动火设备与运行设备确已隔绝，完成相应安全措施；

d. 向工作负责人交待运行所做的安全措施。

4）消防监护人主要安全责任应包括下列内容：

a. 动火现场配备必要、足够、有效的消防设施、器材；

b. 检查现场防火和灭火措施正确、完备；

c. 动火部位或现场可燃性、易爆气体含量或粉尘浓度符合安全要求；

d. 始终监督现场动火作业，发现违章立即制止，发现起火及时扑救；

e. 动火工作间断、终结时检查现场无残留火种。

5）动火执行人主要安全责任应包括下列内容：

a. 在动火前必须收到经审核批准且允许动火的动火工作票；

b. 核实动火时间、动火部位；

c. 做好动火现场及本工种要求做好的防火措施；

d. 全面了解动火工作任务和要求，在规定的时间、范围内进行动火作业；

e. 发现不能保证动火安全时应停止动火，并报告部门（车间）领导；

f. 动火工作间断、终结时清理并检查现场无残留火种。

（12）一、二级动火工作票签发人、工作负责人应进行《电力设备典型消防规程》（DL 5027）等制度的培训，并经考试合格。动火工作票签发人由单位分管领导或总工程师批准，动火工作负责人由部门（车间）领导批准。动火执行人必须持政府有关部门颁发的允许电焊与热切割作业的有效证件。

（13）动火工作票应用钢笔或圆珠笔填写，内容应正确清晰，不应任意涂改，如有个别错、漏字需要修改，应字迹清楚，并经签发人审核签字确认。

（14）非本单位人员到生产区域内动火工作时，动火工作票由本单位签发和审批。承发包工程中，动火工作票可实行双方签发形式，但应符合上述（12）条要求和由本单位审批。

（15）一级动火工作票的有效期为 24h（1 天），二级动火工作票的有效期为 120h（5 天）。必须在批准的有效期内进行动火工作，需延期时应重新办理动火工作票。

## 四、动火安全技术措施

（1）动火作业应落实动火安全技术措施，动火安全技术措施应包括对管道、设备、容器等的隔离、封堵、拆除、阀门上锁、挂牌、清洗、置换、通风、停电及检测可燃性、易爆气体含量或粉尘浓度等措施。

（2）凡对存有或存放过易燃易爆物品的容器、设备、管道或场所进行动火作业时，在动火前应将其与生产系统可靠隔离、封堵或拆除，与生产系统直接相连的阀门应上锁挂牌，并进行清洗、置换，经检测可燃性、易爆气体含量或粉尘浓度合格后，方可动火作业。

（3）动火点与易燃易爆物容器、设备、管道等相连的，应与其可靠隔离、封堵或拆除，与动火点直接相连的阀门应上锁挂牌，检测动火点可燃气体含量应合格。

（4）在易燃易爆物品周围进行动火作业，应保持足够的安全距离，确保通、排风良好，使可能泄漏的气体能顺畅排走，如有必要，检测动火场所可燃气体含量应合格。

（5）在可能转动或来电的设备上进行动火作业，应事先做好停电、隔离等确保安全的措施。

（6）处于运行状态的生产区域或危险区域，凡能拆移的动火部件，应拆移到安全地点动火。

（7）动火前可燃性、易爆气体含量或粉尘浓度检测的时间距动火作业开始时间不应超过2h。可将检测可燃性、易爆气体含量或粉尘浓度含量的设备放置在动火作业现场进行实时监测。

（8）一级动火作业过程中，应每间隔2～4h检测动火现场可燃性、易爆气体含量或粉尘浓度是否合格，当发现不合格或异常升高时应立即停止动火，在未查明原因或排除险情前不得重新动火。

（9）用于检测气体或粉尘浓度的检测仪应在校验有效期内，并在每次使用前与其他同类型检测仪进行比对检查，以确定其处于完好状态。

（10）气体或粉尘浓度检测的部位和所采集的样品应具有代表性，必要时分析的样品应留存到动火结束。

### 五、一般动火安全措施

（1）动火作业前应清除动火现场、周围及上、下方的易燃易爆物品。

（2）高处动火应采取防止火花溅落措施，并应在火花可能溅落的部位安排监护人。

（3）动火作业现场应配备足够、适用、有效的灭火设施、器材。

（4）必要时应辨识危害因素，进行风险评估，编制安全工作方案及火灾现场处置预案。

（5）各级人员发现动火现场消防安全措施不完善、不正确，或在动火工作过程中发现有危险或有违反规定现象时，应立即阻止动火工作，并报告消防管理或安监部门。

## 第二节 电缆防火封堵

### 一、电缆防火概述

1. 电缆防火原则

电缆防火措施应结合现场实际情况进行，原则是做好“六不”，即通过科学设计，并采用封、堵、隔等措施合理安装，保证单根电缆着火不延燃到多根电缆；电气盘、柜着火不延燃到电缆沟；电缆沟着火不延燃到电缆隧道；电缆隧道着火不延燃到电气控制室、电气配电装置的电缆夹层；一个电气室着火不延燃到其他室；一台机组的电缆着火不延燃到其他机组。防止由于局部电缆着火引起全面着火。

2. 电缆防火分类

应用阻燃、耐火电缆增加电缆自身的防火性能。选用阻燃或者耐火电缆。一般阻燃型电缆具有低烟、低毒性，较适合用于有人巡视的场合；耐火型电缆可在规定温度和时间内，保持回路的通电状态，较适用于重要回路。目前变电站、新建工程基本上采用阻燃型电缆，同时在重要回路中选用耐火型电缆。

3. 阻燃电线电缆防火机理

（1）在燃烧反应的热作用下，位于凝聚相的阻燃剂热分解吸热，使凝聚相内温度上升减慢，延缓了材料的热分解速度。

（2）阻燃剂受热分解后，释放出连锁反应自由基阻断剂，使火焰、连锁反应的分枝中断，减缓气相反应速度。

（3）催化凝聚相热分解固相产物，焦化层或泡沫层的形成加强了这些层状硬壳阻碍热传递的作用。

（4）在热作用下，阻燃剂出现吸热性相变，阻止凝聚相内温度的升高。

4. 阻燃电线电缆的分类及选用

《电力工程电缆设计标准》中把采用阻燃电缆、耐火电缆等作为电缆防火的重要措施，对各种阻燃电缆的选用作了明确规定。凡能通过成束电线电缆燃烧试验的电缆称之为阻燃电缆。阻燃电缆主要包括普通型阻燃电线电缆、无卤低烟阻燃电缆、低卤低烟型阻燃电缆、耐火电缆。这些产品的制造技术、性能特性不同，应用范围也不同。

（1）普通型阻燃电线电缆。普通型阻燃电线电缆（简称阻燃电缆）制造简单、成本低，是防火电缆中用量最大的电缆品种。其特点是在成束敷设的条件下，电缆被燃烧时能将火焰的蔓延控制在一定范围内，避免电线电缆着火延燃而造成重大灾害，提高了电缆整条线路的防火水平。根据试验时垂直成束布放的电缆根数（即燃烧物的体积）和燃烧时间的不同分为 A、B、C 三种类别。目前，A、B 类阻燃电缆只有在敷设密集程度高、火灾危险性大的电缆线路，或者发电站、核电站、地铁、隧道、重要的高层建筑等比较重要的场所使用。

（2）无卤低烟阻燃电缆。普通型阻燃电缆在火灾时燃烧会放出大量的浓烟和 HCl 等有毒气体，其危险性和造成生命财产的损失比火灾燃烧本身的危害性更大。无卤低烟阻燃电缆不仅具有优良的阻燃性能，而且在燃烧时几乎不产生腐蚀性气体和毒性气体，仅产生极少量的烟雾，减少了对仪器、设备的腐蚀及对人体的损害，有利于火灾时的灭火救援。无卤低烟阻燃电缆通常考核电缆的阻燃性能、腐蚀性、烟浓度及毒性指标。这类电缆的阻燃性能通过成束燃烧试验，也分 A、B、C 三种。燃烧气体的腐蚀性通过测定燃烧气体水溶液的 pH 值和电导率来确定，烟浓度一般用电缆燃烧时的透光率来评定，试验按《电缆或光缆在特定条件下燃烧的烟密度测定　第 2 部分：试验步骤和要求》（GB/T 17651.2）规定的方法进行，毒性指数的测试方法由用户规定。无卤阻燃电缆的机械性能比普通电缆稍差，这是由于加入特殊添加剂所致，其特殊性能如表 5 – 1 所示。无卤低烟阻燃电缆适用于地铁、隧道、船舶和车辆以及核电站、重要的高层建筑等安全性要求比较高的场所和重要设施。

表 5－1　　无卤低烟阻燃电缆特殊性能

| 性能 | 指标 | 性能 | 指标 |
|---|---|---|---|
| 阻燃性能 | A、B、C 三类均可 | 电导率（μS/mm） | ≤10 |
| 腐蚀性 | pH≥4.3 | 烟透光率（%） | ≥60 |

（3）低卤低烟阻燃电缆。低卤低烟阻燃电缆的 HCl 释放量和烟浓度指标介于普通阻燃电缆与无卤阻燃电缆之间。这种电缆不仅具备阻燃性能，而且在燃烧时释放的烟量较少，HCl 释放量较低，主要用于地铁、隧道、高层建筑等对电缆燃烧的烟浓度及 HCl 发生量有一定限制的场所。低卤低烟阻燃电缆的绝缘和护套材料成分通常是以聚氯乙烯树脂为基材，配以特种增塑剂、高效阻燃剂、HCl 吸收剂、抑烟剂等，经特殊工艺加工而成，显著改善了普通阻燃聚氯乙烯绝缘材料的燃烧性能，大大降低了材料的烟密度和 HCl 释放量，其特殊性能如表 5－2 所示。

表 5－2　　低卤低烟阻燃电缆特殊性能

| 性能 | 指标 |
|---|---|
| 阻燃性能 | A、B、C 三类均可 |
| HCl 气体释放量（mg/g） | ＜100 |
| 烟透光率（%） | ≥35 |

（4）耐火电缆。耐火电缆在着火燃烧时仍能保持一定时间的正常运行，主要有三种类型。

1）矿物绝缘电缆（又称氧化镁绝缘电缆），采用氧化镁作绝缘材料，无缝铜管作护套，经特殊工艺制作而成，具有优良的防火、防爆、耐高温、耐腐蚀等特性，应用于要求特别安全或高环境温度、高辐射强度的场所，该电缆的长期使用温度为 250℃，在 950～1000℃时可持续供电 3h。但该类电缆制造工艺复杂，价格昂贵，安装较复杂，制造长度也受限制。

2）硅绝缘电缆，其绝缘层采用硅橡胶混合物，具有较好的耐火性能，但材料主要依赖进口，价格偏高，制造及应用受限制。

3）用无机材料与一般有机绝缘材料复合构成的复合绝缘电缆，耐火层采用耐火云母带绕包在普通导体外。这种电缆工艺简单，价格较低，生产长度和使用范围不受影响，耐火性能较好，目前国内大多数电缆厂均生产这种耐火电缆供公共设施、高层建筑、地铁等处应用。

## 二、电缆防火措施

### 1. 封堵

防火封堵是采用防火堵料将电缆穿越处的小缝隙进行堵塞，防止电缆着火延燃。对电缆沟与电气盘、箱、柜的连接处、隔墙、楼板的孔洞等均需进行阻燃封堵。最好采用渗透性强、发泡时胀力大、密封性能、防水作用好，而且可拆性好、方便增补的材料。

在变电站新建工程中，应在以下施工部位实施阻火封堵：

（1）主控室、高压室、消弧装置及站变室等各个电气设备室电缆出入口和电缆沟通向变电站围墙的出口处；

（2）电缆夹层、电缆竖井、电缆沟等各类电缆经过地点；

（3）各类设备一、二次电缆出入口；

（4）各类控制屏柜、设备端子箱、场地端子箱、照明检修电源箱电缆出入口等；

（5）在控制电缆沟公用沟道的分支处。

电缆防火门要长期关闭，电缆防火板和电缆沟盖板的缝隙应封闭，电缆敷设密集处采用软堵料封堵严实。防火封堵一般用钢筋等材料作骨架以提供足够的机械强度，防止电缆着火，特别是发生电气短路时引起的空气迅速膨胀，产生一定的冲击，破坏骨架，使防火封堵失去作用。

2. 分隔

在隧道或重要回路的电缆沟的重要部位设置防火墙。按照《火力发电厂与变电所设计防火规范》（GB 50229）的要求，长度超过 100m 的电缆沟或电缆隧道，均应采取防止电缆火灾蔓延的阻燃或分隔措施。电缆沟或电缆隧道长度小于 100m，可按分支沟道或主沟道的火灾不相互影响运行原则，在公用主沟道的分支处和公用主沟道中间设置防火墙。

在隧道或重要回路的电缆沟中的下列部位宜设置阻火墙（防火墙）：公用主沟道的分支处；多段配电装置对应的沟道适当分段处；长距离沟道中相隔约 200m 或通风区段处；至控制室或配电装置的沟道入口、厂区围墙处。

在竖井中，应每隔 7m 设置阻火隔层。

其次要在适当的位置设置阻火分隔，即在电缆引至电气柜、电气盘、电气台和电气屏的开孔处，以及电缆贯穿隔墙楼板的孔洞处，实施阻火封堵。

设置防火墙、阻火夹层及阻火段，将火灾控制在一定电缆区段，以缩小火灾范围。在电缆隧道、沟及托架的下列部位应予以设置：不同厂房或车间交界处、进入室内处，不同电压配电室配电装置交界处，不同机组及主变压器的缆道连接处，隧道与主控集控、网控室连接处，设置带门的防火墙。长距离缆道每隔 100m 处等，均应设置防火墙。在电缆竖井可用阻火夹层分离，对电缆中间接头处可设置阻火段达到防火目的。电缆隧道内应按机、炉分片设置阻火墙或防火门。对同一隧道内的电缆应视其负荷等级的重要程度，采取不同防火材料（如涂料、槽盒、包带等）予以分开。防火隔墙可将长电缆隧道、电缆沟道分割成小区段，将着火区间缩小，可采用耐火隔板、硅酸铝纤维毡、防火堵料、防火涂料等。防火隔墙用矿渣棉筑成，在隧道中与防火门配套使用。为了便于电缆新增与更换，防火隔墙应简易且易于拆卸。电缆隧道里起分隔作用的电缆防火墙厚度不应小于 240mm，防火墙要比电缆支架宽 100mm 以上，防火墙两侧还要有不小于 1000mm 的阻火段，以有效地防止电缆火灾的串延。

3. 涂层

涂刷防火涂料可避免电缆着火后延燃。防火阻燃带施工方便，不易脱落，适应性强，价格便宜，性能与防火涂料相似。在进入柜体的电缆至终端头部分，在防火隔墙两侧 2～3m 区域内将所有电缆涂刷三遍防火涂料或包防火阻燃带。防火涂料的阻火效果与涂层厚度有关。

4. 分流

大型变电站、降压站、中央控制室以及大型电缆隧道的电缆，应多用电缆进出口。对电缆敷设密集的部位应考虑进行分流改造，建立双通道或多通道，将电缆分散布置，有序排列，并保持间距。

5. 防止其他设备着火引燃电缆

可能引起电缆头着火有充油电气设备及施工过程中电焊火花飞溅等，可通过合理布置、防火分隔及封堵等措施防止电缆火灾的发生。

（1）充油电气设备附近的电缆沟盖板要密封，以防设备故障失火时油流到电缆沟里引燃电缆。

（2）加强施工管理，焊接时要采取相应的防护措施，防止电焊火花飞溅引起电缆火灾。

（3）在隧道、沟、浅槽、竖井、夹层等封闭式电缆通道中，不得布置热力管道，严禁有易燃气体、液体管道穿越。

电缆沟、电缆隧道、电缆夹层内不能存留易燃物，电缆夹层的门一定要加锁，不能让人随意出入，防止人为因素引起电缆失火。

可能引起电缆头着火的有充油电气设备。当这些设备和系统发生故障着火时，不能让火烧到附近的电缆，为此必须采取相应的措施：

1）充油电气设备附近的电缆沟盖板要密封，防止设备故障着火时油流到电缆沟里引燃电缆。

2）电缆沟、电缆隧道、电缆夹层内不能存留易燃物。电缆夹层的门一定要加锁，不能让人随意出入，防止人为因素引起电缆着火。

## 三、电缆灭火措施

1. 设置火灾报警系统

根据实际情况，选择适当的报警探头和适合电缆层特点的报警系统。目前在电缆沟、管道井使用较为广泛的是线性（或称缆式）感温探测器。这种导线和运行电缆一同敷设，并紧贴在电缆上，如果电缆的表面温度超过火灾报警线的设定温度，报警线则会报警。

2. 高压水喷雾灭火

在电缆廊道电缆密集的地区采用一般的防火材料比较困难，宜采用高压水喷雾灭火方式。为使水喷雾灭火及时有效地发挥作用，需配置高灵敏度的监测及控制系统。在大型建筑物内及电缆隧道中采用此法效果显著。

3. 气体灭火系统

按灭火方式，气体灭火系统可分为全淹没气体灭火系统和局部应用气体灭火系统。灭火剂可分为卤代烷气体灭火系统、二氧化碳灭火系统、新型气体灭火系统等。卤代烷气体灭火主要为化学方法灭火，灭火效果好，但污染环境；二氧化碳灭火为物理方法窒息灭火，但低温储存，一般在电缆隧道及夹层中不宜使用。

4. 高倍泡沫灭火系统

发泡后体积增大 600 倍以上，可迅速充满防护空间，以全淹没或覆盖方式灭火。泡沫绝热性能好、无毒，可用于扑救电缆火灾。

5. 超细干粉灭火装置

目前，超细干粉灭火装置分为贮压悬挂式和非贮压悬挂式两大类。

（1）贮压悬挂式。采用氮气驱动，每个装置上有压力显示器，日常维护中可以直观地检查到灭火装置的运行状态，这种装置由罐体和喷头组成，喷头上安装有感温玻璃球，优点是灭火剂在气体驱动下，喷射均匀，全淹没灭火效果好，启动时声音很小，贮存压力为低压范围，安全。缺点是灭火装置有泄漏压力的隐患，如果生产厂家选用的密封件及其他材料低劣，会出现泄漏压力，如不及时补充压力，会造成灭火时，灭火剂不能喷出。因此要严把产品质量关。

（2）非贮压悬挂式。非贮压悬挂式又分为脉冲式和固气态转换式。脉冲式采用发射火药作为气体发生剂，在导火索引燃或电引发器（点火头）激活后，瞬间产生大量气体，冲破喷口处铝铂，灭火剂在巨大的气体膨胀力作用下，瞬间喷射到灭火区域内或保护对象上，瞬间灭火。

固气态转换式灭火装置是在综合脉冲式和贮压式两种产品优点的基础上，开发的新型产品，具有贮压式产品的外壳，类似于脉冲式产品的铝铂喷口（小喷口，在喷口下方设置有溅粉盘，使超细干粉喷射均匀），其气体发生剂是在发射火药的基础上加入了延缓剂，在接收到启动信号（点火头激活）后产气，灭火剂储罐内的压力增加，当达到一定压力后再冲破小喷口铝铂，喷射灭火剂灭火。

非贮压式超细干粉灭火装置的优点是常态常压，没有压力泄漏的隐患。其缺点也很明显，如脉冲式产品是爆炸方式驱动，爆炸声音较大。两种产品均属于有火工技术，装置内的气体发生剂属于危险品，厂家必须回收集中处理，如报废产品不能及时回收，会给社会留下安全隐患。

6. 加强电缆层（井）的通风

利用自然通风条件，尽可能在电缆层靠外墙部位设置通风口（通风口的具体设置可结合火灾扑救时的突破口）。同时还应建立不间断供电的机械排烟系统，以便在火灾初期通过自动报警联动打开排烟风机。

## 四、电缆防火管理

1. 规范的日常管理

企业应组织人员定期巡视电缆，检查电缆的阻燃、涂刷、隔离和封堵措施是否完整；及时清理电缆周围的易燃物和杂物；电缆沟道和夹层中应该采取相应的措施降低环境温度。

2. 落实日常防火检查

在运行期间，一般采用巡检人员日常巡检的方式对正常电缆进行监控，同时，通过工业电视对敷设于电缆层的电缆进行远程监控，因此，为了进一步提高电缆的运行水平，确保一些隐患和事故源头能够及时得到消除，在确保技防、物防的同时，一定要做到人防，即定期巡视电缆，检查电缆的阻燃、涂刷、隔离和封堵措施是否完整；及时清理电缆周围的易燃物和杂物；电缆沟道和夹层中应该采取相应的措施降低环境温度。

（1）定期检查并记录电缆的表面温度及周围温度，尤其应检查最热点的电缆温度，当测得电缆温度不正常或超过额定温度时必须查明原因，采取适当措施。

（2）电缆在正常运行中不允许过负荷，一旦发现电缆负荷超过额定值时，要立即采取必要的减负措施，保证电缆安全运行。

（3）电缆沟道、电缆井及电缆桥架等必须定期巡查，对发现的异常情况和现象，要严密监视，及早消除。当地面的盖板被破坏时，应及时修补。

（4）在敷设电缆的沟道上，严禁堆放瓦砾、建筑材料、笨重物件及酸碱性排泄物等。因电缆施工而拆除的防火隔墙，凿开的孔洞应重新封堵。

（5）巡视电缆线路时，应着重检查电缆的接头盒有无发热、漏胶等缺陷，电缆终端接头应清洁，套管无破裂、漏油及放电现象，引出线接头是否紧固，有无发热等异状，电缆无损伤及严重腐蚀，接地线应完好。

（6）对电缆线路应定期进行清扫维护。电缆隧道及电缆沟内支架和过桥电缆支架必须牢固。若松动或腐蚀严重，应采取防护和加固措施。

（7）保持良好的运行环境，电缆沟、电缆隧道排水要畅通，通风要良好。不能让热力系统的废气、废水流入电缆沟、电缆隧道。防止电缆沟、电缆隧道内积水。必须避免电缆潮湿、外护层腐烂而损坏绝缘。

1）排水畅通。电缆沟、隧道等要有良好的排水设施，如设置泄水边沟、集水井，并能有效排水，必要时设置自动启、停抽水装置，防止积水，保持干燥。电缆沟、隧道的纵向排水坡度不得小于5%，防止水、腐蚀性液体或可燃性液体进入。

2）通风良好。电缆隧道宜自然通风，当有较多电缆导体工作温度持续达到 70℃以上或其他原因环境温度显著升高时，可装设机械通风。但机械通风装置在出现火灾时能可靠地自动关闭。长距离隧道宜适当分区段实行相互独立的通风。电缆隧道不得作为通风系统的进风道。避免电缆防火门处于常闭状态，不能用防火隔板将电缆完全封闭，不能把电缆隧道盖板的缝隙封闭，以免影响电缆通风和散热。

有完善的防鼠、蛇窜入的设施，防止小动物破坏电缆绝缘引发事故，应有可靠的防潮、防腐蚀措施等。

3. 电缆质量监督

（1）要保证电缆预防性试验的质量，电缆预防性试验必须严格按《电力设备预防性试验规程》（DL/T 596）的要求进行。这里值得指出的是，不能只看试验数据合格不合格，还应该对数据进行比较和分析，应和本电缆的以往试验数据比较，以探求试验数据的变化规律。如作直流耐压试验时，所测泄漏电流值随试验电压值的升高或加压时间的增加而上升较快、与相同电缆比较数值明显增大、与历史数据比呈明显的上升趋势或三者之间的泄漏电流不平衡系数较大时，应认真分析，判断是否存在隐患，来判定电缆能否继续运行。防止由于电缆内部绝缘的缺陷、老化、受潮、损伤等电缆自身故障引起电缆短路、短路电弧着火，及时发现绝缘不良的电缆，并将其退出运行。

（2）要加强对电缆头的监视和管理。由于电缆头通常是在现场手工制作，受现场条件限制及手工制作分散性的影响，一般来说电缆头是电缆绝缘的薄弱环节，所以加强对电缆头的监视和管理是电缆防火的重要一环。

电缆头的使用寿命不能低于电缆使用寿命，接头的额定电压等级及其绝缘水平不低于所连接的电缆；绝缘接头绝缘环两侧耐受电压不得低于电缆护层绝缘水平的 2 倍。金属层接地应满足要求。接头形式应与所设置环境条件相适应，且不影响电缆的通流能力。电缆头两侧各 2～3m 范围内应采用防火包带作阻燃处理。

电缆终端头尽量不要放在电缆沟、电缆隧道、电缆槽盒、电缆夹层内。对那些放在电缆沟、电缆隧道、电缆槽盒、电缆夹层内的电力电缆终端头、中间接头必须登记造册，加强监视（最好用远红外线测温仪定期测温），若发现电缆头有不正常温升时，应及早退出运行，以避免运行中的电缆头着火。此外，对于电缆终端头、中间接头还应该有防火阻隔措施，以保证万一电缆头着火不会引燃相邻的其他电缆。

## 第三节　输变配电装置的防火措施及要求

### 一、变压器的防火措施和要求

#### （一）变压器火灾的危害

1. 变压器概述

电力变压器是根据电磁感应原理，以互感现象为基础，将一定电压的交流电能转变为不同电压交流电能的设备。电力变压器按其在电力系统中输配电力的作用，可分为升压变压器、降压变压器及配电变压器；按其冷却介质不同又可分为干式变压器和油浸式变压器。干式变压器以空气或其他气体作为冷却介质；油浸式变压器以变压器油作为冷却及绝缘介质。干式变压器优点是阻燃、环保、抗冲击、拆开运输方便、易维护；缺点是容量和电压较低，大容量干式变压器需要风机增大通风量，需要在额定容量下运行，造价高。油浸式变压器优点是适用全容量、过载性能好、造价低；缺点是可燃、需要事故油池、对防火要求高、较难维护。干式变压器适合安装在大型建筑、高层建筑室内；油浸式变压器适合安装在室外，需要设事故油池。变压器室是为保护变压器及周围人员、设备安全设置的，因为油浸式变压器的可燃等特性，总油量大于 100kg 的油浸式变压器按规定应设置单独的变压器室。容量特别大的变压器因通风散热原因应考虑露天设置变压器室。

2. 变压器的火灾危险性

油浸式变压器内部的绝缘衬垫和支架，大多用纸板、棉纱、布、木材等有机可燃物制造而成，油箱内充有大量的绝缘油。如 1000kVA 的变压器中大约有木材 0.012$m^3$，纸料 40kg，绝缘油 1t。

变压器绝缘油是饱和的碳氢化合物，其闪点为 135℃绝缘油和固态有机可燃物，在变压器发生故障时形成的过热或绝缘破坏后引起的电弧作用下，都会使故障点附近的绝缘物发生分解而产生气体，产生其气体的多少，随故障的性质程度而异。气体大致成分如下：绝缘油受热分解，如分接开关接触不良，铁芯的多点接地形成的裸金属局部过热而使周围的油分解，主要产生氢和烃类气体，不含有乙炔。但是，当分接开关接触不良，铁芯多点接地、股间短路等形成内部局部放电时，不仅产生氢和烃类而且还产生乙炔。

这些气体都是易燃气体，一般氢为70%～80%，乙炔13%，甲烷3%～10%，乙烯2%及其他的碳氢化合物。

木材、纸、纸板等固体绝缘物，当其大面积受到变压器长期过负荷造成的过热或者接触不良造成局部过热时，就会受热分解，产生一氧化碳和二氧化碳。

这些气体的混合物统称油气，混合在油中会使油的闪点降低，绝缘油的闪燃试验结果发现可低落到 52℃（90、93、85℃），显然这些油气是可被变压器本身温度引燃的。在正常情况下，变压器密封很好，油气与空气形不成爆炸性混合物，燃烧爆炸事故不能发生。但是，如果故障持续时间过长，易燃气体会愈来愈多，使变压器内部压力急剧增加，以至于使油箱爆炸或裂解，喷油燃烧，油流的扩展又会扩大火灾危害，造成停电，影响生产等重大经济损失。

大型油浸式电力变压器主要由油箱、散热器、铁芯、绕组、防爆管、绝缘套管等大量的可燃绝缘材料组成，同时内部充装大量具有绝缘和散热双重作用的绝缘油（一台220kV，420MVA 的变压器充油量可达 50t 以上），工作油温一般为 50～70℃。因此，一旦发生短路、过载等故障，特别是当温度达到 400℃时，可燃的绝缘材料和绝缘油等就会受到高温和强电弧的作用，开始发生轻微的分解、膨胀以致气化，分解出甲烷、乙烷等饱和碳氢化合物；当温度超过 400℃时，变压器油的分解速度加快，会分解出乙烯、丙烯等不饱和碳氢化合物；当温度升至 800℃，变压器油的分解能力最强；当温度超过 800℃时，变压器油几乎全部分解为甲烷、乙炔和氢。

由于变压器硅钢片的层间绝缘被破坏和铁芯发热，可使变压器铁芯局部过热，且变压器在高能放电的情况下可使局部温度达到3000℃，在高温下分解的可燃气体使变压器内部压力在短时间内急剧增加。据调研，变压器发生的爆炸部位多位于变压器套管和焊接薄弱位置、各种内外电气装置的接头部位，在变压器短时或持续性故障时间里，如果继电保护装置未能及时动作，当产生的可燃气体压力和数量超过箱体所能承受压力的临界值，气化油将从器身薄弱环节喷出，造成爆炸和火灾，同时位于油箱顶部储油柜内的大量变压器油会在自然油压的作用下，从箱体开裂处向外猛烈喷出助长火势的蔓延，大大增加了扑救的难度。

### （二）有关防火规范要求

1. 火灾危险性类别和耐火等级

变压器室因变压器类型和位置不同，对建筑的要求也不同。在《火力发电厂与变电站设计防火标准》（GB 50229—2019）第 11.1.1 条中明确规定，油浸式变压器火灾危险性类别定为丙类，耐火等级定为一级；气体或干式变压器火灾危险性类别定为丁类，耐火等级定为二级。

建（构）筑物构件的燃烧性能和耐火极限，应符合现行《建筑设计防火规范》（GB 50016—2014）2018 版的有关规定。

2. 防火间距的确定

变电站内建（构）筑物与站外建（构）筑物之间的防火间距应符合《建筑设计防火规范》（GB 50016—2014）2018 版第 3.4.1 条的规定，室外变、配电站变压器按总油量分为 3 档：5～10t、10～50t、＞50t，这表示 GB 50016—2014（2018 版）表 3.4.1 中室外变、配电站与其他类型建筑物的间距需要根据变压器总油量来确定。

变电站内建（构）筑物（设备）相互之间的防火间距应符合《火力发电厂与变电站设计防火标准》（GB 50229—2019）第 11.1.5 条的规定，油浸式变压器按单台设备油量，分为 3 档：5～10t、10～50t、＞50t，按此确定防火间距。

屋外油量小于 2500kg 的油浸式变压器之间的间距可按《20kV 及以下变电所设计规范》（GB 50053）第 4.2.2 条执行。油量 2500kg 及以上按照 GB 50229—2019 第 11.1.7 条规定的屋外油浸式变压器之间的最小间距执行；第 11.1.8 条规定了无法满足间距时应设置防火墙及设置范围，意味着当空间距离不足时可以采用防火墙的设置来隔绝生产危险。

GB 50229—2019 第 11.2.2 条规定“设置带油电气设备的建（构）筑物与贴邻或靠近建（构）筑物的其他建（构）筑物之间应设置防火墙”，明确了地下和户内变电站的带油电气设备与其他部位的隔墙是防火墙。GB 50016—2014（2018 版）第 5.2.3 关于民用建筑内的油浸式变压器的楼板、隔墙规定，“锅炉房、变压器室等与其他部位之间应采用耐火极限不低于 2.00h 的不燃烧体隔墙和不低于 1.50h 的不燃烧体楼板隔开。在隔墙和楼板上不应开设洞口，当必须在隔墙上开设门窗时，应设置甲级防火门窗”。

3. 贮油和挡油设施设计原则做法

在事故贮油池容量方面，GB 50229—2019 第 11.3.3 条规定“屋内单台总油量 100kg 以上的电气设备，应设置挡油设施及将事故油排至安全处的设施”。第 11.3.4 条规定“屋外单台总油量 1000kg 以上的电气设备，应设置贮油或挡油设施”，这两条还规定了容纳油量的设置以及在何种条件下可以减小贮油或挡油设施的容量。地下变电站的变压器则需要设置能贮存 1 台最大变压器油量的事故贮油池。设置容量不低于 20%变压器油量的挡油池时，需有将油排到安全场所的设施。位于特殊场所的油浸式变压器室必须设置 100%变压器油量的贮油池或挡油设施。特殊场所包括容易沉积可燃粉尘、可燃纤维的场所，附近有粮、棉及其他易燃物大量集中的露天场所，油浸式变压器室下面设有地下室。

贮油或挡油设施设计原则：根据国标图集《变配电所建筑构造》（07J912－1）的详图，设计时需要先在地上部分做架空钢筋混凝土楼板，有设备基础放置油浸式变压器，在变压器基础四周是钢格板，使油可以向架空钢筋混凝土楼板下方渗入。根据容纳油量设计贮油池的大小，贮油池上覆钢筋盖板，盖板上是卵石层，厚度不小于 250mm，卵石直径宜为 50～80mm。漏油处理的方式有两种：① 直接做排水沟在门口位置收集漏油，再通过地下管道向室外事故油池输送；② 定期通过抽油管将漏油抽走。需注意的是，整个变压器室的地面都需要做防油层，且四周坡向贮油池。

4. 灭火设施及火灾自动报警

GB 50229—2019 第 11.5.8 条规定屋内高压配电装置（无油）、油浸式变压器检修间、油浸式变压器室等可不设室内防火栓。第 11.5.22 条对灭火器的配置进行了规定，其中室外变压器和油浸式变压器室的场所种类都是 B 类（液体火灾或可熔化固体物质火灾），危险等级都是中等。灭火器配置设计，遵照《建筑灭火器配置设计规范》（GB 50140）执行。因此，室外变压器和油浸式变压器室仅需要设置灭火器即满足规范要求。

对于地下变电站的油浸式变压器，宜采用固定灭火系统。对于单台容量为 125MVA 及以上的主变压器应设置水喷雾灭火系统、合成型泡沫喷雾系统或其他固定式灭火装置。现行常用到的主变压器固定式灭火装置还有排油注氮灭火系统。

### （三）变压器火灾事故的原因

1. 绝缘损坏

（1）绕组绝缘老化。变压器长期过载，会引起绕组发热，使绝缘逐渐老化，造成匝间短路、相间短路或对地短路，引起变压器燃烧爆炸。因此，变压器在安装运行前，应进行绝缘强度的测试，运行过程中不允许过载。

（2）油质不佳，油量过少。变压器绝缘油在储存、运输或运行维护中不慎使水分、杂质或其他油污等混入油中后，绝缘强度会大幅度降低。当其绝缘强度降低到一定值时就会发生短路。因此放置时间较长的绝缘油在投入运行前或运行中，若未进行水分、杂质、黏度、击穿强度、介质损失角、介电常数等的化验，就存在发生短路引起火灾爆炸事故的可能。

（3）铁芯绝缘老化损坏。铁芯硅钢片的绝缘层如果在生产组装时受到损伤，运行中就会产生较大的涡流，有涡流的地方温度升高导致局部过热，使绝缘层受损坏的面积扩大，甚至使铁芯局部熔化，导致附近的绕组绝缘损坏，继而发生短路引起燃烧。铁芯的穿芯螺栓绝缘损坏也会产生很大的涡流，导致局部过热，加速绝缘的老化，导致短路事故的发生，也会引起火灾、爆炸事故。变压器铁芯应定期测试其绝缘强度（测试方法和要求与绕组相同），发现绝缘强度低于标准时，要及时更换螺栓套管或对铁芯进行绝缘处理。

（4）检修不慎，破坏绝缘。在吊芯检修时，常常由于不慎将绕组的绝缘和瓷套管损坏。瓷套管损坏后，如继续运行，轻则闪络，重则短路。因此，检修时应特别谨慎，不要损坏绝缘。检修结束之后，应有专人清点工具（以防遗漏在油箱中造成事故），检查各部件、测试绝缘等，确认完整无损，安全可靠才能投入运行，否则有可能发生由此引起的火灾事故。此外在检修时更要注意引线的安全距离，防止由于距离不够而在运行中发生闪络，造成火灾事故。

2. 导线接触不良

绕组内部的接头、绕组之间的连接点和引至高、低压瓷套管的接点及分接开关上各接点，如接触不良会产生局部过热，破坏绕组绝缘，发生短路或断路。此时产生高温的电弧，同样会使绝缘油迅速分解，产生大量气体，使压力骤增，破坏力极大，可能由此引发火灾、爆炸事故。导线接触不良的主要原因是螺栓松动、焊接不牢、分接开关接点损坏。

3. 负载短路

绕组绝缘损坏或失去绝缘，将会发生匝间短路、层间短路、相间短路和接地短路。短路电弧引燃可燃物，同时加速变压器的老化。变压器油受热分解出酸性物质反过来又腐蚀绕组的绝缘，导致其多处短路，以致发生火灾事故。变压器短路事故发生时，如保护系统失灵或整定值过大，就有可能烧毁变压器，并由此引发更大的火灾事故，这样的事故在供电系统中并不罕见。因此若变压器未安装短路保护，或保护系统设定失误，短路发生时不能起到有效的保护动作，有可能造成短路引发的火灾事故。

4. 接地系统不完好

中性点直接接地系统，当三相负载不平衡时，零线上就会出现电流，如这一电流过大而接地点接触电阻超标时，接地点就会出现高温，引燃周围的可燃物，引发火灾。所以若接地线、点连接不牢固，接触不良，都有可能引发火灾事故。

5. 雷击过电压

电力变压器的电源大多由架空线引来，易遭到雷击产生的过电压的侵袭，击穿变压器的绝缘，甚至烧毁变压器，引起火灾。变压器与架空线路连接的一侧或者两侧装设的避雷设备不完善，或者避雷设备受损或年久失修，雷击过电压会传入变压器内，就有可能引发雷击造成的火灾、爆炸事故。另外，还会导致变压器的套管与油箱之间发生闪络，引起油箱盖上的可燃物燃烧；还可能导致油箱内的套管部分对油箱放电，引起油箱爆裂喷油燃烧；还可能导致绕组过电压击穿短路，或导致绕组对油箱的绝缘被击穿，造成油箱爆裂喷油燃烧，导致火灾事故的发生。

6. 套管故障

对于普遍采用的尺寸较小、油质较好而且装拆方便的全密封油浸式电容式瓷套管，如果安装时不小心，套管受机械性冲击或运行中受过高温度的作用会产生裂纹。尤其当套管制造不良，内部的电容芯中空气与水分未除尽或卷得太紧导热不良，在充油套管裂纹导致击穿时，会出现爆裂状况，有引发火灾事故的可能。

7. 分接开关故障

若产品质量较差、分接开关接头接触不良或分接开关油箱内绝缘油绝缘性能低，就会导致局部过热或产生电火花。分接开关附近的变压器受这种高温和电火花的作用发生劣化，绝缘性能下降，继而导致分接开关击穿，引起油燃烧或分接开关箱爆裂燃烧。

8. 油箱故障

变压器在制造过程中如果油箱存在质量问题，焊缝不严密、不牢固或有虚焊，在运输振动中和长期运行期间，变压器油的热胀冷缩及油箱壁本身应力受温度影响而导致渗油；套管与油箱连接法兰盘不严密或放油阀等需要拧紧螺纹的地方未拧紧，都会造成渗油；更为严重的是，当绕组或油箱同其他附件发生短路或接地故障时，产生的电弧将油箱壁烧蚀出小孔洞，导致油箱漏油。以上原因导致的渗油和漏油若遇到电火花会发生火灾事故。

9. 变压器油劣化

在变压器中具有电气绝缘和循环散热双重作用的变压器油，由于过载引起的高温、铁芯过热或绕组短路电弧，或其他故障导致的局部过热和电火花高温的影响，发生氧化而生成多种溶于油的酸类和氧化物，还生成多种不稳定的产物。多种氧化物中的一种为黑色淤泥样，俗称“油泥”的沉淀物积聚于绕组上、铁芯的铁轭、夹件上和散热器的散热管（或冷却器的冷却管）中。油泥导热性很差，积聚的越多，绕组发热越严重；多种不稳定物质的进一步分解，其中分解出腐蚀力很强的臭氧，损坏绝缘材料。总之，变压器油受热氧化的生成物严重地腐蚀绕组的绝缘，油泥聚集在散热管或冷却管中，将阻碍油的循环和影响散热效果，使变压器油加速老化、分解、析出可燃气体。同时，由于油的受热分解产生的酸性物质腐蚀绕组的绝缘，产生的油泥阻碍绕组的散热，致使绕组的绝缘强度下降，导致绕组绝缘被击穿。油的受热膨胀和热分解产生的气体都会导致油箱爆裂喷油燃烧。

10. 保护装置失灵

变压器事故状态下，若发生电压电流保护或非电量保护（如气体继电器）等保护失灵，保护配置不合理，控制电源电压低，断路器拒动等情况，都将会使故障扩大形成火灾事故。

11. 内部故障

电力设备、线路及变压器内部故障时，都将引起运行中变压器绝缘油的击穿，挥发出低分子烃类或易燃气体，这些气体溶解在变压器油中，就会降低变压器油的燃点和闪点。

无论是电力变压器铁芯产生的持续高温，还是高能放电引起的突发性短暂高温，只要能使变压器油的温度大于400℃，就会在密闭的变压器器身内部产生数量可观的可燃气体。变压器在高温作用下所生成的可燃气体，有的直接进入变压器储油柜上部的空间；有的直接被变压器油溶解（使变压器油的绝缘强度降低）后再部分地释放出来；这样在变压器储油柜上部空间内就积聚了大量的可燃气体，使变压器油的闪点降低。在电力系统的设备、线路或变压器内部故障时，如果变压器的继电保护（各类保护后述）拒绝动作或动作不及时，将使变压器油的温度在极短的时间内以极快的速度上升，产生的过量可燃气体已经来不及被变压器油所溶解，而迅速增加的被气化的变压器油体积急剧膨胀，变压器器身的薄弱部位（如变压器瓷套管、器身焊缝、防爆口等处）将破坏裂口，变压器油及产生的可燃气体一起从裂口中喷出，喷出的变压器油及可燃气体的混合物在与空气摩擦接触后，就产生火焰或爆炸。

**（四）变压器防火措施**

1. 设计选型

设计选型时，要注意选用优质产品，并进行严格的检查试验。特别是油箱强度、各部位强度要相同，这对承受较大内压切除故障后及时灭火是十分有效的。按照规定“变压器应能承受二次线端的突发短路作用无损坏”。另外防爆管直径、形状也要与容量相适应，尽可能避免急剧弯曲或截面的变化。

2. 保护配置

变压器各侧断路器应定期校验，动作应灵活可靠；变压器配置的各类保护应定期检查保持完好。这样，即使变压器发生故障也能正确动作切断电源，缩短电弧燃烧时间。主变压器的重瓦斯保护和差动保护在变压器内部发生放电故障时能迅速使断路器跳闸，因而能将电弧燃烧时间限制得最短，使在油温还不太高时，就将电弧熄灭。

设置完善的变压器保护装置，按照相应的设计规范对不同容量等级和使用不同环境的变压器选用熔断器、过电流继电器的保护装置以及气体（气体继电器）保护、信号温度计的保护等，从而使变压器故障时能及时发现并切除电源。

3. 运行维护

变压器着火事故大部分是由本体电气故障引起的，做好变压器的清扫维修和定期试验是十分重要的措施。如发现缺陷应及时处理，使绝缘经常处于良好状态，不致产生绝缘油点燃起火的电弧。

注意运行、维护工作，定期对绝缘油进行化验分析，搞好巡视检查，及时发现异常声音、温度等，并要保持变压器良好的通风条件。变压器不宜过负荷运行，事故过负荷不得超过有关规定值。

定期对变压器油作气相色分析，发现乙炔或氢烃含量超过标准时应分析原因甚至进行吊芯检查找出问题所在。在重瓦斯动作跳闸后不能盲目强送，以免事故扩大发生爆炸和着火。

变压器周围应有可靠的灭火装置。

变压器加油应采用真空注油，以排除气泡。油质应化验合格并作好记录，变压器投入运行后重瓦斯保护应接入跳闸回路，并应采取措施防止误动作。当发现轻瓦斯告警信号时要及时取样加以处理。

对变压器渗漏油的故障要及时加以排除。

防爆装置应安装在正确的位置，防爆板应采用适当厚度的层压板或玻璃纤维布板等脆性材料。

加强管理和建立正常的巡视检查制度。

**（五）变压器的灭火措施**

1. 概述

变压器是变电站内最重要的设备，油浸变压器的油具有良好的绝缘性和导热性，变压器油的闪点一般为 130℃，是可燃液体。当变压器内部故障发生电弧闪络，油受热分解产生蒸汽形成火灾。变压器灭火试验和应用实践证明水喷雾灭火系统是有效的。但是我国各地气候条件差异很大，变压器一般安装在室外，经过几十年的运行实践，在缺水、寒冷、风沙大、运行条件恶劣的地区，水喷雾灭火的使用效果可能不佳。对于中、小型变电站，水喷雾灭火系统费用相对较高，因此中小型变电站的变压器宜采用费用较低的化学灭火器。对于容量 125MVA 以上的大型变压器，考虑其重要性，应设置火灾探测报警系统和固定灭火系统。对于地下变电站，火灾的危险性较大，人工灭火比较困难，也应设置火灾探测报警系统和固定灭火系统。固定灭火系统除了可采用水喷雾灭火系统外，排油注氮灭火系统和合成泡沫喷淋灭火系统在变电站中的应用也逐渐增加，这两种灭火方式各有千秋，且均通过了消防检测机构的检测，因此也可作为变压器的消防灭火措施。对于地下和户内等封闭空间内的变压器也可采用气体灭火系统。

2. 规范要求

地下变电站的油浸式变压器和采用固定灭火系统的油浸式变压器应设置火灾自动报警系统。《建筑设计防火规范》（GB 50016—2014）2018 版的第 5.4.12（7）条对民用建筑内的油浸式变压器规定应设置火灾报警装置。综合考虑，除了单台容量为 125MVA 及以上的主变压器、地下变电站和民用建筑内的油浸式变压器外，其他的油浸式变压器可以不用设置固定灭火系统和火灾自动报警系统。

下列场所应设置自动灭火系统，并宜采用水喷雾灭火系统：

单台容量在40MVA及以上的厂矿企业油浸变压器，单台容量在90MVA及以上的电厂油浸变压器，单台容量在125MVA及以上的独立变电站油浸变压器。

注：设置在室内的油浸变压器、充可燃油的高压电容器和多油断路器室，可采用细水雾灭火系统。

水喷雾灭火系统喷出的水滴粒径一般在 1mm 以下，喷出的水雾能吸收大量的热量，具有良好的降温作用，同时水在热作用下会迅速变成水蒸气，并包裹保护对象，起到部分窒息灭火的作用。水喷雾灭火系统对于重质油品具有良好的灭火效果。（注：这一条为强制性条文。）

变压器油的闪点一般都在 130℃以上，适用采用水喷雾灭火系统保护。对于缺水或严寒、寒冷地区、无法采用水喷雾灭火系统的电力变压器和设置在室内的电力变压器，可以采用二氧化碳等气体灭火系统。另外，对于变压器，目前还有一些有效的其他灭火系统可以采用，如自动喷水—泡沫联用系统、细水雾灭火系统等。

根据 GB 50016 第 8.5.4 条的规定，一定容量的油浸电力变压器应设置自动灭火系统，且宜采用水喷雾灭火系统。GB 50016 第 8.5.4 条文解释规定：对于变压器火灾，还有一些有效的其他灭火系统可以采用，如自动喷水—泡沫联用系统，变压器排油注氮装置等。GB 50229 中规定：固定灭火系统除了可采用水喷雾灭火系统外，还可采用排油注氮灭火系统和合成泡沫喷淋灭火系统，这两种灭火方式各有千秋，且均通过了消防检测机构的检测，因此也可作为变压器的消防灭火措施。

3. 变压器火灾事故的消防专项预防措施

电力变压器在系统的设计上与实际应用中，根据不同的需要采取了不同形式的保护措施。只有采取火灾探测报警与灭火系统，并使之与变压器的各种继电保护相互配合，这样才能从根本上解决电力变压器发生火灾的问题。

（1）点型电子定温探测器。采用特制的半导体热敏电阻作为传感元件，这种探测器的CTR电阻在室温或正常温度下具有极高的阻值（可高达100MΩ以上），随着环境温度的升高，阻值会缓慢下降；当达到设定温度时，临界电阻的阻值会雪崩般的下降到几十欧姆，使得信号电流迅速增大，探测器给出报警信号。点型定温探测器，是安装在变压器的四周的，并使探头成45°方向朝着变压器的器身。

这种类型的探测器动作于变压器火灾的发生，它通过对已发生火灾变压器四周温度急剧上升数值的探测发出报警信号，并以此为依据控制变压器灭火系统的工作。因这种探测器存在抗电磁干扰等问题，必须安装在远离电力变压器处，而安装距离又与电力变压器的电压等级有关。同时这种探测器受气候、温度和变压器周围风速的影响比较大。因此应用于电力变压器火灾探测的点型电子定温探测器定温温度的选择十分重要。

（2）线型缆式感温探测器。线型缆式感温探测器是由包敷热敏绝缘材料的两根弹性钢丝对绞外敷一根铜线后，绕包带再外加护套制成。在正常监视状态下，两根钢丝间的阻值接近无穷大。由于终端电阻的存在，电缆中通过微弱的监视电流（＜5mA）。当环境温度上升到额定动作温度时，其钢丝间的热敏材料性能被破坏，绝缘电阻发生跃变，几乎短路，火灾报警控制器探测到这一报警电流（大于 20mA）后，发出火灾信号。当电缆发生断线时，监视电流为零，控制器据此发出故障预警信号。

线型缆式感温探测器电缆的安装是紧密缠绕在变压器器身的周围。这种敷设方式不受变压器电压等级的影响。因感温电缆是紧密地缠绕在变压器器身周围的，所以当变压器内部的油温升高时，经内部热传导到达变压器的器身表面时，即刻被线型缆式感温探测器所探知，所以能快速反应出变压器内部油温的变化情况。只要线型缆式感温探测器的定温温度选择合适，就能可靠的发出报警信号。由于该种探测器是紧密地缠绕在变压器的器身上，所以变压器周围环境温度、风速的变化对其影响不大。

（3）可燃气体探测器。可燃气体探测器是采用半导体气敏元件及先进的微处理器技术的智能器件，它的检测元件为半导体自然扩散式；报警浓度为气体爆炸下限浓度的1/4；响应时间为15s；恢复时间为30s；预热时间为5min。将可燃气体探测器的探头插入到变压器的储油柜或器身的适当部位，当变压器油持续在高温或高能放电作用下发生分解时，就能即刻探测到，或动作于信号或动作于火灾报警。

固定灭火系统除了可采用水喷雾灭火系统外，还可采用排油注氮灭火系统和合成泡沫喷淋灭火系统，这三种灭火方式各有千秋，且均通过了消防检测机构的检测，因此也可作为变压器的消防灭火措施。排油注氮防爆防火灭火系统和水喷雾灭火系统优缺点如表5－3所示。

**表5－3　　排油注氮防爆防火灭火系统和水喷雾灭火系统优缺点**

| 特点 | 排油注氮防爆防火灭火系统 | 水喷雾灭火系统 |
|---|---|---|
| 优点 | 主动防爆、防火、灭火，有效防护，保证系统不被破坏。在变压器将要发生爆炸或燃烧前启动，将事故扼杀在萌芽状态，提供完整保护。每台变压器均可获得独立保护，1台停用或启动后对其他变压器的保护不受影响。不受太多环境影响，投资少，一次性投资成本低 | 无须对变压器本身进行改造，为单独的消防系统。发生误动后，对整个系统不会产生太大影响 |
| 缺点 | 需对变压器本体进行改造，一旦系统发生误动作，对整个系统和变压器的影响会很大 | 被动灭火，只在变压器火灾发生后进行灭火。变压器在火灾后实际已经处于报废状态。受环境影响大，占地面积大，施工繁琐，造价高 |

4. 常用的灭火系统

（1）水喷雾灭火系统。根据国内外多年来对水喷雾灭火机理的研究，认为当水以细小的水雾喷射到正在燃烧的物质表面时，会产生以下作用：表面冷却作用。蒸汽窒息作用和乳化作用，通过高压产生细小的水雾滴直接喷射到正在燃烧的物质表面产生表面冷却、窒息、乳化、稀释等作用，从水雾喷头喷出的雾状水滴，粒径细小，表面积很大，遇火后迅速气化，带走大量的热量，使燃烧表面温度迅速降到燃点以下，使燃烧体达到冷却目的；当雾状水喷射到燃烧区遇热汽化后，形成比原体积大1700倍的水蒸气，包围和覆盖在火焰周围，因燃烧体周围的氧浓度降低，使燃烧因缺氧而熄灭；对于不溶于水的可燃液体，雾状水冲击到液体表面并与其混合，形成不燃性的乳状液体层，从而使燃烧中断；对于水溶性液体火灾，由于雾状水能与水溶性液体很好融合，使可燃性浓度降低，降低燃烧速度从而熄灭。

1）表面冷却。相同体积的水以水雾滴形态喷出时比直射流形态喷出时的表面积要大几百倍，当水雾滴喷射到燃烧表面时，因换热面积大而会吸收大量的热迅速汽化，使燃烧的油表面温度迅速降到油热分解所需要的温度以下，从而中断油的分解和燃烧。水雾滴径越小，单位面积水形成的水雾的表面积越大，冷却效果越好，同时电绝缘性能越好。

2）窒息。水雾滴受热形成的水蒸气体积比原体积大很多倍，可使燃烧物质周围空气中的氧含量降低，燃烧将会因缺氧而受抑或中断。

3）乳化。当水雾喷射到正在燃烧的变压器油表面时，由于水雾滴的冲击，在液体表层造成搅拌作用，从而造成液体表层的乳化，由于乳化层的不燃烧性使燃烧中断。

总之，变压器水喷雾灭火系统能起到灭火、抑制火灾、防止火灾蔓延、预防着火的防护作用。

水喷雾灭火系统分固定式和移动式两种装置，主变压器中一般采用固定式水喷雾灭火系统，一般由有火灾探测自动控制系统的高压水给水设备、雨淋阀组、雾状水雾喷头等组成。

水喷雾灭火系统的雨淋阀后管道平时为空管，火灾时由火灾探测系统自动或手动开启雨淋阀，使该阀控制的系统管道上的全部水雾喷头同时喷水灭火，同时就地发出火警铃声，并通过电压力开关启动消防水泵。

水喷雾灭火系统应设有自动控制、手动控制和应急操作三种控制方式。当火灾发生时，缆式探测器将信号传递到火灾报警装置发生火灾报警，经自动或人工确认后，启动水喷雾灭火系统。

（2）合成型泡沫喷雾灭火系统。合成型泡沫喷雾灭火系统是采用合成型灭火剂和水按一定比例混合储存于储液罐中。火灾时，通过火灾自动报警联动控制或手动控制，启动高压氮气动力源，氮气推动储液罐内的合成型灭火剂，经管道和喷头雾化后，将其喷射到灭火对象上，借助水雾和泡沫的冷却、窒息、乳化、隔离等综合作用实现迅速灭火的目的。合成泡沫灭火剂是由 ST 高效灭火剂和 FE 高能阻燃剂合成的，特别适用于热油的火灾，稳定性好，对环境无污染，且具有良好的绝缘性能。合成型泡沫喷雾灭火系统主要由储液罐、合成泡沫灭火剂、电磁控制阀、氮气启动源、氮气动力源、减压阀、安全阀、水雾喷头和管网等部件组成。合成型泡沫喷雾灭火系统不仅提高了灭火效果，而且由于灭火剂存在储液罐中，灭火系统的管路为干式管，系统不需要定期试喷，还能在缺水和寒冷地区使用，不必设置专用供排水设备。

合成型泡沫喷雾灭火系统由动力系统（氮气启动源、氮气动力源）、储液系统（储液罐、灭火剂、电动控制阀、安全阀等）、喷雾系统（泡沫喷雾喷头、管网）、报警控制系统四部分组成。

合成型泡沫喷雾灭火系统的工作原理：采用合成型的高效泡沫为灭火药剂，在高压喷头作用下，将雾化状的灭火药剂喷射覆盖到灭火对象上，利用该灭火剂中的泡沫层的冷却、隔绝氧气和抑制燃料蒸发等作用而使火灾熄灭。具有迅速灭火、控制火灾速度快、效能高、流动性好、自封能力强并且抗复燃能力强的优点。

系统启动应采用自动、主控制室手动和就地手动控制三种方式。

一般情况下灭火系统处于自动控制状态，控制系统对主变压器的温度及开关阀等信号进行实时检测，并通过逻辑运算判别火警后，自动启动电动控制阀，打开氮气动力源延时30s后开启主变压器的电动闸门。通过高压喷头将泡沫喷雾喷射到主变压器表面并完全覆盖住，待火灾熄灭后，需要手动关闭电动控制阀。

当灭火系统控制柜开关处于手动控制方式时发生火灾，此时灭火系统设备的启动需要操作人员通过控制柜上的手动按钮打开电磁控制阀，延时30s后手动开启主变压器的阀门，通过高压喷头将泡沫喷雾喷射到主变压器表面并完全覆盖住，待火灾熄灭后，需要手动关闭电动控制阀。

当主变压器发生火灾时，灭火系统电气控制失灵，操作人员应在迅速赶至设备间现场进行手动开启氮气动力源的控制阀门，并打开主变压器的电动阀门，通过高压喷头将泡沫喷雾喷射到主变压器表面并完全覆盖住，待火灾熄灭后，需要手动关闭电动控制阀。

合成型泡沫喷雾灭火装置在变压器附近需要设置一座泡沫消防装置室（内设储液罐、启动源、控制柜等核心装置），但泡沫灭火剂有效期一般为3年，需要定期更换，合成型泡沫喷雾灭火系统的运行维护成本相对高昂。

水喷雾灭火系统和合成型泡沫灭火系统均为变压器外表面覆盖隔离冷却，对于变压器内部组件起不到保护作用。

（3）排油注氮灭火系统。排油注氮灭火系统是变压器防爆防火保护系统，在油刚着火的时候通过启动灭火程序来防止变压器爆炸及着火。此系统是用两种信号来启动：① 保护变压器的断路器跳闸和压力释放装置动作；② 温度保护和瓦斯保护动作。系统收到信号后，打开快速排油阀将压力释放，防止变压器爆炸。在油排出3s后，氮气从变压器底部进入本体内，注入氮气后由于其在油中的搅拌作用，使得油温立刻降低到闪点之下，使火在1min内熄灭。持续注入氮气45min以冷却变压器本体及顶盖，防止重燃。

排油注氮灭火系统能快速排干净主变压器本体中的油，同时快速注入氮气产生窒息而起灭火作用，有效防止主变压器爆炸。此种灭火系统是从主变压器本体内部开始切断火源，即在火灾前期就迅速启动灭火系统，灭火迅速，能把损失降低到最小，且火源消灭后氮气仍继续留在主变压器本体内，确保主变压器不会复燃，这种灭火方式是在发生火灾前就进行灭火了，故不会造成主变压器的损坏。

排油注氮灭火系统通常由消防控制柜、消防柜、断流阀、感温火灾探测装置和排油管路、注氮管路等组成。排油注氮灭火系统能自动探测变压器火灾，可自动（或手动）启动，控制排油阀开启排放部分变压器油排油泄压，同时通过断流阀有效切断储油柜至油箱的油路，并控制氮气释放阀开启向变压器内注入氮气。

排油注氮灭火系统防爆防火灭火基本原理：当变压器内部发生故障，油箱内部产生大量可燃气体，引起气体继电器动作，发出重瓦斯信号，断路器跳闸。

变压器内部故障同时导致油温升高，布置在变压器上的感温火灾探测器动作，向消防控制柜发出火警信号。消防控制中心接到火警信号、重瓦斯信号、断路器跳闸信号后，启动排油注氮灭火系统，排油泄压，防止变压器爆炸；同时，储油柜下面的断流阀自动关闭，切断储油柜向变压器油箱供油，变压器油箱油位降低。一定延时后（一般为3～20s），氮气释放阀开启，氮气通过注氮管从变压器箱体底部注入，搅拌冷却变压器油并隔离空气，达到防火灭火的目的。

排油注氮灭火系统应含有自动控制、手动控制和应急就地手操三种控制方式。

排油注氮式变压器灭火装置防火防爆和灭火原理为“快速排油、注氮灭火”，即当变压器发生故障，产生的高温使油箱内部的变压器油分解出大量的可燃气体，引起气体继电器保护装置动作，断路器跳闸，发出相应的信号和指令。此时变压器油箱内部由于热惯性，压力继续增大，超过电压力释放阀和压力控制器设定值时，则开启排油阀将变压器顶部的油迅速排掉，降低变压器油箱油位，减轻油箱本体油压，防止变压器爆炸；断流阀在流量增大时关闭，将储油柜和箱体内的油断开，油压的变化使氮气控制阀动作，氮气以恒压从变压器底部两侧多个管孔吹入，搅拌冷却变压器箱体内的油，同时充满排油后留下的空间，隔绝空气，使油温降至燃点以下，而迅速灭火，全部充氮时间为10min以上，可使变压器油充分冷却，防止复燃。

## 二、电容器的防火措施和要求

### （一）电容器火灾的常见原因

1. 概述

电力电容器适用于频率为 50Hz 交流输配电系统与负荷相并联，用于提高功率因数、调整电网电压、降低线路损耗以及充分发挥发电、供电和用电设备的利用率，提高供电质量。一般连接在 6～66kV 母线上。接在电网中的许多用电设备是根据电磁感应原理工作的。电容器在使用过程中，常常会出现爆炸或火灾事故，因此，我们应该采取相应的预防措施。

2. 常见原因

电力电容器最普遍的故障是元件极间或对外壳绝缘击穿，故障发展过程一般为先出现热击穿，逐步发展到电击穿，在高温和电弧作用下，产生大量气体，使其压力急剧上升，最后电容器外壳膨胀破裂，甚至爆炸起火，当某一电容器发生爆炸后，极有可能引发其余电容器爆炸而起火，引起整个电容器室火灾。一般情况下，引起电力电容器击穿并导致火灾的原因有以下几种。

（1）温度过高。电力电容器的运行介质依照材料和浸渍剂的不同，都有规定的最高允许温度，在运行过程中，若电容器内部介质超过规定，可导致介质耐压强度降低和介质损耗迅速增加而起火。另外，室温过高，电容器也会发热起火。电容器中元件与外壳之间的绝缘油介电系数低，燃点不高，容易发生燃烧。

（2）保养不到位。例如，电容器温度过高，未采取降温措施，致使绝缘油产生大量的气体使得箱壁变形鼓肚；未定期清洁电容器，电容器绝缘子表面污秽严重，在电网出现内、外过电压和系统谐振的情况下导致绝缘击穿，表面放电，造成绝缘子套管闪络破损。

（3）电容器的能量损耗。主要是极板之间的介质损耗和导电部分的热损耗，它将导致电容器发热。若不随着能量的损害而改变冷却条件，温度必然会升高，特别是将电容器分层排列时，更应该考虑散热问题，以免由于温度过高，增大了介质的热游离，而使器件损坏、介质击穿，发生爆炸起火。

（4）选用保护电容器熔断器熔丝的额定电流偏大；电容器组采用的不平衡或差动继电

保护及延时过电流保护等整定值偏大，整定时间过长等，一旦电容器发生故障时不能起到保护作用，造成火灾爆炸事故的发生。

运行电压过高，容易击穿电容器绝缘，形成相间或对地短路而引起火灾。

（5）高次谐波导致系统运行电流、电压正弦波畸变，加速绝缘介质老化，降低设备使用寿命或因长期过热而损坏，特别是当高次谐波发生谐振时，最容易使电容器过负荷、过热、振动甚至损坏。运行电流过大，会使电容器的温升增加。破坏其热平衡，导致火灾。

（6）电容器装置的断开与接入运行时的过渡过程会发生过电压和涌流。断开时，由于开关触点的运动速度不一定快，会使开关触点重燃而引起过电压，每重燃一次，电容器上的电压将增加 2 倍幅值，电容器接入时，会引起极大的涌流，特别是电容器带电荷接入，会带来更严重的后果。电容器断开和接入的过程中，由于过电压和涌流的存在，会引起短路。元器件击穿，电容器爆炸，大部分电容器火灾就是在此时发生的。

（7）电容器自动放电装置放电时，所储存的电场能量将转变为放电电阻上的热能，其热量在各放电电路上并不一致，而是与它们的电阻值在整个放电电路总电阻中所占的比值成正比。放电过程尽管很快，但放出的热量仍远不足使熔断器动作，而当某一电容器内部发生短路时，所有的电容器都要对它进行放电。这时，若自动放电装置损坏，会使电容器内热量急剧增加，导致油箱破裂，爆炸起火。

（8）电容器投入电网时形成振荡回路，产生过电压和过电流。在频繁过电压的作用下，电容器的局部放电不断得到激发而加剧，其结果必然对绝缘介质的老化和电容量的衰减起促进作用。一般认为电压升高 10%，寿命减少一半。《标称电压 1000V 及以下交流电力系统用自愈式并联电容器　第 1 部分：总则　性能、试验和额定安全要求　安装和运行导则》（GB/T 12747.1）中规定，电容器操作每年不超过 5000 次，原因是投入电容器所生产的过电压虽然是瞬间的，但过电压对绝缘介质的影响是能够积累的。在安装自动补偿装置后，电容器组频繁动作，加速了电容器绝缘介质的老化，逐步发展到电击穿，最后导致电容器爆炸而引起火灾。

（9）未能及时发现电容器瓷套管及外壳漏油，导致套管内部受潮、绝缘电阻降低造成击穿放电；运行中未能及时发现内部发生局部放电等。

（10）电容器自身结构不合理、制造质量差，如密封不严、对地绝缘不良等。电容器电极对油箱的绝缘处理工艺不当、产品元件质量差等是造成局部放电的原因，在电极边缘、拐角和引线接触处电场强度和电流密度都很高，容易发生局部放电和过热烧伤绝缘导致电容元件击穿。

（11）电容器组未按照在电容器技术条件要求的环境中，或电容器组的安装未按照电容器安装工艺要求安装，如电容器室未安装风扇冷却装置，电容器桩头接线松动发热，使电容器局部发热，直至引起火灾。

**（二）防止电容器爆炸的技术措施**

（1）禁止使用重燃率极高的 SN1－10 少油开关切合电容器组（可更换为 SM10－10、ZN－10 开关）。

（2）采用氧化锌避雷器保护，可作为防止电容器内部元件击穿的防线。

（3）对有 2 组及以上电容器进行相互合切时，必须加装串联电抗器。

（4）电容器组尽可能采用中性点不接地的双星形接线，并采用双 Y 零流平衡保护。

（5）定期测量电容器的电容量，一旦发现变化较大，立即退出运行。

### （三）电容器火灾的预防措施

电力电容器都是充油的。如果电力系统超负荷，温度过高或者电器元件老化等，电力电容器容易发生爆炸引发火灾，势必会造成电力系统的停电事故。因此，电力电容器的安装环境应满足制造厂规定的技术条件要求。

电力电容器室最好是单独的防火建筑，如果电力电容器数量不超过 20 台，也允许与开关柜布置在同一个房间内，但电容柜应当单独排列，不得与开关柜混在一起。电力电容器室应通风良好，百叶窗应加铁丝网，以防小动物钻进去。电力电容器室不应有窗户，门应朝北或朝东向开，应能向左右开 180°。最好是铁门。如果是木质门，应包上铁皮。室温不应超过 45℃，湿度不得大于 80%，而且周围环境不得含有对金属和绝缘有害的侵蚀性气体、蒸汽及尘埃。不得堆积有易燃易爆物品或杂物。

电力电容器安装一般不应超过 3 层。电力电容器母线对上层架构的垂直距离应不小于 200mm，底部距地面应不小于 300mm。电力电容器架构间的水平距离应不小于 0.5m，每台电力电容器之间的距离应不小于 50mm。电力电容器的铭牌应朝向通道。电力电容器外壳应可靠接地，应该设置温度计和贴示温蜡片，以便监视运行温度。

对电力电容器进行安全检查时，要注意：① 检查温升情况，如果室温超过了规定的限度，就要采取通风降温措施；② 听一听电力电容器运行中有无异常响声；③ 看一看电力电容器外壳有无膨胀鼓起现象；④ 当电力电容器母线电压超过规定电压的 1.1 倍或电流超过额定电流的 1.3 倍以及室温超过时 45℃，电力电容器应该退出运行。

电力电容器最容易发生事故的时间是用电高峰和温度升高时，因此，在这个时间一定要加强对电力电容器的巡视检查。

电容器运行操作人员应建立日常巡视检查、定期停电检查和特殊巡视检查制度，要填写检查记录，注意观察电力电容器运行的电压、电流和环境温度不得超过制造厂家规定的范围。检查时发现电容器外壳有膨胀、漏油、渗油，或者箱壁产生棱角、严重凸出、产生异响，都应立即停用，防止电容器爆炸起火。

一旦电力电容器发生火灾，由于是带电燃烧，蔓延迅速，扑救困难，危险较大。

因此，电力电容器室内要备用适宜扑救带电设备的灭火器，如干粉灭火器等。当然，万一电力电容器发生爆炸火灾，应该立即切断电源，预防触电。在紧急情况下拉闸断电时，注意不要带大负荷拉闸，以免电弧把人烧伤。

虽然电力电容器在使用过程中有可能引发火灾。但是，只要加强预防，严格按安全规程操作，火灾事故还是完全可以避免的。

## 三、蓄电池室的防火措施和要求

### （一）蓄电池室相关规定

《电力设备典型消防规程》（DL 5027）中规定，酸性蓄电池室应符合下列要求：

（1）严禁在蓄电池室内吸烟和将任何火种带入蓄电池室内。蓄电池室门上应有“蓄电池室”“严禁烟火”或“火灾危险，严禁火种入内”等标志牌。

（2）蓄电池室采暖宜采用电采暖器，严禁采用明火取暖。若确有困难需采用水采暖时，散热器应选用钢质，管道应采用整体焊接。采暖管道不宜穿越蓄电池室楼板。

（3）蓄电池室每组宜布置在单独的室内，如确有困难，应在每组蓄电池之间设耐火时间为大于 2h 的防火隔断。蓄电池室门应向外开。

（4）酸性蓄电池室内装修应有防酸措施。

（5）容易产生爆炸性气体的蓄电池室内应安装防爆型探测器。

（6）蓄电池室应装有通风装置，通风道应单独设置，不应通向烟道或厂房内的总通风系统。离通风管出口处 10m 内有引爆物质场所时，则通风管的出风口至少应高出该建筑物屋顶 2m。

（7）蓄电池室应使用防爆型照明和防爆型排风机，开关、熔断器、插座等应装在蓄电池室的外面。蓄电池室的照明线应采用耐酸导线，并用暗线敷设。检修用行灯应采用 12V 防爆灯，其电缆应用绝缘良好的胶质软线。

（8）凡是进出蓄电池室的电缆、电线，在穿墙处应用耐酸瓷管或聚氯乙烯硬管穿线，并在其进出口端用耐酸材料将管口封堵。

（9）当蓄电池室受到外界火势威胁时，应立即停止充电，如充电刚完毕，则应继续开启排风机，抽出室内氢气。

（10）蓄电池室火灾时，应立即停止充电并灭火。

（11）蓄电池室通风装置的电气设备或蓄电池室的空气入口处附近火灾时，应立即切断该设备的电源。

（12）其他蓄电池室（阀控式密封铅酸蓄电池室、无氢蓄电池室、锂电池室、钠硫电池、UPS 室等）应符合下列要求：

1）蓄电池室应装有通向室外的有效通风装置，阀控式密封铅酸蓄电池室内的照明、通风设备可不考虑防爆。

2）锂电池、钠硫电池应设置在专用房间内，建筑面积小于 $200m^2$，应设置干粉灭火器和消防砂箱；建筑面积不小于 $200m^2$ 时，宜设置气体灭火系统和自动报警系统。

### （二）阀控铅酸蓄电池的性能

开口式铅酸蓄电池的水和硫酸在使用过程中会蒸发散失，虽然可以通过加水加酸进行维护，但维护工作量大，且污染环境。为了减少维护，阀控式铅酸蓄电池应运而生，并且在电力系统内的运用越来越普遍。

1. 阀控铅酸蓄电池的特性

（1）全密封结构，用安全阀控制电池内的气体压力。

（2）利用氧再复合“水循环”原理，使电池正极析出的氧气通过隔膜扩散到负极发生氧化反应生成 $PbO_2$，并与 $H_2SO_4$ 反应，最终生成水，避免了水的散失。

（3）采用玻璃纤维或胶体作为隔膜，吸贮电解液，贫液式，紧装配。

2. 阀控铅酸蓄电池的优点

（1）无需加水加酸、调配电解液等维护工作，大大减少了变电站运行值班人员的工作量，节约了人力资源和物资资源。

（2）电流放电特性优良，低温放电性能良好，使直流系统的可靠性得到了有力保证。

（3）无酸雾逸出，使用安全，对环境无污染，可与设备同室安装。

（4）结构紧凑，可立式或卧式安装，占地面积小。

（5）无“记忆效应”。

**（三）铅酸蓄电池起火原因分析**

酸性蓄电池组由蓄电池串联而成，以作为变、配电站的直流电源。蓄电池的主要危险性在于，它在充电或放电过程中会析出相当数量的氢气，同时产生一定的热量。氢气和空气混合能形成爆炸混合物，且其爆炸的上、下限范围较大，因此蓄电池室具有较大的火灾、爆炸危险性。

正常情况下，铅酸蓄电池的全部材料和物质成分都不是易燃物，不会发生自燃、引燃。但由于蓄电池组在运行中存在电流，因电流的持续能量供给，如果形成了回路或接触电阻很大就有可能发生过热，最终酿成火灾。可能的原因主要有两种：

（1）电池端连线松动。电池端子、连线、连条均为良好的导热体。如果连接螺栓松动，在松动处接触电阻很大，接触点发热，并持续向两侧扩散。高温软化端子封胶、电池盖及电池壳体，烤焦连线绝缘层，发展到严重程度时就会冒烟着火。

（2）电池损伤或电解液漏出形成电流回路。电池内部的电解液是优良的电导体，若外力、撞击、碰伤、膨胀、裂纹等使某个电池破裂，电解液渗出、漏出，同时 2 只或多只蓄电池的漏液腐蚀柜底漆层形成导电回路，这时由于蓄电池内阻很小，会产生很大短路电流，在漏点处会形成火星、火花。漏点逐渐扩大，电流更大，火花更多，从而引起火灾。

蓄电池外壳破损和长时间充电引起热失控，均可导致蓄电池电解液渗漏，腐蚀蓄电池极柱及电气线路外绝缘材料，从而导致蓄电池极柱接触不良等电气线路故障引起火灾。

**（四）相关措施和要求**

1. 加强变电站直流电源系统运检管理

（1）电池组安装前应用橡胶板垫底，避震且防短路，安装过程中要轻拿轻放防止碰伤电池，安装完毕后要用 1000V 绝缘电阻表检查整组蓄电池正、负极分别对地绝缘，绝缘电阻均不应小于 0.2MΩ，使用前 3 天重点观察是否存在漏液现象。

（2）工作人员应严格巡视并检查蓄电池的状态，对存在隐患的电池及时更换。

（3）定期开展对蓄电池的校验。新安装的阀控蓄电池在验收时应进行核对性充放电试验，以后每 2 年应进行 1 次核对性充放电，运行了 4 年以后的阀控蓄电池，每年进行 1 次核对性充放电试验，仅配置 1 组蓄电池时宜用备用蓄电池组临时代替，进行全核对性放电试验；对蓄电池组所有单体内阻的测量，投运后必须每年至少 1 次；对蓄电池所有的单体浮充端电压，应每个月至少记录 1 次；每 3 年开展 1 次对直流屏的设备试验。设备试验数据若不符合相关标准要求，应及时进行更换和维修。

2. 蓄电池独立成室

国家电网有限公司规定400Ah及以上容量的蓄电池应独立成室，但大量110kV及以下变电站蓄电池均采取集中组屏和与二次设备共室布置的方式，此方式存在以下风险：

（1）蓄电池与保护测控装置共室和组屏安装方式存在一定的安全运行风险，当蓄电池发生故障时易造成主控室“火烧连营”，损毁共室二次设备，危害电网安全稳定运行。

（2）蓄电池采用组屏安装方式时，蓄电池组散热效果不佳，屏柜内温度普遍超过35℃，不利于蓄电池长期稳定运行。

（3）组屏安装方式下屏柜内空间狭小，不便于开展蓄电池端电压测试、内阻测试等常规试验，造成了部分蓄电池试验项目开展不全，而这些试验是对蓄电池组的容量是否正常、是否存在开路、短路等现象的重要判断依据。同时组屏安装方式下屏柜内不能直观观测到每只蓄电池是否存在漏液，外观有无异常变形；不便于检测接线螺栓有无发热现象，螺栓是否松动或腐蚀污染，造成部分缺陷和隐患不能及时发现。

故有条件的已投运变电站应逐步将蓄电池组移出保护室，存放于独立的蓄电池室内。对110kV及以下新改扩建变电站应考虑设计单独的蓄电池室或采取与其他设备防火防爆有效隔离方式。

**（五）蓄电池的防火防爆措施**

（1）新、改、扩建蓄电池室要认真贯彻“三同时”原则，即其防火防爆措施及安全设施，必须与主体工程同时设计、同时施工、同时投入生产使用。

（2）蓄电池组应安装在由不燃材料建造的专用房间内，耐火等级为1～2级，屋顶必须设有敞开的气孔，如用气窗代替通风口时，窗口上部应与室内天花板平齐，并采用敞开的栅栏窗格，以防止氢气在屋顶部积聚。室内应多设门窗，以利于通风和防爆，厂房泄压面积与厂房容积的比不小于$0.2m^2/m^3$。蓄电池室的入口最好有套间或门斗，避免一般房间及蓄电池室直接毗连，外套间及蓄电池室的门都应向外开。蓄电池室的门窗、墙壁、地面、顶棚应采用耐酸材料或涂耐酸油漆。蓄电池室周围30m内不准明火作业。

（3）如自然通风不能满足要求时，可采用通风设施。通风系统独立设置，不得与烟道或其他通风系统相连，并应符合防火防爆要求，管道应由非燃材料制成。

（4）不允许在室内安装开关、熔断器、插座等可能产生火花的电器，电气线路应加耐酸的套管保护，穿墙的导线应在穿墙处安装瓷管，并应用耐酸材料将管口四周封堵。蓄电池的汇流排和母线相互连接处，母线与蓄电池连接处还必须镀锡防护，以免硫酸腐蚀，造成接触电阻过大而产生火花。

（5）蓄电池室宜另行设置调酸室，以配制电解液。

（6）蓄电池室的取暖，最好使用热风设备，并设在充电室以外，将热风用专门管道输送室内。如在室内使用水暖或蒸汽采暖时，只允许安装无接缝的或者焊接的且无汽水门的暖气设备，不设法兰式接头或阀门，以防漏气、漏水。

**（六）安全操作要求**

（1）操作蓄电池的人员必须严格执行《蓄电池运用规程》和《安全技术操作规范》。

（2）充电时不宜采用过大电流，以免发热过高，并将蓄电池组的全部加液口盖拧下，使产生的氢气可自由逸出。测定充电是否完毕，必须采用电解液比重计。室内使用的扳手等工具，应在手柄上包上绝缘层，以防不慎碰撞产生火花。

（3）严禁在室内使用火炉或电炉取暖。

（4）充电室内需要进行焊接动火时，必须事先向有关安全、消防部门办理动火申请手续，动火前应停止充电，并经通风两小时以后，经取样化验和用测爆仪测定，符合安全要求时方能动火。在焊接时必须连续通风，焊接地点与其他蓄电池应用石棉板隔离起来。

（5）硫酸与一些有机物接触时会发热，可能引起燃烧。因此，蓄电池室应保持清洁，严禁在室内储存草、刨花、棉纱等可燃物品。硫酸的贮量只限于当时工作所需的数量，配制电解液应在调酸室进行。

（6）废酸液必须经中和处理，符合“三废”排放标准后，方准排放。

（7）在操作过程中，设置的防火防爆等设施，必须正确使用。

## 四、输电线路的防火措施

### （一）架空输电线路山火故障情况及特点

架空输电线路走廊大多穿越人类活动频繁的山区田地，受村民烧荒、上坟等生产生活用火习俗的影响，这些地区的架空输电线路极易发生大范围山火，从而造成多条线路同时跳闸停电，严重时还会引发电网崩溃。架空输电线路因山火引起的跳闸在跳闸停电事故中占了相当重的比例，严重影响到输电线路的安全运行，对国民经济造成巨大损失。据统计，2010 年第一季度南方电网跳闸事故，由山火引发的线路跳闸达 128 次。因此，对山火进行及时预警和监测，可以确保在山火发生时对其进行有效处理，降低电网停电风险，提高电力系统的安全稳定性。

近年来随着区域联网的不断发展，相关送出线路越来越多地穿越森林覆盖区等高山峻岭地带。这些地区独特的地形地貌、气候条件等因素极易引发山火，从而导致输电线路故障跳闸。这种情况越来越影响着输电线路的安全稳定运行，这类故障存在如下特点。

1. 故障多出现于春秋两季

气候干燥，气温较高，风力较大，为高森林火险地区，一旦出现火种极易形成森林火灾。

2. 故障多出现于午后

据气象台资料显示，线路沿线通常日最大风速出现在午后（12～16 时），而这一时段正好是当日气温最高、湿度最小的时候，几种因素综合在一起使下午时段成了山火易发时段。

3. 山火形成的原因多种多样

（1）地方政府疏于监管，林区用火现象多有发生，人为原因导致意外失火。

（2）地方政府为预防森林火灾，在每年 1～3 月均要组织有计划烧除林下可燃物工作，在计划烧山工作中，由于点多面广，具体实施人员未落实安全隔离措施，容易引发不受控制的山火。

（3）每年春季正值山区村民开荒、烧荒、种植的高峰区，在此过程中未采取安全防范措施而引发山火。

（4）部分地方电力线路、电厂线路、施工线路错综复杂，且疏于管理，容易因短路引发山火。

4. 对电网运行影响极大

因山火造成的线路故障对电网运行的影响主要表现在：

（1）因山区地势原因，高电压等级输电线路多采用同塔双回或多回架设，一旦发生较大的山火，浓烈的烟火可能导致多回线路同时跳闸，导致电力通道全部中断，引起严重后果。

（2）因山火浓烟形成的线路跳闸通常重合不成功，且需要待山火减弱浓烟散去后才能保证试送电成功，导致线路停运时间较长。

**（二）监测方法**

目前火情监测内容一般只包含火灾现场的火险天气及等级预测，缺乏山火行为相关参数的实时测报。为了正确评估输电线路可靠性，有必要在电力系统领域开展山火行为监测，现有的监测方法如下。

1. 地面巡护

地面巡护的主要任务是向群众宣传，控制人为火源，深入瞭望台观测的死角进行巡逻，对来往人员及车辆、野外生产和生活用火进行检查和监督。该方法存在的不足是巡护面积小，视野狭窄，确定着火位置时常因地形地势崎岖、森林茂密而出现较大误差，在交通不便、人烟稀少的偏远山区无法开展。

2. 航空巡护

航空巡护是利用巡护飞机进行山火的探测。它的优点是巡护视野宽、机动性大、速度快，同时对火场周围及火势发展能做到全面观察，可及时采取有效措施。但该方法也存在着不足：夜间、大风天气、阴天能见度较低时巡护飞机难以起飞；巡视受航线、时间的限制；观察范围小，且只能一天一次对某一林区进行观察，如错过观察时机，当日的森山火灾就观察不到，容易酿成大灾；成本高，飞行费用严重不足。

3. 卫星遥感

卫星遥感是利用极轨气象卫星、陆地资源卫星、地球静止卫星、低轨卫星探测山火。该方法能够发现热点，监测火场蔓延的情况，及时提供火场信息，用遥感手段制作森山火险预报，用卫星数字资料估算过火面积。该方法探测范围广，搜集数据快，能获得连续性资料，可反映火情的动态变化，而且收集资料不受地形条件的影响，影像真切。但存在实时性差，准确率低，需要地面花费大量的人力、物力、财力进行核实等缺点。

4. 可见光视频监控

该方法需要人员 24h 值守，夜间无法使用，雾天在加装透雾镜头的情况下最多能监测到 300m 以内的目标，并且容易产生漏报。

5. 红外热像仪（烟火识别系统）

该方法实现无人值守的不间断监测，自动发现监控区域内的异常烟雾和火灾苗头，同时还可查看现场实时图像，根据直观的画面直接指挥调度救火。但其存在的不足有：容易漏报、误报等情况；火源面积要足够大才能识别，无法在第一时间发现火源，易错过最佳扑火期；不能全方位监控，存在死角；观测远近距离需人为调焦；雨雾天对观测距离和图像清晰度影响大；对阳光（水面反射、玻璃反射、汽车车顶反射等）、高温物体（烟囱、汽车排气管）等会产生虚警。

**（三）山火监测预警技术**

山火监测预警技术主要分为无线监测技术和卫星遥感技术两种。无线监测技术是通过散落在检测地带的传感器采集有关的气象数据，来判断是否有可能发生火点；但该项技术受限于传感器的持续工作能力和信息传输能力，目前还不太成熟。

卫星遥感技术是目前国内外运用最为广泛的山火监测预警技术，该技术具有监测范围广、监测周期短等优点，但其检测结果的好坏在很大程度上依赖于探测技术和卫星反演算法。

架空输电线路山火监测告警技术指的是在山火发生后极短时间内发出的警告，而此类告警非预测预警。现有的山火处置方式大都是在山火发生以后被动开展的，难以及时抽调足够的人力物力进行防治，处置效率不高。为了提高电网应对突发山火的反应能力，亟需开展架空输电线路山火预测预警研究。

**（四）防山火措施**

（1）加大电力设施保护工作力度把防山火工作纳入电力设施保护工作体系中，与防盗窃、防违章建房等电力设施保护工作统一起来，形成全面的协调工作机制。

（2）与地方政府充分沟通协作，创造更有利、更宽松的工作空间，利用各种途径加强对电力设施的保护。运行单位要与线路沿线政府进行联系，以建立在发生森林火险情况时的应急沟通机制，了解政府部门的难处，争取政府部门的支持，建立良好的合作机制，共同创造防止森林火灾的良好局面。

（3）利用宣传画、标语、广播、电视等媒体，加大电力设施保护宣传落实举报奖励机制，引导和促进沿线居民抵制破坏电力设施的行为，鼓励沿线居民在发现山火隐情、突发大风等情况时及时与输电线路管理单位取得联系。

（4）加大群众护线费用投入。巩固和发展群众护线网络，力争在线路沿线与各乡、镇、村、厂区、工地、养路站、护林站等一切可能对线路运行发挥作用的地点建立关系，形成强大的信息网络，达到随时了解沿线天气、交通等各种信息的目的，进而建立起更完善的群众护线网络。适时给群众护线员装配相关装备，提高群众护线员护线水平，充分发挥护线员的作用，以收集及时的、有据可查的现场信息。

（5）逐步建立线路防山火、防风害档案对线路沿线地形地貌、气候特征、线路档距、通道内植被情况、附近电力线路运行情况等进行综合分析，罗列防山火、风害的重点区段，为今后的特殊巡视和故障查找提供参考，为建立风速监测站提供依据。

（6）逐步完善在线视频、气象监控网络线路重点区段增设较完善的在线视频、气象监控装置，利用科技手段加强对重点地段的不间断视频监控，以弥补常规巡视、特殊巡视、群众护线所无法达到的不间断监视效果，以达到更及时发现隐患、更准确查找故障原因的目的。

（7）与各地专业气象台进行沟通，有针对性地开展线路沿线风害预报、森林火险预报等与线路运行密切相关的气象服务。在此基础上，加大在特殊天气状况下对重点区段的特殊巡视力度。

完善预案，提高山火应急能力建立和完善防山火应急预案，充分做好人员和物质准备，应对突发的重大山火可能导致的倒塔、断线及输电线路大面积停电事故，认真组织防山火应急演练，提高对突发事故的应急和处置能力。

## 第四节　电缆隧道的防火措施

### 一、概述

随着城市架空线路的改造，110、220kV 甚至 500kV 电压等级的线路改为电缆，为大规模兴建城市电力电缆隧道提供可能。这种电缆隧道工程路径基本在城市的中心区域，一旦发生火灾将危及城市安全，因此应积极采取措施防止电缆隧道火灾的发生。

目前，电缆敷设主要采取的是直埋、排管、电缆沟以及电力隧道等形式。相对于直埋、排管与电缆沟敷设，电力电缆隧道主要有以下两方面优点：

（1）电力电缆隧道能够显著提高线路的输送能力。由于电缆隧道内部是敞开式的，电缆直接向空气散热；直埋和排管敷设的电缆是埋在土壤中的，电缆向土壤散热，而空气热阻明显小于土壤热阻。因此，同等情况下，隧道敷设电缆输送容量大于直埋和排管敷设。

（2）电力电缆隧道可节约土地资源。现在，城市中的土地资源不只局限于地上土地资源，地下土地资源也越来越宝贵。电力电缆隧道在一个相对不大的空间内，可以同时布置十几回电缆线路，而且可为今后发展预留空间，避免重复建设。相比之下，直埋敷设需要重复开挖路面，易受外力破坏；排管敷设则受输送容量要求限制，在同一排管内不能敷设过多回路电缆。

同时，由于内部空间大，潜在火源多，电力电缆隧道还存在以下几方面的缺点：

（1）隧道内电缆发生火灾时烟雾大、温度高，由于电缆绝缘材料均为橡胶或塑料制造，燃烧使含氧量降低，可能造成人员伤亡，并且火灾容易沿电缆隧道蔓延，给灭火造成困难。

（2）电缆隧道出口少，使消防人员不能及时到达着火部位灭火，给扑救火灾带来困难，另外，隧道两壁敷设电缆，中间通道狭窄，会给灭火人员带来不便。

（3）高压电缆密集布置在电缆隧道内，发生火灾如不切断所有电缆电源，消防人员有触电危险。

（4）电缆隧道内电缆线路集中布置，一旦发生火情，影响范围广，容易造成大面积停电。尤其是敷设有多回 220kV 及以上电缆的隧道，发生火灾时甚至可能危及整个电网的安全稳定运行。

### 二、电缆隧道及综合管廊电力舱的火灾特点及原因

从 2013 年开始，国家出台了国发《国务院关于加强城市基础设施建设的意见》(〔2013〕

36 号）、《国务院办公厅关于推进城市地下综合管廊建设的指导意见》（国办发〔2015〕61 号）一系列政策和法规，要求稳步推进城市地下综合管廊的建设。而综合管廊集中敷设电力电缆线路的电力舱也面临与电缆隧道类似的问题。

电缆隧道及综合管廊电力舱火灾原因根据火源的不同可以分为以下几种：隧道电缆接地或相间短路引起的火灾；电缆隧道附属设施（如照明系统、通风设施电源等）电气故障引起的火灾；隧道电缆接头故障引起的火灾；电缆制造缺陷及设计施工违规引发的火灾或因各种保护装置调节不当失灵引发的火灾；隧道施工等采用明火引起的火灾。

1. 电缆隧道及综合管廊电力舱火灾特点

（1）起火迅速，燃烧猛烈，不易控制。电缆隧道及综合管廊电力舱中电缆密集且数量巨大，一旦某根电缆起火，会很快波及相邻电缆，造成电缆的成束延燃，并引起短路造成火灾快速蔓延，火势猛烈，难以控制。

（2）高温有毒烟雾积聚，严重威胁人员生命安全。由于隧道或管廊是地下建筑物，隧道内横截面窄而狭长，电缆燃烧时，会产生大量的有毒热浓烟（主要是氯化氢气体），并使隧道中温度普遍升高，强烈的剧毒烟雾、燃烧气化的金属粉尘会给火灾救援人员造成严重的伤害。

（3）抢险救援十分困难，损失严重。隧道或管廊空间狭小，能见度差，火灾时烟雾弥漫，很难发现着火点，扑救困难，火灾危害性和破坏性大；且火灾后恢复运行时间长、难度大，造成企业大面积停产，损失惨重。

电缆隧道及综合管廊作为城市及工业企业电力、通信控制电缆的输送通道，连接着各处的用电设备，是工业火灾防控中的重中之重。大量的电缆隧道火灾表明，一旦电缆隧道引发火灾，如果不能及早发现并采取措施，使大火蔓延到控制室等，不仅经济损失巨大，甚至会导致全厂停产，对社会造成严重后果。因此，预防和控制电缆隧道及综合管廊电力舱火灾的发生意义重大。

2. 城市电缆隧道火灾的主要原因

引起隧道内火灾的原因可分为两类：

（1）由于外界火源引起的火灾，外部火源（热源）引燃，如电气设备起火引燃、电焊气割高温熔渣落在电缆上、安装维修电缆违章动火、电厂锅炉制粉防爆门爆破、燃油系统故障、受附近高温管道过热影响、其他火源（热源）及蓄意纵火等。

（2）由于电缆本体故障引起的火灾事故，这类事故发生的可能性比较大，其中电缆接头故障导致的故障最多，据统计占电缆事故总量的 70%，其原因主要是：

1）电缆中间接头制作工艺粗糙，制作质量不良，压接头不紧，接触电阻过大，电缆绝缘或缆芯受潮等，在长期运行过程中电缆中间接头的温度升高，直到过热烧穿绝缘，最终导致电缆接头爆炸产生电弧，引起火灾。

2）在电缆中间接头压接管处存在导体电阻和接触电阻，当电流通过电缆中间接头时要消耗能量而发热。正常情况下接触电阻很小，电阻引起的温升在正常范围内，当电缆中间接头压接管处接触不良时其接触电阻增大（如压接不紧、缆芯受潮氧化等），从而引起中间接头发热，温度升高，当温度升高超过正常值时又会引起电缆缆芯的氧化及压接处松动，这样恶性循环最终导致电缆绝缘被破坏而引起电缆接头爆炸。为了防止电缆接头发生爆炸，爆炸后产生电弧引起火灾并损伤其他电缆，因此必须在隧道内安装电缆接头温度监测、自动灭火系统，电缆接头安装防爆盒，从而能及早地发现电缆中间接头存在的问题，使维修人员能及时处理，从而防止事故的发生，即使故障发生了，也可以将损失降到最小。

3）电缆接头故障点的温度是由低到高慢慢变化的，也就是说故障点不会突变。根据分析，如果在电缆中间接头处安装了光纤测温系统，就能及时准确地监测到电缆运行温度参数，当电缆温度发生异常时，就能及时发现故障隐患并及时对其进行处理。

4）如果电缆中间接头安装了防爆盒及自动灭火系统，那么当电缆发生爆炸时，就不会因电缆中间接头爆炸而伤及其他电缆，同时自动灭火系统就会自动启用，控制火焰蔓延，使故障不会进一步扩大，把损失降到最低。

5）电缆中间接头是一种易爆物，而隧道内电缆密集，多层电缆或电缆交叉叠放，发生火灾时电缆会形成立体燃烧，再加上电缆竖井的高差形成自然抽风，使隧道内产生气流，加之燃烧时释放的热量不易散发，隧道内温度骤升，因此隧道内一旦着火，火势发展的特别迅猛，火势会很快延燃扩大。电缆着火时还会产生大量的烟雾和有毒气体，加上隧道内地方狭小，大量烟气难以排出，消防人员难以投入灭火工作，使火势不能控制在小范围内，抢修人员不能即时进入隧道内抢修，延长停电时间，电缆火灾事故所造成的损失是非常严重的。同时电缆火灾还具有特殊的危险性，那就是如果二次控制回路失灵，极易造成事故的扩大，如电网主设备损坏，越级跳闸等，使得设备难以修复或造成大面积停电的重大事故。

其他原因还包括接地故障电流引起火灾。长期超负荷运行、受潮和受热等，绝缘层会被损坏，发生短路等引起电缆火灾。

电缆在着火后具有蔓延快、火势猛、灭火难、抢修难、损失严重的特点，所以必须引起高度重视。

要使电缆隧道能够长期、安全、有效地工作，必须要根据其特点，采取合理的措施防止火灾的发生，做到防患于未然。

## 三、相关规程要求

1.《电力电缆隧道设计规程》（DL/T 5484）对电力电缆隧道的防火要求

（1）隧道消防。

1）电缆隧道消防设计应采取“预防为主、防消结合”的原则。

2）当采用阻燃电缆时，电缆隧道的火灾危险性类别为戊类，最低耐火等级为二级；当采用一般电缆时，电缆隧道的火灾危险性类别为丙类，最低耐火等级为二级。

3）电缆隧道内按工程的重要性、火灾概率及其特点和经济合理等因素，宜采用下列一种或多种安全措施：

a. 实施防火构造；

b. 对电缆通道和电缆本身实施阻燃防护和防止延燃；

c. 设置消防器材；

d. 设置火灾自动监控报警系统。

4）电缆贯穿隔墙、竖井的孔洞处、电缆引至控制设施处等均应实施具有足够机械强度的防火封堵。防火封堵材料应密实无气孔，封堵材料厚度不应小于100mm。

5）弱电、控制电缆等低压电缆及光缆应与电缆隧道内其他设施分隔，可采用耐火槽盒或穿管敷设。耐火槽盒接缝处和两端应用防火封堵材料或防火包带密封。耐火槽盒应同时确定电缆载流能力或相关参数。

6）采用的防火阻燃材料、产品应适用于电缆隧道工程环境，并具有耐久可靠性。

7）电缆隧道内电缆的阻燃防护和防止延燃措施应同时符合《电力工程电缆设计标准》（GB 50217）的相关规定。

8）在电缆隧道的进出口处、接头区和每个防火分区内，均宜设置灭火器、黄砂箱等消防器材。

9）电缆隧道中可设置火灾监控报警系统。

10）火灾监控报警系统宜采用线型感温探测器。探测器应具有联动报警功能，火灾时可联动主机，及时把信息发至值班室，联动关闭风机。

11）火灾监控报警系统的电源回路应选用耐火电缆。

12）有特殊需要时，可在电缆隧道各井腔内设置电话线插座。

（2）火灾自动报警系统设计规范。

1）隧道外的电缆接头、端子等发热部位应设置测温式电气火灾监控探测器、探测器的设置应符合《火灾自动报警系统设计规范》（GB 50116—2013）第9章的有关规定；除隧道内所有电缆的燃烧性能均为A级外，隧道内应沿电缆设置线型感温火灾探测器。且在电缆接头、端子等发热部位应保证有效探测长度：隧道内设置的线型感温火灾探测器可接入电气火灾监控器。

2）无外部火源进入的电缆隧道应在电缆层上表面设置线型感温火灾探测器；有外部火源进入可能的电缆隧道在电缆层上表面和隧道顶部，均应设置线型感温火灾探测器。

3）线型感温火灾探测器采用“S”形布置或有外部火源进入可能的电缆隧道内，应采用能响应火焰规模不大于100mm的线型感温火灾探测器。

4）线型感温火灾探测器应采用接触式的敷设方式对隧道内的所有的动力电缆进行探测；缆式线型感温火灾探测器应采用“S”形布置在每层电缆的上表面。线型光纤感温火灾探测器应采用一根感温光缆保护一根动力电缆的方式，并应沿动力电缆敷设。

5）分布式线型光纤感温火灾探测器在电缆接头、端子等发热部位敷设时，其感温光缆的延展长度不应少于探测单元长度的1.5倍；线型光栅光纤感温火灾探测器在电缆接头、端子等发热部位应设置感温光栅。

6）其他隧道内设置动力电缆时，除隧道顶部可不设置线型感温火灾探测器外，探测器设置均应符合本规范的规定。

2.《城市综合管廊工程技术规范》（GB 50838）中对电力电缆和消防的相关要求

（1）电力电缆。

1）电力电缆应采用阻燃电缆或不燃电缆。

2）应对综合管廊内的电力电缆设置电气火灾监控系统。在电缆接头处应设置自动灭火装置。

3）电力电缆敷设安装应按支架形式设计，并应符合《电力工程电缆设计标准》（GB 50217）和《交流电气装置的接地设计规范》（GB/T 50065）的有关规定。

（2）消防系统。

1）含有下列管线的综合管廊舱室火灾危险性分类应符合表 5－4 的规定。

**表 5－4　　综合管廊舱室火灾危险性分类**

| 舱室内容纳管线种类 | | 舱室火灾危险性类别 |
|---|---|---|
| 天然气管道 | | 甲 |
| 阻燃电力电缆 | | 丙 |
| 通信线缆 | | 丙 |
| 热力管道 | | 丙 |
| 污水管道 | | 丁 |
| 雨水管道、给水管道、再生水管道 | 塑料管等难燃管材 | 丁 |
| | 钢管、球墨铸铁管等不燃管材 | 戊 |

2）当舱室内含有两类及以上管线时，舱室火灾危险性类别应按火灾危险性较大的管线确定。

3）综合管廊主结构体应为耐火极限不低于 3h 的不燃性结构。

4）综合管廊内不同舱室之间应采用耐火极限不低于 3h 的不燃性结构进行分隔。

5）除嵌缝材料外，综合管廊内装修材料应采用不燃材料。

6）天然气管道舱及容纳电力电缆的舱室应每隔 200m 采用耐火极限不低于 3.0h 的不燃性墙体进行防火分隔。防火分隔处的门应采用甲级防火门，管线穿越防火隔断部位应采用阻火包等防火封堵措施进行严密封堵。

7）综合管廊交叉口及各舱室交叉部位应采用耐火极限不低于 3.0h 的不燃性墙体进行防火分隔，当有人员通行需求时，防火分隔处的门应采用甲级防火门，管线穿越防火隔断部位应采用阻火包等防火封堵措施进行严密封堵。

8）综合管廊内应在沿线、人员出入口、逃生口等处设置灭火器材，灭火器材的设置间距不应大于 50m，灭火器的配置应符合《建筑灭火器配置设计规范》（GB 50140）的有关规定。

9）干线综合管廊中容纳电力电缆的舱室，支线综合管廊中容纳 6 根及以上电力电缆的舱室应设置自动灭火系统；其他容纳电力电缆的舱室宜设置自动灭火系统。

10）综合管廊内的电缆防火与阻燃应符合《电力工程电缆设计标准》（GB 50217）和《电力电缆隧道设计规程》（DL/T 5484）、《阻燃及耐火电缆塑料绝缘阻燃及耐火电缆分级和要求　第 1 部分：阻燃电缆》（GA 306.1）和《阻燃及耐火电缆塑料绝缘阻燃及耐火电缆分级和要求　第 2 部分：耐火电缆》（GA 306.2）的有关规定。

3. 电缆火灾的发展过程

在电缆火灾发生前，一般均有电缆绝缘逐步受损的过程，其显著特征为故障隐患部位的运行温度渐渐高于完好电缆段，且存在逐步加剧的过程，其过程可能达到 3～10 天（例如：某企业 2008 年 12 月 30 日发现 6929 回路电缆一点明显高于其他位置约 5℃，经过一周的观测，至 2009 年 1 月 6 日温差发展到 125℃，经及时处理消除了隐患）。当故障隐患部位的绝缘恶化到一定程度后，电缆将处于阴燃状态，此时可嗅到焦煳味，若不及时处理，很快将发展到冒烟、熏燃状态，电缆开始燃烧。其中，危害较大、发生几率较高的为电缆隧道的中间接头故障引起的火灾。

电缆开始燃烧后，首先是故障电缆的局部燃烧，烟开始大量冒出，特别是对于电缆单相绝缘破损由接地电流引起的电缆火灾，短时间内不会启动保护装置切断电源，电缆火灾在持续电流的热效应甚至弧光作用下，着火部位将迅速蔓延，沿成束电缆燃烧并引燃周围的其他电缆。此时，火灾中心将产生高达 1000℃以上的高温，因一般橡胶、塑料电缆的燃烧点均不高于 500℃，因此，此时即使切断着火电缆的电源，也将无法控制火情，隧道火灾将不可避免地不断蔓延、扩大，直至将着火区段内的可燃物全部烧毁才会逐渐衰减熄灭。

电缆隧道火灾可以分为四个发展阶段：

（1）前期阶段。电缆处于阴燃阶段，可嗅到焦煳味，有冒烟现象。

（2）早期阶段。电缆局部燃烧，烟开始大量冒出，电缆处于熏燃状态。

（3）中期阶段。伴随大量浓烟，成束电缆出现明火，电缆隧道内温度急剧上升，能见度明显下降，火灾沿成束电缆向四周迅速蔓延。

（4）晚期阶段。火灾沿成束电缆燃烧，电缆隧道中火焰温度高达 1000～1100℃，电缆群体处于轰燃阶段。此时，隧道内电缆基本烧光，铝、铜等熔体流淌，电缆支架扭曲变形，火灾逐渐衰减熄灭。

根据以上的阶段分析，如能在早期阶段及时发现火灾并扑灭，则可以使损失减小到最低程度。

4. 电缆隧道内防火措施

（1）防火隔断。在电缆隧道、电缆沟和电缆竖井内，按技术规范要求的位置和距离设置防火间隔，尽可能缩小事故范围，减小经济损失。电缆隧道位于电厂、变电站内时，防火间隔要求低于 100m；电缆隧道位于电厂、变电站外时，防火间隔要求低于 200m。较长的电缆隧道应每隔 500m 设置一个防火间隔，防火间隔的耐火极限不超过 4h，防火墙上的门为甲级防火门。电缆运行时需要通风散热，因此不可将防火门长期关闭，只有在发生火灾时才自动关闭密封。

（2）设防火门。将隧道划分成若干个区域，由于安装、维护的需要，各个区域要相互联系，在每个区域的交接处要设置防火门。防火门应采用甲级防火门，保证其耐火极限达到 1.2h，目前防火门体系最好采用重锤闭门装置，该装置可确保在电动闭门器脱钩或牵门尼龙绳燃断后，防火门仍能可靠关闭。同时，防火门体系通过与电缆区域温度报警系统的联动或人工控制可实现远距离遥控电缆隧道防火门的自动关闭。一旦电缆火情出现必然会带来电缆的温度上升，当达到一定危险阈值时通过电缆温度报警系统的监测，可迅速地联动本系统实现防火门的遥控闭合，给灭火工作提供充足的早期补救时间，可有效地避免火灾危害的发生。

（3）设防火墙。电缆隧道内宜每隔 100m 左右划分防火隔断，设置防火隔墙。防火隔墙应采用 2 种类型的阻火包（防水型、标准型）、可塑性防火堵料及防火板覆盖的综合防火封堵施工工艺。该方案可从多方面保证一旦电缆失火后有效地防止火势及烟雾的蔓延扩散。防水型阻火包主要用于铺添隔墙与地面接触部位，用于防止过渡潮湿后的损伤。标准型阻火包的特点是遇火膨胀迅速、相互黏结，且单位体积容量轻、无毒无刺激，方便扩容和进行电缆维护，不会带来纤维物等刺激物质的损害。可塑性堵料主要用于塞添电缆之间及周边的空间，可保证封堵严密，不透火及烟气。当电缆较密集时，这一工艺可确保防火封堵效果，满足隔火耐热时间达到 3h。

在隔墙的端面，可加装防火板，这种工艺会起到强化防火时效，提高防火等级的作用。因此，可确保整个隔墙的封堵充实、严密，可满足 3h 以上的阻燃效果。

防火隔墙与防火门间的防火隔板采用经中层灌注钢网强化处理的防火板，不仅保证耐燃性能，亦保证了其支撑、固定的良好性能。

（4）对电缆孔、洞进行封堵。电缆隧道内发生火灾，有相当比例是因为隧道外火情蔓延造成的，因此电缆与外部设备连接处的防火处理非常重要。防火封堵是一种理想的电缆贯穿孔洞和防火墙的封堵材料，能够有效地阻止电缆火焰窜延孔洞向邻室蔓延。防火封堵主要分为防火包和防火堵料。在电缆隧道中电缆穿越隔墙以及隔板间，均采用防火封堵措施。

对于进出控制室、电缆夹层、控制柜及仪表室、保护盘等处的电缆孔洞、竖井，电缆穿越楼板与隔墙的孔洞和进入油区的电缆入口处必须用防火堵料严密封堵。发电厂的电缆沿一定长度可涂耐火涂料或其他阻燃物质。靠近充油设备的电缆隧道，应设有防火延燃措施，盖板应封堵。涂料、堵料必须经国家技术监督局鉴定合格，并经公安部门颁发生产许可证的工厂生产，其产品应是适用于电缆的不燃或难燃材料，并符合规定的耐火时间。

在进行防火封堵时，要必须保证防火封堵的严密性，特别是电缆多的地方，最好用软堵料封堵；同时要必须保证防火材料封堵的厚度，其厚度应与所封堵面电缆根数成比例，即电缆根数越多，封堵应该越厚；还要必须保证防火封堵有足够的机械强度，有一定的抗冲击力。维护检查时，应及时将破坏的地方封堵还原。

（5）防火包带和防火涂料。用于局部防火要求较高的地方，达到较低费用取得较好的防火效果。由于目前电缆隧道中较多为大截面的电力电缆，在热胀冷缩影响下可能位移较大，导致涂膜刮损而不宜使用防火涂料；对于垂直敷设以及工井内充油电缆接头盒两侧，考虑防火涂料难以完全涂匀而且耗费工时较多，而包带的优点是施工方便、易于检验其施工质量，且材质决定了包带比涂料的耐低温性能好，适用于严寒地区使用。此外，由于具有一定的机械强度，缠包于电缆上就兼有机械保护之效能，故目前部分地区电力电缆隧道中，电缆主要以包扎防火包带为主。

在隧道敷设的电缆上涂刷防火涂料，具体要求为：在每个防火门或防火隔段两端 6m 区域全部电缆涂刷防火涂料，在每个电缆中间头（或存在着火隐患的部位）两端 6m 区域全部电缆涂刷防火涂料，在电缆敷设密集区域所有电缆应全部涂刷防火涂料，电缆夹层的电缆应全部涂刷防火涂料。

（6）防火槽盒。在防火槽盒内敷设电缆，借助于防火槽盒的结构可以防止外部火灾影响。由于槽内密闭，缺乏外界的氧气补充，可以抑制电缆着火蔓延，达到电缆被阻熄的效果。防火槽盒价格昂贵，存在一定的弊端：① 使用时对电缆载流量的影响巨大，使用槽盒的电缆，其最大电流可能降低20%～30%；② 电缆隧道内集中了多回电缆线路，随着用电负荷的提高，需要逐步扩容。防火槽盒的设置，将大大增加后期电缆敷设的难度。目前，光缆、弱电电缆及控制电缆大多采用槽盒敷设，而电力电缆一般要求经过技术经济分析后，再确定是否使用。

（7）选用阻燃或者耐火电缆。阻燃电缆主要特点就是电缆外护套燃点高，当电缆着火后在一定的时间内保护电缆主绝缘不受损坏，延长电缆供电时间和缩短电缆着火范围，但阻燃电缆只能起到阻止燃烧的作用，只能作为一种电缆防火的辅助措施。一般阻燃型电缆具有低烟、低毒性，较适合用于有人巡视的场合。

耐火型电缆可在规定温度和时间内，保持回路的通电状态，较适用于重要回路。对于城市电力电缆隧道工程基本上应采用阻燃型电缆，同时在重要回路中选用耐火型电缆。

（8）创造良好的运行环境。城市电力电缆隧道应有良好的排水设施，如设置排水浅沟、集水井，并能有效排水，设置自动启、停抽水装置，防止积水，保持内部干燥。电缆隧道的纵向排水坡度值不宜小于1%～2%，至少应大于0.5%，防止水、腐蚀性液体或可燃性液体进入。电缆隧道内电缆运行散发热量，若不通风会使隧道内温度升高，电缆载流量降低，造成能源的耗费。维修人员需要定期检修，隧道内的温度不能太高，隧道内的空气质量必须保证新鲜。因此，电缆隧道内必须有送排风设施。电缆隧道应划分成若干段独立的通风系统，通风分区的长短还要受噪声和风速的限制。

电缆隧道内的通风消防与一般的民用建筑的消防截然相反，当隧道内发生火灾时，通风立即停止，所有风机前的防火排烟阀要立即关闭，使隧道内的着火分区缺氧而熄灭火灾，减少其他分区电缆的损失。火灾熄灭后，才能重新打开防火阀启动风机。电缆隧道不得作为通风系统的进风道。避免电缆防火门处于常闭状态，不能用防火隔板将电缆完全封闭，以免影响电缆通风和散热。另外，要有完善的防鼠、蛇窜入的设施，防止小动物破坏电缆绝缘引发事故。城市电力电缆隧道工程应从防水、排水、通风等各个方面综合考虑防火措施，为隧道创造良好的运行环境。在设计上应把握住电缆隧道的特点，合理、安全、经济地进行防火设计。

（9）通风。电缆隧道内电缆运行散发热量，若不通风会使隧道内温度升高，电缆载流量降低，造成能源的耗费。维修人员需要定期检修，隧道内的温度不能太高，隧道内的空气质量必须保证新鲜。因此，电缆隧道内必须有送排风设施。电缆隧道应划分成若干段独立的通风系统，一般来说，通风分区不应跨越防火分区。通风分区的长短还要受噪声和风速的限制。电缆隧道内的通风消防与一般的民用建筑的消防截然相反，当隧道内发生火灾时，通风立即停止，所有风机前的防火排烟阀要立即关闭，使隧道内的着火分区缺氧而熄灭火灾，减少其他分区电缆的损失。火灾熄灭后，才能重新打开防火阀启动风机。

（10）加强对电缆头制作质量的管理和运行监控。据统计，因电缆头故障而导致的电缆火灾、爆炸事故占电缆内因事故总量的70%左右，所以，必须严格控制电缆头制作材料和工艺质量。要求所制作的电缆头的使用寿命，不能低于电缆的使用寿命；接头的额定电压等级及其绝缘水平不得低于所连接电缆的额定电压等级及其绝缘水平；绝缘头两侧绝缘垫间的耐压值不得低于电缆护层绝缘水平的 2 倍。接头形式应与所设置环境条件相适应，且不影响电缆的流通能力。电缆头两侧 2～3m 的范围内，应采用防火包带作阻火延烧处理。

一般来说，电缆头是电缆绝缘的薄弱环节，所以，加强对电缆头的监视和管理是电缆防火的重要环节。终端电缆头不能放在电缆沟、电缆隧道、电缆槽盒、电缆夹层内，否则，必须登记造册，并使用多种监测设备进行监测。发现电缆头有不正常温升或有气味、烟雾时，及时退出运行，避免电缆头在运行中着火。各中间电缆头之间应保证足够的安全长度，两个以上的电缆头不得放在同一位置，电缆头同其他电缆之间应采取严密的封堵措施。在中间电缆头两端各 6m 的区域所有电缆涂刷防火涂料，并加设一个火灾探测装置；在每个电缆终端头的位置，设置手提式干粉灭火器。

5. 电缆隧道的灭火措施

（1）灭火设备。目前，在隧道内大多配置手提式灭火器，每隔一定距离放一个防火器箱，内设磷酸铵盐干粉灭火器（MF/ABC4）若干。干粉灭火装置将传统灭火系统的灭火剂存储、释放、自动感应温度启动等功能集于一体，安装简单、调整方便、灭火针对性强。干粉灭火装置免维护时间长，只需每年对装置进行例行巡检即可，可减少日常的维护费用投资。目前，在一些重要变电站已经安装水喷雾系统、水喷淋灭火系统、细水雾灭火系统和气体灭火系统。由于工程造价较高，电缆隧道还没有使用。

（2）火灾自动报警系统。在电缆隧道内设置火灾自动报警系统是非常必要的，由于隧道电缆形成火灾的发展速度相对比较缓慢，时间较长，完全可以通过火灾自动报警系统及时发现隐患，防止火灾发生。

城市电力电缆隧道的火灾报警装置一般采用的是分布式光纤电缆测温系统，它不仅具有火灾报警的功能，而且能够和其他防火措施形成联动系统。它是将感温光缆随电缆同步平行敷设，感温光缆将被测物体各个位置的温度信号以光波的形式回传，最终被提取并显示出来。当感温光缆检测到电缆温度较高时，会自动启动排风扇进行通风散热；当检测到火灾信号时，系统会控制本区域两端防火门的开关和排风扇的关闭。同时为了对整个隧道环境的监测，除监测温度外，还需对可燃气体以及积水水位予以监测。因此，需在集水井安装水位传感器，当积水达到一定水位时自动启动排水泵排出积水；还需在隧道中安装可燃气体传感器，对隧道内可燃气体进行探测，并及时报警和自动启动排风系统。这样就可以从温度、水位、有害气体三方面达到对电缆隧道全方位的监控。完全符合预防为主，防消结合的消防工作指导方针。

（3）电缆隧道火灾灭火系统。传统的电缆隧道火灾保护系统主要有气体灭火系统和超细干粉灭火系统等，这些灭火系统在电缆隧道中应用时都存在缺点。

气体灭火系统主要有三氟甲烷（HFC－23）、七氟丙烷（HFC－227）和二氧化碳灭火系统等。HFC－227 和 HFC－23 灭火系统的缺点是成本较高、有腐蚀性，有一定的毒性，灭火后排烟困难，气体储罐占地面积较大。二氧化碳灭火系统价格低廉，但灭火时气体使用量大，抗复燃性能差，并且其最低设计浓度高于对人体的致死浓度。

目前，应用于电缆隧道的灭火系统主要有水喷雾灭火系统、细水雾灭火系统和超细干粉灭火系统。

1）水喷雾灭火系统。水喷雾灭火系统是利用水雾喷头在一定水压下将水流分解成细小水雾进行灭火的系统。该系统由水雾喷头、管网、控制阀、过滤器和报警器组成。

火灾发生时，感温或感烟探测系统首先探得火情，在向值班人员发出警报的同时能够自动启动系统。该系统具有灭火速度快、不复燃、可靠性高等优点，同时具有良好的可持续灭火能力，灭火后需要排放一定量的水。

2）细水雾灭火系统。细水雾灭火系统是在一定压力条件下，利用细水雾喷头将水雾化成细小雾滴进行灭火或冷却防护的灭火系统。细水雾灭火技术以其无环境污染（不会损耗臭氧层或产生温室效应）、对人无害、灭火迅速、耗水量低、电绝缘性能好、对防护对象破坏性小等特点较适合在电缆隧道中使用。细水雾灭火系统主要依靠高压喷嘴喷射出的细水雾吸热降低火焰区温度，同时排除空气使燃烧区的氧气浓度降低，达到火焰窒息的效果。与水喷雾灭火系统相比，细水雾灭火系统的水雾滴粒径更小、灭火效能更好，且灭火后不会产生大量水，对环境无污染。细水雾灭火系统的工作压力往往都在 1.0MPa 以上，需设置单独的泵组（瓶组）加压或增大消防主泵扬程，系统对水质和管材均有特殊要求，这些使得细水雾灭火系统工程造价较其他灭火系统明显偏高，给大范围的推广带来一定难度。根据不同的灭火要求，可设置湿式、干式和预作用细水雾灭火系统。

3）超细干粉灭火系统。超细干粉灭火系统是利用超细干粉对有焰燃烧的强抑制作用、对表面燃烧的强窒息作用、对热辐射的遮隔和冷却作用灭火，属于无管网灭火系统。超细干粉灭火剂单位容积灭火效率是哈龙灭火剂的 2～3 倍，是普通干粉灭火剂的 6～10 倍，是七氟丙烷灭火剂的 10 倍以上，是二氧化碳灭火剂的 15 倍。该系统主要用于扑救初期火灾，按应用形式可分为全淹没灭火和局部应用灭火。全淹没灭火适用于扑救封闭空间内的火灾；局部应用灭火适用于扑救不需封闭空间条件下的具体被保护对象。灭火装置具有感温元件启动、手动应急启动及系统联动控制启动等多种启动方式。具体说明如下：

a. 感温元件启动。当电缆隧道发生火情，但由于电源发生故障或自动探测系统、控制系统失灵不能执行灭火指令时，超细干粉灭火装置自带有感温元件，当灭火装置顶部集热区温度达到 70℃左右时，可感温自动启动，实施灭火。

b. 手动应急启动。当电缆隧道发生火情，若隧道内有人工作或值班时，值班人员可按下灭火装置启动按钮，通过电引发器启动灭火系统，实施灭火。

c. 系统联动控制启动。在隧道每个防护分区内均设 2 路独立探测回路，当第一路探测器（烟感/温感）发出火灾信号时，火灾报警控制器发出警报，指示火灾发生的部位，提醒工作人员注意；当第二路探测器亦发出火灾信号后，火灾报警控制器传输火灾信号给灭火控制盘，开始进入延时阶段（0～30s），此阶段用于疏散人员，同时发出联动指令，关闭防火卷帘门及保护区内除应急照明外的所有电源；自动延时后向控制火灾区的灭火装置发出灭火指令，放气指示灯显示“喷粉，人员禁止入内”。在延迟时间内若发现不需要启动灭火系统，可按下灭火控制面板上紧急停止按钮，即可阻止灭火指令的发出，停止系统灭火程序。

安装了超细干粉自动灭火装置及自动防火门，实现了发生火灾时将火灾发生区域自动关闭，启动脉冲干粉灭火装置进行灭火，防止火灾蔓延，真正起到防火功效。而且能够在事故前提前发出预警信息，起到实时对电缆隧道内环境状态监测的效果，减少或杜绝电缆着火的重大隐患，避免造成重大的经济损失。

表 5－5 为三种灭火系统效能的综合比较，应结合现场具体情况，选择合适的灭火系统。

**表 5－5　电缆隧道灭火系统技术经济比较**

| 系统名称 | 水喷雾 | 细水雾 | 超细干粉 |
|---|---|---|---|
| 灭火效能 | 好 | 非常好 | 非常好 |
| 电气绝缘性能 | 一般 | 非常好 | 非常好 |
| 降温效能 | 好 | 很好 | 较差 |
| 除烟效能 | 一般 | 很好 | 差 |
| 灭火时间（s） | 1440 | 1800 | 1～2 |
| 系统布置 | 需设置管道系统和排水系统，管道直径较大，难安装 | 需设置管道系统和加压泵组（瓶组），设备布置困难 | 只需布置灭火装置及连接导线 |
| 喷放后处理 | 排水量较大，需对电缆长时间通风干燥 | 排水量较小，需对电缆通风干燥 | 简单清理粉末 |

# 第五节　数据中心机房的防火措施及要求

## 一、数据中心机房防火措施的重要性

数据中心机房在电力系统有着很重要的地位。在电力调度中心有多个机房，包括电力调度自动化机房、信息中心机房、调度自动化机房、电能量计费系统机房、电力通信机房等、机房设备安装位置集中，面向该区域电网，服务于整个区域电力系统。设备一旦停止运行，该区域电网将失去和其他电网的联系和对该区域各电厂的调度能力，对该区域电网的安全运行将造成极大的危害。信息数据的丢失也将给电网信息的管理带来不可弥补的损失。因此机房运行必须安全、可靠。

消防系统是机房必不可少的一个保障，数据中心机房设备复杂繁多，是资产密集之地，必须保证电子设备正常运转。机房一旦发生火灾，将造成重大的损失和电力调度秩序的混乱。因此，机房的消防首先要“预防为主，防消结合”，把火灾隐患消灭在燃起之前。

## 二、数据中心机房的电气火灾原因分析

由于机房内电气设备多，线路复杂，大部分的火灾都是电气火灾，引发电气火灾的主要因素有：

（1）电气线路短路、过负荷、接触电阻过大等引发火灾事故。如 1995 年广东汕头某邮电大楼的特大火灾，就是因电线老化、绝缘性能降低而短路引起的；2001 年海南某公司微波大楼火灾是因为电源接线端头接触电阻过大引起的。所以电气线路应满足电气安全和远期负荷发展的要求。

（2）静电产生火灾。通信设备的运行及工作人员所穿的衣服等都能产生静电。如果电信机房接地处理不当，产生的静电负荷不能很快导入大地而是越积越多，一旦形成高电位，就会发生静电导电现象，产生火花并引燃周围可燃物发生火灾。由此要根据对电源装置的技术要求和所处地区的条件，采取不同的措施，尽量安全可靠地设计接地电阻。

（3）雷击等强电侵入导致火灾。雷电放电时所产生的电效应，能产生高达 10kV 以上、甚至 100kV 以上的冲击电压，足以烧毁电力线路和设备，引发绝缘击穿，发生短路引发火灾。雷电放电时所产生的热效应、静电感应以及电磁感应都可能引发火灾。机房防雷的重点是防止感应雷入侵。感应雷是由雷闪电流产生的强大电磁场变化与导体感应出的过电压、过电流形成的雷击。《建筑物防雷设计规范》（GB 50057）有相应规定。

（4）电信机房内电脑、空调等用电设备长时间通电、设备故障引发火灾。由于电信机房的用电设备始终处于 24h 的工作状态，容易疲劳和老化，引发火灾。

（5）管理不当。由于对机房内设备及人员管理不善，如在机房内吸烟等都可能引发火灾。

## 三、数据中心机房的火灾特性

在电子计算机房、设备控制机房等电子机房内，各种电子设备如印刷电路板、继电器及电缆一般都放置在相对密闭的电子设备控制柜或者机箱内。Mnags 教授等人用热释放速率（heat release rate，HRR）方法研究了单个电子设备控制柜产生的火灾，发现与其他可燃物相比，电缆为主要危险源。

根据火焰增长时间的不同，可将火灾分为缓慢火灾蔓延、中等火灾蔓延、快速火灾蔓延、超快速火灾蔓延，Mnags 教授等人的实验结果表明，火灾蔓延时间为 950～2000s，因此可认为电子设备控制柜产生的火灾蔓延比较缓慢，燃烧完毕后其质量损失率为 22%～60%，主要依赖于电子设备控制柜内可燃物种类，此外，在实验过程中 CO、$CO_2$ 及烟粒子的产生率也较高。

## 四、数据中心机房消防设施

机房的结构一般包括三层：地板下、天花板下至地板及天花板以上。一般机房的层高为 380～420cm，地板的高度为 30～35cm，天花板下至地板的高度为 260～290cm，天花板以上一般大于 80cm。机房的空调系统目前常用的有两种设计方式：

（1）中央空调控制方式。空调机房在机房的边上，空调采用下送风上回风，即空调机的出风口直接与机房地板下相连，机房地板下无风管，回风口通过风管与空调机相连，机房与外界有空气交换，空调机的进出口风管上安装有电控易熔防火阀。

（2）采用分体式空调，空调安装在机房内，采用上送风下回风，机房与外界无空气交换，空调管上也没有防火阀。

根据机房的结构及消防规范，在地板下、天花板下及天花板上都要设置火灾探测系统。探测器的选型可根据机房装修材料在燃烧时的特性而定，一般机房的起火因素主要是由电气过载或短路引起的，燃烧初期发出浓烟，温度上升相对较慢，如果等到天花板上的感温探测器发出报警信号，可能已是大火了，错过了灭火的最佳时间，所以在天花板下适宜安装 2 种不同灵敏度的感烟探测器作为启动灭火系统的条件，探测器设置的密度可按照每一路探测器中每一个探测器的探测面积而定，也就是一个感烟探测器的单位探测面积内设置 2 只不同灵敏度的探测器。

天花板顶内安装的设备较少，主要是电线管路、气体灭火管路及空调管路。火灾的起因主要是由日光灯或其他电气线路引起。由于基本是封闭的，人为发现火警时也比较慢，探测器的设置可以与天花板下的设置方法相同，但如果天花板上大梁的高度大于 80cm，则应在每个由大梁所分割的区域内设置 2 只感烟探测器。另外也可采用抽气式空气分析器，抽气式空气分析器其优点是可探测到电缆发热时散发在空气中的微量烟粒子，可以起到火灾的早期预报，安装方便。其缺点是目前系统的成本较高，与常规报警系统的接口需加模块过渡，火灾报警定位点不明确。

地板下有大量的信号电线与动力电缆，是火灾的多发部位，由于机房的空调送风的原因，地板下的风速较大，设置点型感烟探测器时，或者由于风速过大探测不到火警，或者由于有灰尘引起误报。设置点型感温探测器时，由于空调的制冷作用，当感温探测器探测到火警时，可能已是大火。目前较常用的是用感温缆线来作为地板下的火灾探测，感温缆线一般是跟着动力电缆的走向布置，但感温缆线的缺点是布置时要等到机房地板下的动力电缆布置好以后方可布置，给消防验收带来一定的影响，另外感温缆线容易损坏，如地板下需增加电线时，电线的拉动可能引起感温缆线的损坏。

## 五、数据中心机房的气体灭火系统的设置

气体灭火系统主要用在如电气、通信、控制类机房、图书馆、档案馆等不适宜用水灭火系统的场所中，该系统由贮存容器、容器阀、选择阀、液体单向阀、喷嘴和阀驱动装置等主要部件组成。该系统灭火剂主要有七氟丙烷、混合气体（$N_2$、Ar、$CO_2$）、二氧化碳等。

作为重要的机房，按照消防规范要求，需设置气体灭火系统。有人机房的气体灭火系统，选用的气体类型一般有 1301，FM－200 及烟烙烬。FM－200 气体灭火药剂，化学名称是七氟丙烷，化学分子式为 $CF_3CHFCF_3$，特点是不导电的、挥发性的或气态的灭火剂，在使用过程中不留残余物。同时，FM－200 气体灭火剂对环境无害，在自然中的存留期短，灭火效率高并无毒，适用于有工作人员常驻的保护区。

机房室内防护区主要要求：气体灭火系统防护区内最低温度大于 5℃，空气流速小于 3m/s，室内门窗耐火极限大于 0.5h，门窗吊顶等设施的允许压强大于 1.2kPa。

1. 火灾探测方式的选择与布设

机房火灾探测器一般采用吊顶安装点型定温和点型烟感探测器，先启动烟感报警，当有火光增温到一定温度才会启动喷出气体（要求控制系统接收到两个独立探测器送来的信

号才会启动）。

在 8m 以下层高安装探测器时，每只探测器的保护面积小于 20m$^2$，结合探测器性能在机房顶上合理布设，如果机房顶上有梁高大于 600mm 应按要求增设安装探测器。探测器 0.5m 内不得有遮挡物，探测器距空调出风口水平距离大于 1.5m，距墙壁、梁边的水平距离不小于 0.5m。探测器宜水平向下安装，当倾斜安装时倾斜角不应大于 45°。多只探测器应分组布线接到控制器，并采用不小于 1.5mm$^2$ 的多股软铜芯电线，所有缆线都应穿在金属管内布设。在机房内很多设备安装在机柜内，当设备因器件发热冒烟，烟雾较少时，在高处的点型烟感温探测器不易探测报警，因此选择探测器的灵敏度、等级和安装位置很重要。采用主动吸气管式探测器探测地板下、机柜内和吊顶上的初期烟雾，是发现隐藏部位报警的一种较好方式。

2. 控制器的选择与安装

控制器选用有生产认证许可证并检验合格的产品，并根据组建的机房数量及办公场所确定是否采用组合式控制平台。分前端每个机房一般采用独立的控制器，由输出信号端口传送给物业或总公司集中监管。通常输入探测报警与输出启动控制为两个箱体单元，分别供电并配置后备电池。控制器应具备自动和手动转换，紧急启动和紧急停止按钮，声光报警指示，设备运行故障指示和记录，对一次报警和二次报警延时启动有明显的声光强度区别。

箱式控制器一般安装在机房外墙或机房办公区的墙面上，底边距地高 1.3～1.5m，门轴距侧墙不小于 0.5m，正面操作距离不小于 1.2m。箱体上的紧急启动和停止按钮应有保护罩，不易被人为误操作。除控制箱上有紧急启停钮外，还应在机房进出门附近安装有外壳保护的紧急启停按钮。建议在机房内安装声光报警，提示机房内人员逃离或作相应的应急处理，这一点在有线电视机房空调噪声较大，有工作死角的场所特别重要。

3. 气体灭火与安装调试

机房气体灭火剂大多数选用七氟丙烷或混合气体，布设方式分为有管网、无管网、全淹没和半淹没几种。分前端机房较小，一般采用无管网贮气瓶式全淹没灭火系统，气瓶的数量及重量根据机房结构大小和喷出时间按要求合理配置。有线电视分前端为有人进出机房，防护区内最大浓度不应超过 9.0%（V/V）。

安装气体瓶柜要合理分布，能有效喷出覆盖机房空间。瓶柜安装要牢固，喷洒正前方较近处不得有机柜物品遮挡，喷洒前的管线接头良好，有试压检测开关和指示表。

调试检测是最重要的环节，调试前需要断开启动电磁阀的连线。控制器工作在自动状态，先用烟试验每只控制器，查看控制器是否对应报警。再用火光温度试验是否二次报警启动声光警示，检测驱动电压是否在规定时间有电压。注意控制器应设置为收到两个探测器送来信号才会启动，防止设备故障误动作造成危害。

调试检测合格后应与使用方办好交接，接通控制驱动线路，检查解除气瓶口的保险后投入使用。机房气体消防系统验收工作不规范，施工方请专家验收检测后，经常出现一些问题：未将控制线路接通；有的气瓶口的保险未拔出；运行使用时在有人长时间进入时未将自动转换为手动，给机房操作人员造成危害风险。

## 六、机房气体灭火系统使用及日常维护

平时要保证钢瓶压力、联动箱、执行盘正常工作，还要保证气体喷口不被堵塞。根据气体灭火的要求，还要保证气体灭火系统所需的其他辅助电气设备正常运行，如气体紧急启动停止按钮、声光报警器及气体喷放指示灯。气体紧急启动停止按钮是人为操作气体灭火系统的启动及停止（通过灭火控制器电控实现），主要设置在灭火区域外墙上，一般是 1 个气体灭火区域 1 个。声光报警器是在气体灭火系统气体喷放前 30s 开始动作（2 路探测器来报警信号），一般在灭火区域内外各设置 1 个。主要是通知灭火区域内外的工作人员该区域在 30s 以后开始喷放气体。

其他报警系统的设备如手动报警按钮、消防警铃等，应按照消防规范设置，并保证其工作正常。

为灭火系统而设计的火灾报警系统，应该还需考虑到空调系统（包括灭火区域内的防火阀）、非消防电源及与大楼报警系统的连接等联动是否正常，空调系统与非消防电源的关闭，应在气体喷放前 30s 时动作，也就是报警控制器在接到 2 路报警信号后发出关闭空调机、灭火区域内的防火阀及非消防电源的信号。由于机房二次装潢中所选用的报警设备需具有灭火控制功能，设备的型号、厂家不一定与大楼原有的报警设备相同，报警灭火控制器为便于操作，一般安装在现场，但机房作为大楼的一部分，从大楼管理的角度出发，在机房发生 1 路报警、2 路报警及气体喷放 3 个阶段时其动作信号应在大楼消防控制室中反映出来，以便大楼的统一管理。

## 七、机房的其他消防安全设施

机房应设多个防火门，门向外开。有自动门禁门控的，应与消防报警系统实行联动。机柜安装后有合理的安全逃生通道，以便机房内的人员能在 30s 内逃出机房。目前多数机房采用全封闭式保障空调制冷及气体灭火系统，建设中应设常闭式可开启的排气泄压门窗。机房内一般不设玻璃隔墙隔窗，如已设或需设玻璃门窗，应满足气体灭火系统的设计要求，保护区围护结构允许压强不小于 1200Pa。应根据不同种类不同厚度的玻璃，确定安装的门窗面积。对已建玻璃窗可以采用贴防火膜来提高耐火强度，新建机房要根据面积采用防火防爆玻璃。机房内其他设施也应安装牢固，能承受气体灭火时产生的压力。

机房灭火分区应将每一个房间划分为一个灭火分区，如机房与办公区用门或玻璃窗分开，应设为不同的分区。机房内设气体灭火系统，办公区也应设报警探测系统。如有两个以上的机房房间，气体灭火系统应分别控制运行。分区的各机房和办公区除了配备气体灭火系统外，还应按要求配备二氧化碳手提式灭火器。

## 八、灭火剂的选择

根据《数据中心设计规范》（GB 50174—2017）13.3.5 的要求：“数据中心内，建筑灭火器的设置应符合现行《建筑灭火器配置设计规范》（GB 50140）的有关规定。灭火剂不应对电子信息设备造成污渍损害。”对灭火器提出了两点要求：① 要求设置手提灭火器，并

应符合 GB 50140 要求；② 对灭火器使用的灭火剂提出了要求，要求其不应造成污渍损害，在条文解释中，根据上述原因进一步明确，机房内不应使用干粉和泡沫灭火剂，而应使用气体灭火剂。

由于电子信息机房内多为信息设备机柜及强、弱电列头柜等设备，其火灾种类应为带电类固体物质火灾，即 E 类火灾，而场所内灭火器的配置和最大保护距离按 A 类（固体物质）火灾考虑。由于不能使用干粉和泡沫灭火剂，则机房内能选择的灭火剂为二氧化碳灭火器（但不得选用金属喇叭筒的灭火器）。对于二氧化碳来说，其只能适用于带电的 B 类（液体或可熔化固体物质）火灾，对于 A 类火灾并不适用，规范中给出的原因为：灭火器喷出的二氧化碳无液滴，全是气体，对 A 类火灾基本无效。因此针对带电的 A 类火灾，二氧化碳灭火器并不能实现灭火的要求。因此根据上述分析电子信息机房内的灭火器只能选择卤代烷灭火器的替代品。

目前用于过渡性或永久性替代卤代烷的气体、液化气体类候选替代物为洁净气体。所谓洁净气体指的是：非导电的气体或气化液体的灭火剂，这种灭火剂能蒸发，不留残余物；包括卤代烷烃类气体灭火剂、惰性气体灭火剂和混合气体灭火剂。洁净气体通常可分为氢溴氟代烷（HBFC）、氢氯氟代烷（HCFC）、氢氟代烷（HFC）、氯氟代烷（CFC）、全氟代烷（PFC）、氟碘代烷（FIC）和惰性气体（IG）。在国内洁净气体灭火器的产品中较为突出的有六氟丙烷（HFC236fa）气体灭火器，其中浙江、江苏、陕西和广东等省的灭火器厂家都已经推出一些产品，但通过国家消防装备检测中心的型式检验的并不多。国内还有研究专门探讨了手提式六氟丙烷灭火器对 B 类火灾的灭火能力。因此在电子信息机房的设计中可以选用洁净气体作为灭火剂。其他可用手提灭火器。

除了手提式洁净气体灭火器可以实现机房内的灭火功能外，还有些别的灭火剂也能实现机房内的灭火功能。根据 GB 50174，除 A 级电子信息机房外，其余级别机房也可以使用高压细水雾系统进行灭火，这意味着除 A 级机房外其他类别机房是可以使用高压细水雾作为灭火剂的，而手提式细水雾灭火器也是卤代烷灭火技术的替代选择。然而这种灭火器并没有洁净气体这样普遍，且其产品参数与灭火系统还没有明确的表述，短时间内可能难有合适的产品，但却是手提式洁净气体灭火器的重要补充。

## 九、高压细水雾灭火系统在数据中心机房中的应用

通常在设备控制机房、电子计算机房主要采用气体灭火系统进行火灾防护，例如七氟丙烷（FM200），但 FM200 在《京都议定书》中属于受限卤代烃类灭火技术。自《蒙特利尔公约》签订后，细水雾成为哈龙等温室气体灭火剂的主要替代品。

近年来我国细水雾产业也取得了迅猛发展，相关标准不断完善，并在 2013 年形成了《细水雾灭火系统技术规范》（GB 50898），该标准对更好地推动细水雾灭火技术的发展具有深远意义。细水雾灭火系统具有灭火效率高、耗水量小、对防护对象破坏性低且不产生环境污染的特点，用于高新技术领域的火灾控制，如设备控制机房、电子计算机房等场所，具有广阔的应用前景。

1. 数据中心机房灭火系统设计规范

针对数据中心机房火灾蔓延危险性大、可燃物众多等因素，《建筑设计防火规范》（GB 50016—2014）第 8.3.9 条指出“国家电信局、大区中心、省中心和一万路以上的地区中心内的长途程控交换机房、控制室，A、B 级电子信息系统机房内的主机房和基本工作间的已记录磁（纸）介质库”等区域应设置自动灭火系统，并宜采用气体灭火系统。

《数据中心设计规范》（GB 50174—2017）指出数据中心机房按照电子信息系统运行中断将造成经济损失的严重程度以及造成公共场所秩序混乱程度划分为 A、B、C 三级。如一般企业的电子信息系统的机房分级划分为 B 级，属于一旦系统运行中断造成较大的经济损失以及造成公共场所秩序混乱。GB 50174—2017 第 13.1.2、13.1.3 条指出“A 级数据中心的主机房宜设置气体灭火系统，也可设置细水雾灭火系统。当 A 级数据中心内的电子信息系统在其他数据中心内安装有承担相同功能的备份系统时，也可设置自动喷水灭火系统。B 级数据中心和 C 级数据中心的主机房宜设置气体灭火系统，也可设置细水雾灭火系统或自动喷水灭火系统。”

从以上规范可知，数据中心机房内需设置自动灭火系统，B 级数据中心机房内可设置高压细水雾灭火系统。设置可靠、高效的自动灭火系统，对及时扑灭数据中心机房火灾、减少火灾损失，具有重要的意义。

2. 电气环境细水雾灭火可行性及有效性

一般电子设备机房的业主对于在机房内使用细水雾灭火技术，最担心的是水的使用会使没有受到火灾威胁的电子设备也会因为水渍而影响其正常运行。针对该问题，国内外的火灾研究机构利用粒径较小的细水雾在设备控制机房、电子计算机房等场所进行了灭火试验研究，探讨了细水雾在电气机房应用的可行性。

Kidde－Fenwal/GTE/FSI 联合研究中心研究了高压细水雾对带电工作的程控交换机房的保护效果。试验结果表明：细水雾可以快速扑灭交换机内部火焰，交换机内非故障设备在灭火过程中及灭火后可正常工作。ABBStromberg 研究中心开展了高压细水雾电气开关柜带电喷放细水雾试验。实验结果表明以自来水为水源时，9 次实验 8 次无破坏性放电，调整喷头位置并采用去离子水后进行失败工况的重复实验，均获得成功。国家检验中心开展了 GBX112&3 型弱电机房内高压细水雾的冷喷试验及现场设备工作性能实验。试验过程中，电脑处于带电工作状态，无燃料燃烧。在持续喷放高压细水雾 3min 和 6min 的过程中，电脑主机及显示器均工作正常，并能正常操作。

中国科学技术大学火灾科学国家重点实验室也开展了高压细水雾灭火系统扑灭电脑机房火灾的实验。实验中，该细水雾灭火系统产生粒径＜200nm 的雾滴。实验时，细水正对 CRT 电脑显示器喷射。实验开始后，点燃放置在显示器附近的油池，细水雾灭火系统动作。在灭火系统扑救初期，显示器完全被细水雾覆盖淹没，显示器能正常工作。当细水雾持续作用一段时间后（约 120s），显示器上图像发生晃动和偏移。240s 后，显示器上的图像完全消失；但当火灾扑灭以后，显示器充分风干后，系统可以恢复正常工作。

通过上述研究工作，可知虽然高压细水雾灭火系统对电气系统，尤其是有外壳保护的电气系统基本不会产生破坏性，但当细水雾长时间持续作用时，可能会导致电气系统漏电或短路。因此在电气机房内设计细水雾灭火系统时宜选用闭式细水雾灭火系统，使其尽可能作用在着火设备附近，形成局部保护，从而避免对未受到火灾威胁的电气设备的影响。

同时相关研究表明：细水雾灭火系统可控制电气机房内火灾，但布置在机房内顶部的喷头，对封闭机箱内火灾的扑救效率不够，如需直接扑灭机箱内火灾，还需调整细水雾喷头位置及喷射时间控制，这方面需要进一步开展相关研究工作。

高压细水雾、七氟丙烷与 IG－541 三种灭火技术比较见表 5－6。

**表 5－6　　高压细水雾、七氟丙烷与 IG－541 三种灭火技术比较**

| 项目 | 高压细水雾 | 七氟丙烷 | IG－541 |
| --- | --- | --- | --- |
| 电气火灾的有效性 | 可以有效灭火，能够承受一定的自燃或主动通风，可有效抑制深位火复燃；与气体灭火系统相比，灭火速度较慢 | 可以迅速灭火；在空间密闭条件被破坏情况下的灭火失效率较高；对于深位火灾，复燃的几率较高 | 同七氟丙烷 |
| 有无毒性 | 无毒，且可以降低火灾场所的烟尘、$C0_2$ 和 CO 含量 | 热态下产生 HF 物质，具有腐蚀性，有毒 | 主要有少量 $CO_2$ 和惰性气体生成，NOAEL=43%，LOAEL=52%，影响很小 |
| 对环境的影响 | 无影响 | 有影响 | 无影响 |
| 对设备的影响 | 影响小，取决于雾滴的粒径和施加的时间 | 灭火时产生的 HF，具有腐蚀性 | 无影响 |
| 灭火的可持续性与浸湿作用 | 水源易获取，可重复启动持续灭火，对燃烧物有较强的浸湿作用，系统基本储水量为 $3m^3$，提供市政补水时持续时间不少于 30min | 灭火介质受限，不能保证持续灭火，对燃烧物没有浸湿作用，对于很多可能出现复燃的固体深位火灾无法确保可靠灭火；释放后浓度保持时间取决于空间的密闭性 | 同七氟丙烷 |
| 灭火的可再用性 | 可再用，通过市政补水可以长时间控制灭火或降温 | 气体一旦喷放，不可再用，不便于针对复燃或蔓延火灾的扑救 | 同七氟丙烷 |
| 吸热、辐射热阻隔及除烟性能 | 强 | 无 | 无 |
| 人员疏散的计划及时间要求 | 有去除烟和 CO 的能力，有疏散冗余时间，人可处于细水雾喷放空间内，安全不受影响 | 冷态时人体可接触，应及时疏散 | 短时影响能见度，处于释放空间内，也应及时疏散 |
| 使用的方便性、安全性 | 主管道正常运行工作压力较低，区域阀后往往没有水，或水压很低，使用维护安全、简单 | 系统涉及高压储气装置、高压气体输送管路和泄漏灌装问题，维护较复杂，专业性强，有一定的危险性，成本高；灭火剂储存压力高达 15～20MPa | 同七氟丙烷 |
| 投资和维护使用 | 成本对空间密闭条件要求低，成本较低 | 投资成本低，但维护重装成本高 | 由于灭火浓度和储存压力高，系统初始投资大 |

七氟丙烷灭火剂系统设计浓度一般取 7.0%，无毒性反应浓度 NOAEL 值为 9.0%，有毒性反应浓度 LOAEL 值为 10.5%，而相对于卤代烷 1301 等则 LOAEL 值具有安全性。臭氧损耗能力值为零，全球温室效应潜能值约为 0.3～0.5，大气中存留时间比卤代烷、二氧化碳都低，约为 31～42 年，储存较稳定，一般 20 年不变质。七氟丙烷目前生产和应用已较为成熟，但有一定的大气温室效应，关于其毒性和致癌问题，目前国际学术界尚有争议。现在德国、日本及北欧国家已不使用，不宜作长期哈龙替代物，因此对七氟丙烷应谨慎使用。

IG－541 灭火系统的灭火介质由 50%的 $N_2$、40%的 Ar、10%的 $CO_2$ 组成，它不同于以往使用的卤代烷灭火剂和目前一些卤代烷替代药剂，它不是一种化学合成药剂，而是取自大气中三种气体的混合物，对人体没有任何毒性，其臭氧耗损潜能值、温室效应值和大气中的存活寿命三项指标均为零，对环境无影响。灭火机理是当 IG－541 中三种气体喷放到着火区域时，在短时间内会使着火区域内的氧气浓度降至能够支持燃烧的 12.5%以下，对燃烧产生窒息作用，从而使燃烧迅速终止。

细水雾灭火系统是由一个或多个细水雾喷头、供水管网、加压供水设备及相关控制装置等组成，能在发生火灾时向保护对象或空间喷放细水雾并产生扑灭、抑制或控制火灾效果的自动系统。它是在自动喷水灭火技术的基础上发展起来的，具有无环境污染、灭火迅速、耗水量低、对防护对象破坏性小的特点。细水雾的灭火机理可以分成以下四类：① 吸热作用，包括对火羽流的冷却作用和对燃料表面的湿润和冷却作用；② 隔氧窒息作用，包括氧气置换和燃料挥发气体的稀释；③ 辐射衰减作用；④ 动力学影响，主要指细水雾对火焰产生的强烈扰动、抑制减弱作用。

高压细水雾灭火系统作为新型高效的灭火系统，是一种既节约投资又环保的灭火系统，相关规范及试验证明高压细水雾可以在电气通信机房内使用，且灭火效果好。此外，研究表明高压细水雾具有良好的消烟除尘效果，有效降低房内火灾的次生危害，减少火灾带来的间接损失，高压细水雾本身带来的水渍损失很小，属于可接受的范围。因此，高压细水雾系统在电气通信机房内的应用，可作为消防的新技术发展的一个方向。

## 十、机房日常维护管理

加强机房管理人员的培训，其内容包括：机房气体灭火系统的使用知识；掌握系统设备正常运行状态的记录；对故障指示给出分析报告；掌握烟火报警处置办法与逃离紧急启停流程。

气体灭火系统定期巡检维护是必不可少的工作。如定期检测气瓶压力确定是否应加气或更换，试验各烟感温感等探测器是否能正常报警启动系统，对后备电池进行检测并定期更换。

配有气体灭火系统的机房，防火灭火问题不能都依靠系统，特别是有线电视机房要加强日常维护管理。

（1）严格执行交接班巡查巡检记录和每天多次检查主要设备的发热温升情况。特别是大电流工作线缆的接头处是否有发热现象，电池组是否有发热、冒烟、漏液，室内有无异味及设备风扇运行等情况。

配备手提式二氧化碳灭火器和机房应急照明设施，定期检查灭火器存放位置、数量及有效期。

（2）火情初期发现与判断处理。常查看机箱设备内有无发热冒烟，对于未使探测器报警的小火情，迅速作出判断，是否能用手持灭火器进行初期灭火。

（3）防范火灾要规范机房管理制度。不得让易燃物品放入机房，及时清理机柜设备上因施工维护的残渣异物，机房内不得存放有包装纸箱的设备，仪器仪表使用后放回原位，不得在机房长时间无人时给仪表进行充电。

（4）不得在机房内临时使用大功率用电器，凡增加中大功率设备，都应按设计审视实际接入能力是否符合要求。

掌握机房气体灭火知识，正确使用与检测气体灭火系统，认真做好日常机房巡查巡检，尽早发现可能发生的消防安全隐患，并及时进行处理。

# 第六章
# 消防安全“四个能力”建设

随着我国经济社会的快速发展，消防建设滞后已越发严重威胁到社会的稳定和经济的发展，尤其是百姓的生命财产安全。21 世纪前 10 年时间内，平均每年火灾 20.6 万起，一次死亡 20 人以上的重大及以上火灾 15 起，90%以上的重特大火灾都发生在社会单位，全国 64%的亡人火灾发生在农村和居民家庭。

面对严峻的火灾形势，2010 年 4 月 2 日中华人民共和国公安部在河北省石家庄市召开了全国构筑社会消防安全“防火墙”工程现场会，并全面部署为期三年的构筑社会消防安全“防火墙”工程。“防火墙”工程以提高社会单位消防安全“四个能力”、落实政府部门消防工作责任、夯实农村社区火灾防控基础、提高公安机关消防监督管理水平为着力点，力争通过 3 年时间，使消防工作社会化水平明显提升，全社会消防安全环境明显改善，重特大火灾尤其是群死群伤火灾事故得到有效遏制。

提高社会单位消防“四个能力”是构筑社会消防安全“防火墙”工程重要内容之一，主要包括提高社会单位检查消除火灾隐患的能力；提高社会单位组织扑救初起火灾的能力；提高社会单位组织人员疏散逃生的能力；提高社会单位消防宣传教育培训的能力。

“四个能力”的建设具有一定的必要性与重要性：

（1）加强社会单位消防安全“四个能力”建设是“预防为主，防消结合”工作方针的有效措施。“预防为主，防消结合”的消防工作方针，要求在有效预防火灾的同时，积极做好灭火救灾的准备工作。开展消防安全“四个能力”建设，是强化社会单位“防”和“消”的意识，是把“预防”和“扑救”两个同火灾作斗争的基本手段有机结合起来。

把“火灾预防”放在首位，提高单位检查消除火灾隐患的能力，及时发现和消除单位自身存在的火灾隐患，积极贯彻落实各项消防安全措施，做到“防得住”。提高单位扑救初起火灾的能力，随时做好扑救火灾的准备。确保一旦发生火灾，能够尽早使用现场的灭火器材和消防设施等，有效扑救初起火灾，最大限度地减少火灾危害，做到“打得赢”。提高组织疏散逃生的能力，确保单位疏散通道、安全出口畅通，安全疏散设施完好有效，员工知道如何疏散现场人员，切实保证单位尤其是人员密集场所发生火灾时能组织在场人员有效疏散，能够“跑得了”，最大程度上减少火灾中人员伤亡。

（2）加强社会单位消防安全“四个能力”建设是落实单位法定消防安全责任的手段。《消防法》第十六条规定：单位应组织防火检查，消除火灾隐患；单位应制定灭火和应急疏散预案。第四十四条规定：任何单位发生火灾，必须立即组织力量扑救；人员密集场所发生火灾，该场所的现场工作人员应当立即组织、引导在场人员疏散。第六条规定：

机关、团体、企业、事业等单位，应当加强对本单位人员的消防宣传教育。社会单位开展消防安全“四个能力”建设，是单位落实《消防法》赋予的消防安全职责的必要手段和措施。

（3）加强社会单位消防安全“四个能力”建设是消防工作现实斗争的迫切需要。分析近年来发生的重大火灾事故，存在一些共性问题：单位存在火灾隐患未及时发现和整改；火灾发生初期，单位不能立即有效扑救，不会正确使用消防器材，甚至没有扑救，错过最佳灭火时期，导致火灾进一步扩大；员工没有有效组织疏散逃生，现场人员自救知识贫乏；日常工作缺乏消防安全知识宣传教育培训，遇火灾惊慌失措，无所适从，引发大量不必要伤亡。在社会单位开展消防安全“四个能力”建设，提高全员的消防安全意识、素质，全面提升单位检查消除火灾隐患能力、扑救初起火灾能力、组织疏散逃生能力，就能有效提高社会单位消防安全管理水平，消除消防队接警到场的时间空白点，从根本上预防重特大火灾，尤其是群死群伤火灾事故。

供电企业作为国家能源工业的重要组成部分，其重要电力部位和设施设备如调度中心、通信机房、变压器、电缆沟、电缆隧道等重要防火部位发生火灾概率虽然较小，但是一旦发生后，轻则造成设备损坏，重则引起大面积停电，给国计民生造成重大损失。因此，加强消防“四个能力”建设，对于供电企业至关重要。

## 第一节　检查消除火灾隐患

及时发现和消除火灾隐患，保障人民生命和财产的安全，是单位自身进行防火检查的主要目的之一。实施防火检查时，检查人员应当能够准确认定存在的火灾隐患，从而采取相应的处理措施，确保火灾隐患得以消除。

### 一、火灾隐患的定义及判定

#### （一）火灾隐患的定义

火灾隐患通常是指单位、场所、设备以及人们的行为违反消防法律、法规，引起火灾或爆炸事故、危及生命财产安全、阻碍火灾疏散逃生、阻碍火灾扑救等潜在的危险因素和条件。

根据不安全因素引发火灾的可能性大小和可能造成的危害程度的不同，火灾隐患可分为一般火灾隐患和重大火灾隐患。

1. 一般火灾隐患

一般火灾隐患是指存在的不安全因素有引发火灾的可能，且发生火灾会造成一定的危害后果，但危害后果不严重。

2. 重大火灾隐患

重大火灾隐患是指违反消防法律法规，可能导致火灾发生或火灾危害增大，并由此可能造成重特大火灾事故后果和严重社会影响的各类潜在不安全因素。

### （二）火灾隐患的判定

凡是火灾隐患都是违反消防法规的行为或事物的状态。认定火灾隐患主要是依据《消防监督检查规定》《机关、团体、企业、事业单位消防安全管理规定》等法律、法规，可以从以下三个方面来判定：

（1）具有直接引发火灾危险的，如违反规定储存、使用、运输易燃易爆物品，违章用火用电、用气和进行明火作业等，有直接引发火灾的可能性等情形。

（2）发生火灾时会导致火势蔓延、扩大或者会增加对人身、财产危害的，如建筑防火分区、建筑结构、防火防烟排烟设施等被随意改变，失去应有的作用等，一旦发生火灾，火势会迅速扩大，难以控制等情形。

（3）发生火灾时会影响人员安全疏散或者灭火救援行动的，如安全出口和疏散通道阻碍，缺少消防水源，消防车道阻塞，消防设施不能使用等，一旦发生火灾，将导致人员无法及时疏散，造成大量人员伤亡等情况。

1. 一般火灾隐患的判定

在防火检查时发现具有下列情形之一的，应当确定为一般火灾隐患：

（1）影响人员安全疏散或者灭火救援行动，不能立即整改的。

（2）消防设施不完全有效，影响防火灭火功能的。

（3）擅自改变防火分区，容易导致火势蔓延、扩大的。

（4）在人员密集场所违反消防安全规定，使用、储存易燃易爆化学物品，不能立即整改的。

（5）不符合城市消防安全布局要求，影响公共安全的。

2. 重大火灾隐患的判定

在防火检查时，对可能产生重大火灾的隐患可视不同情况采取直接判定或综合判定。

（1）可不判定为重大火灾隐患的情形。下列任一种情形可不判定为重大火灾隐患：

1）可以立即整改的；

2）因国家标准修订引起的（法律法规有明确规定的除外）；

3）对重大火灾隐患依法进行了消防技术论证，并已采取相应技术措施的；

4）发生火灾不足以导致特大火灾事故后果或严重社会影响的。

（2）下列重大火灾隐患可以直接判定：

1）生产、储存和装卸易燃易爆化学物品的工厂、仓库和专用车站、码头、储罐区，未设置在城市的边缘或相对独立的安全地带；

2）甲、乙类厂房设置在建筑的地下、半地下室；

3）甲、乙类厂房、库房或丙类厂房与人员密集场所、住宅或宿舍混合设置在同一建筑内；

4）公共娱乐场所、商店、地下人员密集场所的安全出口、楼梯间的设置形式及数量不符合规定；

5）旅馆、公共娱乐场所、商店、地下人员密集场所未按规定设置自动喷水灭火系统或火灾自动报警系统；

6）易燃可燃液体、可燃气体储罐（区）未按规定设置固定灭火、冷却设施。

## 二、火灾隐患的检查

### （一）供电企业火灾危险性

根据供电企业内部业务及组织架构，重点防火场所主要包括生产调度大楼、变电站（换流站）、电缆隧道、物资仓库以及所管辖的宾馆、饭店及职工宿舍。由于各防火场所建筑性质、设备设施以及用途不同，火灾危险性也不相同，具体如下。

1. 生产调度大楼火灾危险性

（1）通信自动化机房火灾危险性。通信自动化机房是电力调度系统的核心设备，一旦发生火灾将造成调度通信系统瘫痪，严重时引发大面积停电事故，其火灾危险性表现在：

1）为保持自动化机房的恒温和洁净，建筑物内部需要用相当数量的木材、胶合板及塑料板等可燃材料建造或装饰，使建筑物本身的可燃物增多，耐火性能相应降低，极易引燃成灾。

2）空调系统的通风管道使用聚苯乙烯泡沫塑料等可燃材料进行保温，若保温材料靠近电加热器，长时间受热就会起火。

3）计算机中心的电缆竖井、电缆管道及通风管道等系统未按规定独立设置和进行防火分隔，易导致外部火灾的引入或内部火灾蔓延。

4）机房内电气设备和电路很多，如果电气设备和电线选型不合理或安装质量差；违反规程乱拉临时电线；任意增设电气设备；电炉、电烙铁用完后不拔插头，造成长时间通电或与可燃物接触而没有采取隔热措施；日光灯镇流器和闷顶或活动地板内的电气线路缺乏检查维修；电缆线与主机柜的连接松动，造成接触电阻过大等，都可能起火。

5）电子通信自动化设备需要长时间连续工作，由于设备质量不好或元器件发生故障等原因，有可能造成绝缘被击穿。稳压电源短路或高阻抗元件因接触不良，接触点过热而起火。

6）用过的纸张、清洗剂等可燃物品未能及时清理，或使用易燃清洗剂擦拭机器设备及地板等，遇电气火花、静电放电火花等火源而起火。

7）没有配备灭火器材，未按规范要求设计安装火灾自动报警、自动灭火等消防设施，或消防设施出现故障，以致在起火时，不能及时发现和采取应急措施，致使火灾扩大蔓延。

（2）蓄电池室火灾危险性。生产调度大楼内通信自动化机房设备大量使用直流电源。常态下通过直流充电机将交流电整流成为直流电进行使用，因通信自动化设备运行较高的可靠性，需要配置蓄电池作为备用电源，并设置在独立的蓄电池室内。当前生产调度大楼较多采用的是铅酸蓄电池。其主要危险性在于它在充电或放电过程中会析出相当能量的氢气，同时产生一定的热量。氢气和空气混合能形成爆炸气混合物，且其爆炸的上、下限范围较大，因此蓄电池室具有较大的火灾爆炸危险性。

（3）档案室火灾危险性。档案室是供电企业管理档案的重要场所，保存有大量的且有重要价值的资料。这些资料的承载材质基本为纸张，属于可燃物品。综合分析，档案室火灾荷载很大，一旦发生火灾，可燃烧物质众多、分布较广，引发大面积起火；纸质档案易发生阴燃的特点，导致在火灾明火扑灭后持续阴燃，导致烟雾和热量持续上升引发二次起火，增加灭火难度。

（4）办公室火灾危险性。办公室内不乏空调、饮水机、电脑、打印机、复印机以及各式充电器等用电设备，给工作带来便利的同时，也埋下了电器火灾的隐患。比如，因办公室电器多用插座供电，使用时容易造成插座、插头接触不良导致电阻增加，发热量增大引起火灾；充电器、数码相机、平板电脑、手机等便携式电器一般体积小，散热性差，长期充电过程中，容易产生自燃事故；电脑、复印机、打印机等智能电器长时间通电待机，容易造成电器损坏诱发火灾；下班时，忘记关闭空调、饮水机等大功率用电设备，容易引起火灾事故。

同时，由于办公室内装修使用可燃材料，例如窗帘、地毯、固定家具等，又长期存储纸质资料、书籍等，一旦遇到火源，这些可燃物会迅速燃烧并蔓延扩大，最终引发火灾。

2. 变电站（换流站）火灾危险性

电力系统变电站（换流站）担负着接受电能并分配电能的任务，其特殊作用和功能要求使变电站拥有变压器、高压油断路器、电缆、电容器等易燃、可燃物品，而且一旦发生火灾，危险性大、损失大、影响也大，甚至会引发大面积停电，严重影响人民的日常生活。变电站（换流站）火灾危险性具体表现在以下六个方面：

（1）变压器。变压器大多采用油浸自然冷却方式，内部充满了大量矿物绝缘油，闪点130℃并易蒸发、燃烧。变压器绕组内的纸和棉纱绝缘材料，经常受到过负荷发热或绝缘油酸化腐蚀等，会加速老化损坏，引起匝间、层间短路，使电流剧增，绕组发热燃烧；同时绝缘油在高温下分解，产生可燃性气体。当与空气混合达到一定比例，形成爆炸性混合物，遇到明火或超过燃点温度就会发生燃烧爆炸。硅钢片间，铁芯与夹紧螺栓间的绝缘损坏，容易引起涡流发热，造成绝缘油分解并燃烧。绕组与绕组间、绕组端部与分接头间，如果连接不良或分接头转换开关位置没有放正，都可能使接触电阻增大，造成局部高温使油燃烧或发生爆炸。

（2）电缆沟及电缆层。危险性详见本节“3. 电缆沟、电缆层及电缆隧道火灾危险性”。

（3）继电保护及通信机房。继电保护及通信机房的火灾危险性除本节生产调度大楼通信自动化机房火灾危险性外，还包括一旦继电保护室起火造成送电间隔保护设备损坏，需要长时间停电进行修复，造成电网运行方式薄弱，甚至引发拉电、限电及停电事件。

（4）蓄电池室。危险性详见本节“1. 生产调度大楼火灾危险性”中的“（2）蓄电池室火灾危险性”。

（5）高压油断路器。高压油断路器具有较大的火灾及爆炸危险性。如果油断路器不能迅速有效地灭弧，则温度可达3000～4000℃的电弧，会将油热分解成碳氢化合物等易燃气体，就有可能引起燃烧或爆炸的危险。

（6）其他火灾危险性。变电站除上述设备易发生火灾外，像蓄电池、电容器、主控制室及二次回路、电流互感器等也能引发火灾，所以值班人员对上述设备也要加强巡视，及时检修，积极预防火灾事故的发生。

3. 电缆沟、电缆层及电缆隧道火灾危险性

电缆沟、电缆层及电缆隧道虽然发生火灾概率不大，但是具有严重火灾危险性，主要表现在含有众多潜在火源，发生火灾后危害性、破坏性巨大，修复困难，容易引发区域停电，造成重大经济损失，严重影响人们的日常生活。

电缆沟、电缆层及电缆隧道火灾本质是电缆火灾。产生电缆火灾的主要原因为电缆自身的可燃性。当前电缆采用的绝缘层、护层及绝缘油等均为可燃性材料。在电缆受机械损伤或在电缆隧道无防潮、防腐和排水设施加速电缆绝缘层老化时，电缆绝缘强度下降，可能导致短路或"放炮"产生火花引起火灾。此外，电缆过热可点燃聚集在电缆上的干燥尘埃或绝缘塑料热解产物。研究表明，电缆上沉积尘埃或粉尘会产生两种起火现象：① 粉尘隔热导致绝缘层高温熔化；② 粉尘可燃，导致电缆击穿反应和尘埃层起火。电缆隧道井口、孔洞等部位密封不好，造成外来火源进入，也会引起火灾。电缆隧道火灾具有起火快、火势猛、蔓延迅速（电缆"放炮"可在2～3s内起火，在30～60s内蔓延100多米）、温度高（可达600～800℃），可烤化玻璃灯罩、熔化电缆线芯和电缆钢支架、产生大量浓烟有毒气体和灭火难度大等特点，大大增加了火灾危险性。电缆隧道的严重火灾危险性，还表现在很大的危害性和破坏性。1984年1月21日，河南平顶山某钢铁公司轧钢厂高压配电室地下室，由于电缆短路引燃电缆绝缘层，蔓延起火，烧毁电缆20多万米，直接经济损失达150多万元。1988年9月2日，美国西雅图市的一个地下电缆设施，由于地下的铝输电电缆受热熔化起火，使该市大部分地区连续停电4天、损失很大。电缆火灾的更大危害性和破坏性，还在于电缆绝缘层常用的卤化物在燃烧时能产生大量有毒的浓烟和有剧烈腐蚀性的酸气，如氯化氢或溴化氢，能很快腐蚀金属、电子设备和器件，严重破坏财物和威胁人的生命安全。英国伦敦地铁有限公司所做的燃烧试验表明，一根长约1m含0.85kg PVC电缆，从燃烧着火起所产生的烟气可在不到5min时间内完全笼罩容积为1000$m^3$的房间。《电气产品火灾危险性评估试验和要求标准指南》（IEC 685）中指出，任何通电电路都存在火灾危险。由此可见，电缆和电缆隧道具有严重的火灾危险性，不容置疑和忽视。

4. 物资仓库火灾危险性

仓库是物资高度集中的地方，一旦发生火灾，燃烧面积大、燃烧时间长，造成的经济损失十分严重。

根据仓库储存物资的需要，库房的长度、宽度、高度都比较大，给火灾初起阶段的发展蔓延提供了一定的条件。各类普通物资仓库中，除多层库房、高架仓库和部分外贸仓库的耐火等级较高外，一般的单层库房、临时简易库房多为耐火极限较低的三级建筑。在火灾情况下，易造成库房的承重构件在短时间内倒塌。当仓库内存放有大量的可燃物时，垛与垛、架与架、层与层之间，按防火规范要求虽有一定间距，但仍然难以有效组织火势蔓延。仓库管理过程中，上班时间人员较多，下班以后人员较少，通常只有值班室内有人值班，这样仓库内一旦发生火灾，往往不能及时发现和报警。

仓库火灾发生后，由于物品过于密集，初期燃烧阶段以后火势蔓延加速、燃烧强度急剧增大。由于可燃物多而空气又不流通，排烟速度较慢，产生大量烟雾，尤其是地下仓库火灾情况更为严重，不但使人无法辨别方向，而且烟气中的高温让人难以承受，毒气和缺

氧使人无法呼吸。火灾产生的高温使仓库结构承载能力降低，加速承重结构断裂，使库房和隔板出现倒塌现象。火灾中这些承重构件的倒塌后，会使阴燃火遇到大量新鲜空气后便会迅速重新燃起火焰，这样便会促使火势在短时间内更加猛烈地燃烧，给扑救工作增加难度。

5. 宾馆、饭店及职工宿舍火灾危险性

宾馆、饭店、职工宿舍用电用火频繁，用气设备点多量大。使用的各种电气设施设备可能因为设备故障、线路故障或使用不当引发火灾，尤其是电气线路，发生火灾的风险极大。厨房天然气、液化气可能因为使用不慎或油锅过热起火。人员酒后卧床吸烟、乱丢烟头也易引发火灾。宾馆、饭店、宿舍内大量的装饰、陈设和家具都是可燃材料，建筑火灾荷载较大。在日常运作中使用液体、气体燃料，在维修、装修过程中使用化学涂料、油漆等物品，一旦发生火灾，这些可燃材料燃烧猛烈、蔓延迅速，大部分材料在燃烧时产生有毒气体，将会给人员的疏散和火灾扑救带来很大的困难。楼梯间、电梯井、管道井、电缆井以及通风管道等，如果防火设计处理不当，发生火灾后，极易产生烟囱效应，使火势迅速蔓延扩大。人员对建筑内部的空间环境及疏散路径不熟悉，对消防设施设备的配置状态不熟悉，处置初起火灾和疏散逃生的能力较差，一旦发生火灾，极易产生恐慌和混乱处置稍有不当，就可能造成推死群伤的恶性事故。

一些利用既有建筑改建、扩建的宾馆、饭店，在安全疏散、消防设施设备方面不能满足现行规范的相关规定，存在建筑耐火等级低，疏散通道狭窄等诸多问题，给火灾后初期灭火、疏散逃生带来重大隐患。

**（二）消防检查内容及方法**

火灾隐患检查是指单位内部结合自身情况，适时组织的督促、查看、了解本单位内部消防安全工作情况以及存在的问题和隐患的一项消防安全管理活动。

1. 消防安全检查的目的和形式

（1）消防安全检查目的。通过对本单位消防安全制度、安全操作规程的落实和遵守情况进行检查，以督促规章制度、措施的贯彻落实，这是单位自我管理、自我约束的一种重要手段，是及时发现和消除火灾隐患、预防火灾发生的重要措施。

（2）消防安全检查形式。消防安全检查是一项长期的、经常性的工作，在组织形式上应采取经常性检查与定期性检查相结合、重点检查和普遍检查相结合的方式方法。

1）一般的日常检查。这种检查是按照岗位消防责任制的要求，以班组长、安全员、志愿消防员为主对所处的岗位和环境的消防安全情况进行检查，通常以班前、班后和交接班时为检查的重点。

2）防火巡查。这种巡查也是一种检查，是单位保证消防安全的严格管理措施之一。

3）夜间巡查。夜间检查是预防夜间发生大火的有效措施，检查主要依靠夜间值班人员、安保和专兼职消防管理人员。重点是检查火源电源以及其他异常情况，及时堵塞漏洞，消除隐患。

4）定期防火检查。这种检查是按规定的频次进行，或者按照不同的季节特点，又或者结合重大节日进行检查。通常由单位领导组织，或由有关职能部门组织，除了对所有部位进行检查外，还要对重点部门进行重点检查。

2. 供电企业的防火巡查

（1）防火巡查的频次及要求。消防安全重点单位应当进行每日防火巡查，并确定巡查的人员、内容、部位和频次。其他单位可以根据需要组织防火巡查。

公众聚集场所在营业期间的防火巡查应当至少每 2h 一次；营业结束时应当对现场进行检查，消除遗留火种。

防火巡查人员应当及时纠正违章行为，妥善处置火灾危险，无法当场处置的，应立即报告上级。发现初起火灾应当立即报警并及时扑救。

防火巡查应当填写巡查记录，巡查人员及其主管人员应当在巡查记录上签名。

（2）防火巡查的内容。单位防火巡查内容主要包括：

1）用火、用电有无违章情况；

2）安全出口、疏散通道是否畅通，安全疏散指示标志、应急照明是否完好；

3）消防设施、器材和消防安全标志是否在位、完整；

4）常闭式防火门是否处于关闭状态，防火卷帘下是否堆放物品影响使用；

5）消防安全重点部位的人员在岗情况；

6）其他消防安全情况。

3. 供电企业的防火检查

（1）防火检查的频次及要求。一般单位应当至少每季度进行一次防火检查，消防安全重点单位应当至少每月开展一次防火检查。

防火检查应当填写检查记录。检查人员和被检查部门负责人应当在检查记录上签名。

（2）防火检查的内容。防火检查的内容应当包括：

1）火灾隐患的整改情况以及防范措施的落实情况；

2）安全疏散通道、疏散指示标志、应急照明和安全出口情况；

3）消防车通道、消防水源情况；

4）灭火器材配置及有效情况；

5）用火、用电有无违章情况；

6）重点工种人员，以及其他员工消防知识的掌握情况；

7）消防安全重点部位的管理情况；

8）易燃易爆危险物品和场所防火防爆措施的落实情况以及其他重要物资的防火安全情况；

9）消防（控制室）值班情况和设施运行、记录情况；

10）防火巡查情况；

11）消防安全标志的设置情况和完好、有效情况。

（3）防火检查的方法。单位防火检查是及时发现消除火灾隐患的有效手段。单位消防安全管理人员应根据检查对象的实际情况，灵活运用以下各种手段。

1）查阅消防档案。消防档案是单位履行消防安全职责、反映单位消防工作基本情况和消防管理情况的过程记录。查阅消防档案应注意以下问题：

a. 消防安全重点单位的消防档案应包括消防安全基本情况和消防安全管理情况。其内容必须按照《机关、团体、企业、事业单位消防安全管理规定》（公安部令 61 号）第四十二条、第四十三条规定，全面翔实地反映单位消防工作的实际状况。

b. 制定的消防安全制度和操作规程是否符合相关法规和技术规程。

c. 灭火和应急预案是否可靠。

d. 查阅公安机关消防机构填发的各种法律文书，尤其要注意责令改正或重大火灾隐患限期整改的相关内容是否得到落实。

2）询问员工。询问员工是消防安全管理人员实施防火检查时最常用的方法。为在有限的时间之内获得对检查对象的大致了解，并通过这种了解掌握被检查对象的消防安全状况，防火检查人员可以通过询问或测试的方法直接而快速地获得相关信息。

a. 询问各部门、各岗位的消防安全管理人，了解其实施和组织落实消防安全管理工作的概况以及对消防安全工作的熟悉程度；

b. 询问消防安全重点部位的人员，了解单位对其培训的基本情况；

c. 询问消防控制室的值班、操作人员，了解其是否具备岗位技能；

d. 公众聚集场所应随机抽取数名员工，了解其组织引导在场群众疏散的知识和技能以及报火警和扑救初起火灾的知识和技能。

3）查看消防通道、防火间距、灭火器材、消防设施等情况。消防通道、消防设施、灭火器材、防火间距等是建筑物或场所消防安全的重要保障，技术规范对此都做了相应的规定。查看消防通道、消防设施、灭火器材、防火间距等，主要是通过眼看、耳听、手摸等方法，判断消防通道是否畅通，防火间距是否被占用，灭火器具是否配置得当并完好有效，消防设施各组件是否完整齐全无损、各组件阀门开关等是否置于规定启闭状态、处于正常允许范围等。

4）测试消防设施。使用专用检测设备测试消防设施设备的工作状况。要求防火检查员应具备相应的专业基础，熟悉各类消防设施的系统组成和工作原理，掌握检查测试方法以及操作注意的事项。对一些常规消防设施的测试，利用专用检测设备对火灾报警、消防电梯强制性停靠、室内外消火栓压力、消防栓远程启泵、压力开关和水力警铃、末端试水装置、防火卷帘启闭等项目进行测试。

**（三）火灾隐患检查要点**

1. 通用部分

（1）消防工程的合法性。根据《消防法》等相关法律法规，对于建筑工程的合法性进行检查，重点包括：

1）电力调度楼，培训学校的教学楼、食堂、集体宿舍，大型发电、变配电工程，储存、装卸易燃易爆危险物品的仓库，单体建筑面积大于 40000m$^2$ 或者建筑高度超过 50m 的公共建筑等需进行消防设计审核，竣工投入使用前应取得住建部核发的消防验收合格意见书；

2）除法规规定的人员密集场所及特殊建设工程外，依法需进行消防设计、验收备案的，应取得备案凭证；

3）建设工程内设置的公众聚集场所投入使用、营业前应通过消防救援机构检查；

4）建设单位所选用的设计、施工及监理单位应具备相应的资质；

5）建设工程所选用的社会消防技术服务机构及人员应具备相应的资质；

6）建设中使用的消防产品和具有防火性能要求的建筑构件、建筑材料、装修材料应合格，其质量要求必须符合国家标准或者行业标准。

（2）消防安全管理。根据公安部令第61号相关要求，消防安全重点检查内容包括：

1）制定消防安全管理制度（重点包括防火检查巡查、火灾隐患整改、用电安全管理、消防设施器材维护保养、员工消防安全教育培训、灭火和应急疏散预案演练等内容）、安全操作规程及动火管理制度。

2）消防控制室值班员每班不少于2人，应经过培训，并取得《建（构）筑物消防员》上岗证。

3）消防安全重点单位应当进行每日防火巡查，并确定巡查的人员、内容、部位和频次，并做好记录。

4）每月开展一次防火检查，并做好记录。

5）按照建筑消防设施检查维修保养有关规定的要求，对建筑消防设施的完好有效情况进行检查和维修保养，并有相应的维保报告。

6）设有自动消防设施的单位，应当按照有关规定定期对其自动消防设施进行全面检查测试，并出具检测报告，存档备查。

7）建筑消防设施每年至少进行一次全面检测，并出具检测报告；检测报告存档期限不得少于三年。

8）消防安全重点单位对每名员工应当至少每年进行一次消防安全培训；公众聚集场所对员工的消防安全培训应当至少每半年进行一次；单位的消防安全责任人、消防安全管理人，专、兼职消防管理人员，消防控制室的值班、操作人员等应接受专业培训。以上培训均应有记录。

9）消防安全重点单位应制定灭火和应急疏散预案，并至少每半年进行一次演练。演练应有方案、有记录、有评估总结。

10）消防安全重点单位应当建立健全消防档案，内容包括消防安全基本情况及消防安全管理情况。

11）所配置的移动消防器材如灭火器、防毒面具、正压式空气呼吸器应定点放置，确保压力合格、在有效期内，严禁挪作他用。

（3）消防设备、设施检查要点。

1）消防给水系统。大量火灾统计资料表明，消防给水系统失效的主要原因是阀门关闭和系统供水中断。因此，对消防给水系统的验收与监督检查应重视供水系统是否可靠，该开启的阀门是否都处于全开启状态，检查消防水泵的动作、系统的报警联动、组件的完整有效，使系统处于正常工作状态。

（a）消防供水设施的检查要点。

a）供水水源。

a. 利用市政给水作供水水源，应检查给水管网进水管的管径及供水能力；利用天然水源作系统的供水水源，应检验水质是否符合设计要求，并应检查枯水期最低水位对确保消防用水的技术措施。自动喷水灭火系统利用露天水池或天然水源作系统的供水水源时，需在水源进入消防水泵前的吸水口处设具有自动除渣功能的固液分离装置，而不能用栅格除渣。

b. 天然水源、消防水池和消防水箱等储存的消防用水量应符合设计要求，消防用水不挪作他用的设施应正常，消防水池和消防水箱的补水设施应正常，寒冷地区消防水池和消防水箱的防冻措施应完好。

c. 供消防车取水的消防水池和天然水池，保护半径应符合规范要求，水深应保证消防车的吸水高度不超过 6m，取水口（取水码头）的设置位置应便于消防车停靠取水，取水口距离建筑物、储罐的距离应符合规范要求。

d. 消防水箱的设置高度应保证最不利点处消火栓的静水压力或喷头的最低工作压力，当消防水箱的设置高度不能满足要求时，采取的增压设施应符合设计要求。

b）稳（增）压泵、气压罐。

a. 稳（增）压泵的流量和压力、气压罐的出水量应符合设计要求，出口阀门应常开。

b. 对消防气压给水设备，当系统气压下降到设计最低压力时，通过压力变化信号启动稳（增）压泵应运行正常，启泵与停泵应符合设定值，压力表显示应正常。

c）消防水泵房、消防水泵。

a. 消防水泵房的耐火等级、设置位置、安全出口、应急照明和地面排水等应符合设计要求。

b. 消防水泵和水泵控制柜应注明系统名称和编号的标志。

c. 消防工作泵、备用泵、吸水管、出水管及出水管上的防超压装置、水锤消除措施、止回阀、信号阀、试验用放水阀、压力表等的规格、型号、数量应符合设计要求；吸水管、出水管上的控制阀应锁定在常开位置，标志牌应正确。

d. 消防水泵应采用自灌式吸水或其他可靠的引水措施。

e. 水泵控制柜按钮应能启停每台消防水泵，消防水泵启动运行和停止应正常，指示灯、仪表显示应正常，压力表、试水阀及防超压装置等应正常，并有向消防联动控制设备反馈水泵状态的信号。

f. 以备用电源切换方式或备用泵切换启动消防水泵，消防水泵应能正常运行。消防工作泵、备用泵转换运行 1～3 次。

d）水泵接合器。

a. 水泵接合器的数量及设置位置应符合设计要求。对水泵接合器的数量按建筑物室内消防用水量和每个水泵接合器流量 10～15L/S 校核，其设置位置距室外消火栓或消防水池宜为 15～40m。

b. 应有注明所属系统和区域的标志牌。控制阀应常开，且启闭灵活。安全阀及止回阀的安装位置和方向应正确，寒冷地区防冻措施应完好。

c. 地下式水泵接合器井内应有足够的操作空间，不应有积水或积聚的垃圾、砂土。水泵接合器采用墙壁式时，其上方应设有防坠落物打击的措施。

d. 水泵接合器进行通水试验，检查供水功能。

（b）消火栓系统的检查要点。

a）室外消火栓。

a. 设置数量和位置检查。室外消火栓数量应能满足建筑室外消防用水量的需要，每个室外消火栓的用水量按 10～15L/s 核算；室外消火栓的间距应符合规范要求，消火栓的设置位置距离路边一般不应大于 2m，距离房屋外墙不宜小于 5m；地上消火栓栓口的位置应方便操作。

b. 外观检查。消火栓不应被埋压、圈占，寒冷地区消火栓的防冻措施应完好。栓体外表油漆应无脱落、锈蚀，用专用扳手转动消火栓启闭杆，启闭应灵活。橡胶垫圈等密封件应无损坏、老化或丢失情况。

地下应有足够的操作空间，不应有积水或积聚的垃圾、砂土。

c. 出水检查。消火栓前端阀门井内的阀门应开启，打开消火栓，测试压力、流量，检查供水情况。在放净锈水后关闭，不应有漏水现象。

b）室内消火栓。

a. 设备部位检查。室内消火栓应设在走道、楼梯附近等位置明显且易于操作的位置，相邻消火栓的间距应符合设计要求。一般情况下，室内消火栓的布置应保证每一个防火分区同层有两支水枪的充实水柱同时到达任何位置，高层民用建筑室内消火栓的布置应保证同层相邻两个消火栓水枪的充实水柱同时到达被保护范围内的任何位置。

b. 外观检查。消火栓箱应有明显的标志，箱门不应被装饰物遮掩，四周的装修材料的颜色与箱门的颜色应有明显区别。箱门开关应灵活，开度符合要求。

同一建筑内应采用统一规格的室内消火栓，消火栓箱组件如室内消火栓、水枪、水带、消防卷盘等齐全完好，无锈蚀、渗漏，接口、垫圈完整无缺，水带长度符合要求。消火栓阀门启闭应灵活，栓口离地面高度宜为 1.1m（允许偏差±20mm），出水口方向宜向下或与设置墙面垂直。

启泵按钮应牢固，外观完好，有透明罩保护。

c. 系统管网检查。对需要设置环状消防给水管网的建筑，应复核管网的布置是否符合要求。

管道的材质、管径、接头及采取的防腐、防冻措施应符合设计规范及设计要求。聚乙烯类管道、聚氯乙烯类管道、铝塑复合管等不得用于室内消防系统，不得与消防和生活给水合用系统相连接。

管道上用于分隔管段的阀门设置应符合规范要求，阀门应被锁定在常开状态并有明显的启闭标志；消防水泵、高位消防水箱和水泵接合器至室内供水管网的管段上，均应设置有止回阀，且应保证水流方向流向室内管网。

d. 系统功能检查。可选取屋顶层试验消火栓和首层消火栓进行测试。连接压力表及闷盖，开启消火栓，可测量栓口静水压力。做试射试验，可观测出水流量和压力情况。对于常高压给水系统，可直接观测出水流量和压力是否符合设计要求。当采用市政管网给水系统时，应按常高压给水系统的要求进行试验。对于临时高压给水系统，可按下列步骤实施：

i. 将系统置于自动状态：连接水带、水枪，开启消火栓，稳（增）压泵应启动，观测水量水压情况；触发启泵按钮，消火栓泵应直接启动，同时启泵按钮的确认灯显示，在测试处观测水量水压变化情况，栓口出水压力不应大于 0.5MPa，水枪的充实水柱和流量应符合设计要求；消火栓泵启动后，稳（增）压泵应停止运行。消防控制室应能显示启泵按钮的位置（该功能按启泵按钮实际安装数量 5%～10%的比例抽验），显示消火栓泵的工作状态。

ii. 消防控制室设有消火栓泵的直接手动控制装置，由控制室停泵、启泵，可测试系统远距离操作是否灵敏可靠。消防控制室内操作启、停泵 1～3 次。

iii. 消防水泵房内启、停泵，测试消火栓泵启动运行是否正常，信号反馈是否正确。

2）自动喷水灭火系统。自动喷水灭火系统的检查验收主要包括供水设施、报警阀组、管网、喷头的检查，系统流量、压力测试和系统模拟灭火功能试验。其中，供水设施的检查验收与本节前述内容相同。

（a）外观检查。

a）报警阀组检查。检查报警阀组是否注明有系统名称和保护区域的标志牌，压力表显示是否符合设定值；检查报警阀组的水源控制阀和报警阀报警口与延迟器之间的控制阀是否处于全开启状态，采用信号阀时，反馈信号应正确；干式报警阀组、配有充气装置的预作用报警阀组、采用气压传动管的雨淋报警阀组，其空气压缩机和气压控制装置状态应正常；打开手动试水阀或电磁阀时，雨淋阀组动作应可靠；检查水力警铃的设置是否正确，同时尚应注意消防水箱的出水管是否连接在报警阀前。

b）系统管网检查。检查管道的材质、管径、接头、连接方式及采取的防腐、防冻措施是否符合设计要求；检查管网排水坡度、辅助排水设施及配水支管、配水管、配水干管设置的支架、吊架和防晃支架是否符合规范的规定；检查管网不同部位安装的报警阀组、闸阀、止回阀、电磁阀、信号阀、水流指示器、末端试水装置、试水阀、减压孔板、节流管、减压阀、柔性接头、排水管、排气阀、泄压阀等是否符合设计要求；检查报警阀后的管道上是否安装其他用途的支管或水龙头。

c）喷头检查。检查喷头的规格、型号、公称动作温度、响应时间指数（response time index，RTI）是否与设置场所相适应；检查喷头的安装间距，喷头与楼板、墙、梁等障碍物的距离是否符合规范要求；检查喷头特别是边墙型喷头的安装方向是否正确；检查有腐蚀性气体的环境和有冰冻危险场所安装的喷头是否采取了防护措施，有碰撞危险场所安装的喷头是否加设了防护罩；检查喷头的备用品，其备用品数量不应小于安装总数的 1%，且每种喷头不应少于 10 个。

d）末端试水装置和试水阀检查。检查末端试水装置和试水阀的位置是否便于试验，是否有相应的排水能力和排水设施，末端试水装置的出水应采用孔口出流的方式排入排水管道。

（b）系统模拟灭火功能试验。

a）湿式系统。进行模拟火灾试验前，稳压设施正常工作，系统管道内有保持一定压力的水；开启末端试水装置的试水阀，系统出水压力不应低于 0.05MPa，报警阀、水流指示器、压力开关应动作；报警阀动作后，水力警铃应鸣响；压力开关动作后，应自动启动喷淋泵，稳压设施停止工作；消防控制室的联动控制设备应显示水流指示器、压力开关及喷淋泵的反馈信号，并能直接手动启停喷淋泵（消防控制室内操作启、停泵 1～3 次，以下同）。

b）干式系统。进行模拟火灾试验前，稳压和充气设施正常工作，干式报警阀前充满保持一定压力的水，干式报警阀后充满保持一定压力的气体。开启末端试水装置的试水阀，加速器、报警阀、水流指示器、压力开关应动作；报警阀动作后，水力警铃应鸣响；压力开关动作后，应自动启动喷淋泵和联动启动排气阀入口电动阀，稳压和充气设施停止工作；消防控制室的联动控制设备应显示加速器、水流指示器、压力开关、电动阀及喷淋泵的反馈信号，并能直接手动启停喷淋泵和启闭电动阀。

c）预作用系统。进行模拟火灾试验前，火灾自动报警系统投入运行、稳压设施正常工作。使同一作用区的相邻两个探测器动作，火灾报警控制器确认后应自动打开雨淋阀的电磁阀，雨淋阀开启，系统充水，水流指示器、压力开关应动作；雨淋阀动作后，水力警铃应鸣响；压力开关动作后，应自动启动喷淋泵，同时开启排气阀入口电动阀（试验同时还应手动开启末端试水装置的试水阀），稳压设施停止工作；消防控制室的联动控制设备应显示电磁阀、水流指示器、压力开关、电动阀及喷淋泵的反馈信号，并能直接手动启停喷淋泵和启闭电动阀、电磁阀。火灾报警控制器确认火灾后 1min，末端试水装置的出水压力不应低于 0.05MPa。

d）雨淋系统。当采用传动管控制的系统时，传动管泄压后，应联动开启雨淋阀，压力开关应动作；当采用火灾探测器控制的系统时，火灾报警控制器确认后应自动打开雨淋阀的电磁阀，开启雨淋阀，压力开关应动作；雨淋阀动作后，水力警铃应鸣响；压力开关动作后，应自动启动喷淋泵；消防控制室的联动控制设备应显示电磁阀、压力开关及喷淋泵的反馈信号，并能直接手动启停喷淋泵和启闭电磁阀；并联设置多台雨淋阀组的系统，逻辑控制关系应符合设计要求。

水喷雾系统和自动控制的水幕系统，其检查与雨淋系统相同。手动操作的水幕系统，控制阀的启闭应灵活可靠。

（c）系统流量、压力测试。

a）在报警阀与管网之间的供水干管上，应安装由控制阀、检测供水压力、流量用的仪表及排水管道组成的系统流量压力检测装置，其过水能力应与系统过水能力一致；干式报警阀组、雨淋报警阀组应安装检测时水流不进入系统管网的信号控制阀门。可通过系统流量压力检测装置进行放水试验，检查系统流量、压力是否符合设计要求。

b）可通过系统流量压力检测装置进行系统联动控制功能检查。特别是干式系统、预作用系统、雨淋系统、水喷雾系统和自动控制的水幕系统，当系统不能进行充水或喷射试验时，可关闭水流不进入系统管网的信号控制阀门，开启系统流量压力检测装置放水阀进行联动功能测试。通过系统流量压力检测装置进行放水试验时，湿式系统、干式系统、预作用系统的水流指示器不会动作。

（d）检查自动喷水灭火系统的注意事项。

a）若建（构）筑物的使用性质或储存物的安放位置、堆存高度有改变，应检查系统的适用性。影响到系统功能而需要进行修改时，应重新进行设计和安装。

b）应重点检查系统控制阀门的开启状态和系统的运行状况，进行系统模拟灭火功能试验。阀门检查时应特别注意喷淋泵的进出口阀、气压给水装置的进出口阀、消防水箱出水管上的控制阀、报警阀组的水源控制阀和报警阀报警口与延迟器之间的控制阀、配水管上的安全信号阀等是否处于全开启状态，采用信号阀时，反馈信号应正确。

c）喷头检查时应注意喷头是否存在变形、附着物、悬挂物和被遮挡的情况，检查喷头的安装间距、喷头与保护对象、顶板和障碍物的距离是否符合规范要求，特别是不能通过设置集热挡水板来放宽喷头溅水盘与顶板的距离，应注意装设通透性吊顶的场所，喷头应布置在顶板下。

3）泡沫、气体灭火系统。

（a）泡沫灭火系统的检查要点。供电企业中采用的泡沫灭火系统主要为合成型泡沫喷雾灭火系统，由泡沫储液罐、氮气启动瓶、氮气动力瓶、高压气体管道、电动阀以及管网、水雾喷头组成，检查要点如下：

a）外观检查。

a. 储液罐主要检查是否有损伤、腐蚀、漏液，压力指示为零。

b. 氮气启动瓶主要检查是否有损伤、腐蚀；正常状态下，压力表显示为零，铅封完好；压力测试时不低于 4MPa。氮气启动瓶上的电磁阀应铅封完好，保险卡环位置正确，保险插销应取下。

c. 氮气动力瓶主要检查是否有损伤、腐蚀；正常状态下，压力表显示为零，铅封完好；压力测试时不低于 8MPa。

d. 高压气体管道主要检查管道阀门是否处于开启状态，开启操作应灵活。

e. 电动阀主要检查是否在关闭位置。

储液罐到水雾喷头的管道间手动阀门应开启、关闭灵活，正常处于开启状态。电动阀、手动阀均应有表明开启或关闭的明显的标识；主变压器泡沫灭火系统还应准确标明管道相及泡沫液流向。水雾喷头外观检查应无锈蚀、无堵塞。泡沫液主要检查是否超过有效期。氮气启动瓶、氮气动力瓶是否在特种设备气瓶检测有效期内。

b）泡沫灭火系统功能试验。取下氮气启动瓶电磁阀，通过消防控制主机手动启动，检查电磁阀探针是否完全弹出；取下电磁阀卡环，手动按下电磁阀按钮，探针是否完全弹出。

通过消防控制主机启动相应电动阀，检查电动阀是否完全打开无卡涩；手动开启、关闭电动阀应灵活无卡涩，且准确到达打开、关闭位置。

c）根据实际情况做喷泡沫试验。喷泡沫试验原则上应按系统验收的要求进行，考虑到喷泡沫试验不能直接向防护区喷射及成本费用，可结合单位的实际情况进行水喷淋试验。结合变电站主变压器停电，将储液罐内的泡沫液更换为水，动力源保持不变，进行模拟火灾情况下的喷淋试验，检查电动阀、管道、水雾喷头的情况是否正常。

（b）气体灭火系统的检查要点。

a）检查防护区的封闭性是否良好和安全设施是否齐全完好；

b）检查灭火剂的充装量和储存压力；

c)对防护区进行模拟启动试验检查，可结合系统年检对相关防护区进行模拟喷气试验。

4）消防电气、火灾自动报警系统。

（a）消防电源及其配电检查要点。

a）核对消防控制室、消防水泵、消防电梯、防排烟设施、火灾自动报警系统、漏电火灾报警系统、自动灭火系统、应急照明、疏散指示标志和电动的防火门、窗、防火卷帘、阀门等消防设备用电的负荷等级是否符合设计要求和现行国家有关标准的规定。

b）检查消防配电线路。核查消防用电设备是否采用专用的供电回路，其配电线路的敷设及防火保护是否符合规范的要求。

c）检查消防设备配电箱。消防设备配电箱应有区别于其他配电箱的明显标志，不同消防设备的配电箱应有明显的区分标志；配电箱上的仪表、指示灯的显示应正常，开关及控制按钮应灵活可靠；查看消防控制室、消防水泵房、防烟与排烟风机房的消防用电设备及消防电梯等的供电是否在配电线路的最末一级配电箱设置自动切换装置。

d）核对配电箱控制方式及操作程序是否符合设计要求并进行试验。自动控制方式下，手动切断消防主电源，观察备用消防电源的投入及指示灯的显示；人工控制方式下，手动切断消防主电源，后闭合备用消防电源，观察备用消防电源的投入及指示灯的显示。

（b）自备发电机组检查要点。

a）查看发电机的规格、型号，检查容量、功率是否符合设计要求。

b）发电机启动试验。自动控制方式启动发电机达到额定转速并发电的时间不应大于30s，发电机运行及输出功率、电压、频率、相位的显示均应正常；手动控制方式下启动发电机，输出指标及信号显示正常；机房通风设施运行正常。

c)柴油发电机储油设施检查。燃油标号应正确，储油箱的油量应能满足发电机运行3～8h的用量，油位显示应正常，储油箱应密闭，且应设置通向室外的通气管，通气管应设置带阻火器的呼吸阀。油品的下部应设置防止油品流散的设施。

（c）消防设备应急电源检查要点。

a)主要部件检查。检查消防设备应急电源材料（重点是电池的制造厂、型号和容量等)、结构是否与国家级检验机构出具的检验报告所描述的一致。

b）功能检查。确认消防设备应急电源与由其供电的消防设备连接并接通主电源，处于正常监视状态。断开主电源，消防设备各应急电源应能按标称的额定输出容量为消防设备供电，使由其供电的所有消防设备处于正常状态。

（d）火灾自动报警系统的检查要点。火灾自动报警系统检查的内容包括火灾报警系统装置（包括各种火灾探测器、手动火灾报警按钮、火灾报警控制器和区域显示器等），消防联动控制系统（含消防联动控制器、气体灭火控制器、消防电气控制装置、消防设备应急电源、消防应急广播设备、消防电话、传输设备、消防控制中心图形显示装置、模块、消防电动装置、消火栓按钮等设备），自动灭火系统控制装置（包括自动喷水、气体、干粉、泡沫等固定灭火系统的控制装置），消火栓系统的控制装置，通风空调、防排烟及电动防火阀等控制装置，电动防火门控制装置、防火卷帘控制器、火灾警报装置，火灾应急照明和疏散指示控制装置，切断非消防电源的控制装置，消防电梯和非消防电梯的回降控制装置，电动阀控制装置和消防联网通信等装置的安装位置、施工质量和功能等。

a）外观检查。

a. 检查系统的主电源、备用电源、自动切换装置等安装位置及施工质量。火灾自动报警系统主电源应有明显标志，主电源的保护开关不应采用漏电保护开关，控制器的主电源引入线应直接与消防电源连接，严禁使用电源插头。

b. 检查系统接地和系统布线。检查系统是否实施工作接地、保护接地，检查工作接地形式、接地电阻、系统布管材质、布线选型、管线的敷设方式及其防火保护是否符合设计和施工质量要求。

c. 检查火灾探测器（含可燃气体探测器）的类别、型号、适用场所、安装高度、保护半径、保护面积和安装间距，手动火灾报警按钮、火灾警报装置和消防专用电话的设置位置、数量，扩音机的容量，以及扬声器的设置位置、功率、数量是否符合设计和施工质量要求。

d. 检查火灾报警控制器含可燃气体报警控制器、消防联动控制设备、区域显示器（火灾显示盘）的安装位置、型号、数量、类别及安装质量。火灾报警控制器、消防联动控制设备、区域显示器（火灾显示盘）的各种旋钮、按键、开关、插座、插件等外形和结构应完好，文字符号和标志应清晰。

e. 检查消防控制室的位置、安全出口、应急照明以及通风管道、电气线路和管路的设置等是否符合设计要求。

b）火灾报警控制器、消防联动控制设备、区域显示器（火灾显示盘）电源切换功能检查。切断火灾报警控制器、消防联动控制设备、非火灾报警控制器、供电的区域显示器的主电源，能自动转换到备用电源；恢复主电源，能自动转换到主电源。观察电源转换时指示灯变化情况，主、备电源的工作状态应有指示，主、备电源的转换不应使火灾报警控制器、消防联动控制设备产生误动作。主、备电源的自动转换装置，应进行 3 次转换试验，每次试验均应正常。

c）火灾报警控制器、消防联动控制设备、区域显示器（火灾显示盘）的自检功能检查。操作火灾报警控制器、消防联动控制设备、区域显示器（火灾显示盘）自检装置，观察声、光报警情况和指示灯、显示器、音响器件所处的状态。火灾报警控制器、消防联动控制设备在执行自检功能期间，受其控制的外接设备和输出触点均不应动作。火灾报警器、消防联动控制设备、区域显示器（火灾显示盘）应能手动检查其面板所有指示灯（器）、显示器的功能。

火灾报警控制器和消防联动控制设备按实际安装数量进行功能检验，消防联动系统中的其他各种用电设备、区域显示器按下列要求进行功能抽验：实际安装数量 5 台以下的，全部检验；实际安装数量为 6～10 台的，抽验 5 台；实际安装数量超过 10 台的，按实际安装数量 30%～50%的比例，但不少于 5 台抽验。

d）系统功能检查。

a. 测试火灾报警控制功能。采用专用的检测仪器或模拟火灾的方法（对于不可恢复的火灾探测器采取模拟报警的方法）进行火灾探测器实效模拟试验，或者触发手动火灾报警按钮试验。

火灾探测器动作，向火灾报警控制器输出火灾报警信号，并在手动复位前予以保持（对于点型感烟、感温火灾探测器应观察报警确认灯是否启动）。手动火灾报警按钮被触发时，应向火灾报警控制器输出火灾报警信号，同时启动按钮的报警确认灯，并能手动复位。

火灾报警控制器能接收来自火灾触发器件的火灾报警信号，观察火灾报警声、光信号情况和指示火灾的发生部位与试验部位对应是否准确；火灾报警光信号在火灾报警复位之前应不能手动消除，而火灾报警声信号应能手动消除，但再有火灾报警信号输入时，应能重新启动。火灾报警控制器应能记录火灾报警时间。除复位操作外，对火灾报警控制器的任何操作均不应影响控制器接收和发出火灾报警信号。

区域显示器（火灾显示盘）能接收和显示来自火灾报警控制器火灾报警信号，火灾报警光信号在火灾报警控制器复位之前不能手动消除，而火灾报警声信号能手动消除，但再有火灾报警信号输入时，应能重新启动。

火灾报警装置应在接收火灾报警控制器输出的控制信号后，发出声警报或声、光警报，环境噪声大于 60dB 的场所，声报警的声压级应高于背景噪声 15dB。

b. 测试故障报警、火灾报警优先功能，使火灾报警控制器内部或控制器与其连接的部件间处于故障状态。

火灾报警控制器应在 100s 内发出与火灾报警信号有明显区别的故障声、光信号（短路时发出火灾报警信号除外），故障声信号应能手动消除并有消音指示，当有新故障报警信号时，故障声信号应能再次启动，故障光信号在故障排除之前应能保持；观察故障显示的部位或类型是否与设定相符。故障期间，非故障回路的正常工作不受影响。被隔离的部件、设备应有隔离状态光指示，并能查寻或显示被隔离部件、设备的部位。

在故障状态下，使任一火灾触发器件发出火灾报警信号，火灾报警控制器应能接收火灾报警信号，在 1min 内发出火灾报警声、光信号，指示火灾发生部位，记录火警时间，并予以保持；再使其他火灾触发器件发出火灾报警信号，检查火灾报警控制器的再次报警功能。

报警控制器信息显示按火灾报警、监管报警及其他状态顺序由高至低排列信息显示等级，高等级的状态信息应优先显示，低等级状态信息显示不应影响高等级状态信息显示，显示的信息应与对应的状态一致且易于辨识。当控制器处于某一高等级状态显示时，应能通过手动操作查询其他低等级状态信息，各状态信息不应交替显示。

火灾探测器（含可燃气体探测器）和手动火灾报警按钮进行模拟火灾响应（可燃气体报警）试验和故障报警抽验的比例为：实际安装数量在 100 只以下的，抽验 20 只（每个回路都应抽验）；实际安装数量超过 100 只，按实际安装数量 10%～20%比例，但不少于 20 只抽验。被抽验探测器的试验均应正常。

c. 消防联动控制设备功能测试。当系统处于可联动控制状态时，消防联动控制设备能直接或间接地接收来自火灾报警控制器或火灾触发器件的相关火灾报警信号，并发出火灾报警声、光信号，火灾报警声信号能手动消除，火灾报警光信号在消防联动控制设备复位前应予以保持。根据建筑消防设施设置情况，消防联动控制设备在接收到火灾报警信号后，应按设定的逻辑关系和要求输出和显示相应控制信号。消防联动控制设备能以手动或自动两种方式完成相应的联动控制功能，能指示手动或自动操作方式的工作状态。在自动方式操作过程中，手动插入操作优先。

e）火灾应急广播系统功能检查。火灾应急广播系统按实际安装数量的10%～20%进行功能检验。

a. 在消防控制室选层用话筒播音，检查播音区域是否正确、音质是否清晰，并对扩音机和备用扩音机进行全负荷试验。

b. 自动控制方式下，模拟火灾报警，核对按设定的控制程序自动启动火灾应急广播的区域，检查音响效果。

c. 火灾应急广播与公共广播合用时，公共广播扩音机处于关闭和播放状态下，能在消防控制室自动和手动将火灾疏散层的扬声器和公共广播扩音机强制切换到火灾应急广播。

d. 用声级计测试启动火灾应急广播前的环境噪声，当大于 60dB 时，重复测试启动火灾应急广播启动后扬声器播音范围内最远点的声压级，并与环境噪声对比。火灾应急广播应高于背景噪声 15dB。

f）消防专用电话功能检查。

a. 消防专用电话分机应以直通方式呼叫，消防控制室与设备间所设的对讲电话进行 1～3 次通话试验，通话音质应清晰。

b. 消防控制室应能接收插孔电话的呼叫，消防控制室与设置插孔电话的场所（按实际安装数量的 10%～20%）进行通话试验，通话音质应清晰。

c. 消防控制室应设置可直接报警的外线电话，与另一部外线电话模拟报警电话进行 1～3 次通话试验。

5）火灾应急照明和疏散指示标志。

（a）外观检查。

a）火灾应急照明和疏散指示标志的类别、型号、数量、设置场所、安装位置、间距等符合设计要求，表面应无机械损伤、紧固部位应无松动。

b）灯具与供电线路之间不得使用插头连接，必须在预埋盒或接线盒内连接。

c）灯具安装应牢固，不应对人员的正常通行产生影响，周围无遮挡物和容易混淆的其他标志灯（牌），带有疏散方向指示箭头的疏散指示标志应与实际疏散方向一致。

d）火灾应急照明和疏散指示标志状态指示灯应正常。自带电源型和子母电源型火灾应急照明指示标志应设主电、充电、故障状态指示灯，主电状态用绿色，充电状态用红色，故障状态用黄色。集中电源型火灾应急照明和疏散指示标志的应急电源应设主电、充电、故障和应急状态指示灯，主电状态用绿色，故障状态用黄色，充电和应急状态用红色。

（b）基本功能检查。

a）切断正常供电电源，检查火灾应急照明和疏散指示标志系统的状态和显示是否正确，检查是否设有影响应急功能的开关，检查火灾应急照明和疏散指示标志是否在 5s 内自动转换进入点亮状态（进行 1～3 次使系统转入应急状态检验），有条件时可检测应急工作状态的持续时间。

b）检查照度是否符合设计要求和国家有关标准的规定。使用照度计，检查两个疏散照明灯之间地面中心的照度、灯光疏散指示标志前通道中心处地面的照度是否满足设计要求，有条件时可检测达到规定的应急工作状态持续时间的照度；消防控制室、消防水泵房、防烟排烟机房、配电室、自备发电机房、电话总机房以及发生火灾时仍需坚持工作的其他房间，使用照度计测量正常照明时的工作面照度，切断正常照明后检测应急照明时工作面的最低照度是否满足设计要求。

c）系统复位检查。正常供电电压恢复后，应自动恢复到正常供电电源工作状态。

d）辅助性自发光疏散指示标志检查。当正常光源变暗后，应自发光。

6）防排烟系统。防排烟系统设计施工质量的优劣，直接影响人员的安全疏散。防排烟系统设置不完善、自然排烟设施达不到排烟的目的、机械加压送风系统难以达到所要求的余压和机械排烟系统的排烟效果不明显，以及火灾报警、风阀、风机之间的联动控制功能不完善，是防排烟系统验收与监督检查中存在的突出问题。因此，防排烟系统的验收与监督检查应重点注意以下几个方面：

（a）系统设置检查。主要检查防排烟的设置部位、防烟分区的划分和挡烟设施的设置是否符合规范要求，系统设置方式是否正确。

（b）风机和控制柜检查。风机和控制柜应有注明系统名称和编号的标志，加压送风机、排烟风机的铭牌应清晰，风量、风压符合设计要求；在风机房直接启动风机，启动后运转应正常，控制柜仪表、指示灯应显示正常，开关及控制按钮应灵活可靠；消防控制室远程手动启、停风机，运行及反馈信号应正常；现场测试时应查看风口气流方向，检查风机是否正常；检查风机最末一级配电箱，风机应采用消防电源，并在最末一级配电箱上做切换功能试验。防排烟机应全部检验，消防控制室直接启停、现场手动启停防排烟风机 1～3 次。

（c）加压送风口（阀）、排烟口（阀）检查。加压送风口（阀）、排烟口（阀）安装应牢固，电动、手动开启与手动复位操作应灵活可靠，关闭时应严密，在消防控制室的反馈信号应正确，其设置位置、截面尺寸、数量应符合设计要求和规范的规定。防排烟设备的阀门应按实际数量的 10%～20%的比例抽验，消防控制室开启、现场手动开启防排烟阀门 1～3 次。在工程实际中，风口（阀）启闭不灵，应予以重视。

（d）自然排烟窗检查。自然排烟窗应为开启外窗，宜设置在上方，并有方便开启的装置，其开窗面积应符合设计要求。应防止户外广告牌、室内固定家具封闭、遮挡自然排烟窗。电动排烟窗的电动、手动开启与电动复位操作应灵活可靠，关闭应严密，消防控制室反馈信号正确。

（e）送风管道（竖井）和排烟管道（竖井）检查。送风管道（竖井）和排烟管道（竖井）检查管道的材质应符合规范要求，尤其应注意的是有相当多的工程因竖井不抹灰、管道连接不严实、常闭风口关闭不严密，漏风十分严重，甚至管道内杂物沉淀，导致送风口、排烟口的风速、风量达不到设计要求。

（f）系统联动控制功能测试。自动控制方式下，模拟火灾报警，根据设计模式，相应区域的空调送风停止，电动防火阀关闭，相应区域的加压送风口、加压送风机开启，相应区域的活动挡烟垂壁下垂，电动自然排烟窗、排烟口、排烟风机开启（设有补风系统的，应在启动排烟风机的同时启动送风机），并向火灾报警控制器或联动控制设备反馈信号。当通风与排烟合用双速风机时，应能自动切换到高速运行状态。可采用微压计在风机保护区的顶层、中间层及最下层测量防烟楼梯间、前室、合用前室的余压，防烟楼梯间的余压值应为40～50Pa，前室、合用前室的余压应为25～30Pa。测量送风口、排烟口的风速，可采用风速仪，送风口风速不宜大于7m/s，排烟口风速不宜大于10m/s。

7）防火门。

（a）防火门应为向疏散方向开启的平开门；防火门组件应齐全完好，应启闭灵活、关闭严密；防火门外观应完整、无破损。

（b）防火门的基本功能检查。用于疏散的走道、楼梯间和前室的防火门应具有自动功能，双扇、多扇防火门应具有按顺序关闭的功能，关闭后应能从任何一侧手动开启。常闭式防火门不应处于开启状态，严禁将安全出口的防火门上锁、遮挡。

（c）常开防火门的联动控制功能检查（5 樘以下的全部检验，超过 5 樘的按实际安装数量 20%的比例、但不小于 5 樘抽验）。自动控制方式下，使常开防火门任一侧的火灾探测器报警，防火门应能自动关闭，并将关闭信号反馈到消防控制室联动控制设备上；在消防控制室启动防火门的关闭装置，防火门应能自动关闭，信号反馈应正确。

（d）检查设有出入口控制系统的防火门。设置在疏散通道上、并设有出入口控制系统的防火门，应保证火灾时不需使用钥匙等任何工具即能从内部易于打开，并应在显著位置设置标识和使用提示。一般情况下，应能采取与火灾报警联动、现场手动、消防控制室手动和推闩（杠）式外开门等措施解除出入口控制系统，并有信号反馈。

8）防火卷帘。

（a）防火卷帘组件应齐全完好，紧固件应无松动现象，门扇各接缝处、导轨、卷筒等缝隙应有防火防烟密闭措施。

（b）防火卷帘控制器的电源检查。防火卷帘控制器的主电源、备用电源应能自动切换。切断防火卷帘控制器的主电源和卷门机的电源，控制器的备用电源应能提供控制器控制速放装置完成卷帘自重垂降、控制卷帘在中限位停止、延时后降至下限位置所需的电源。

（c）检查防火卷帘的运行状况。现场手动、远程手动、自动控制和机械操作应正常，信号反馈应正确。运行时应平稳顺畅、无卡涩现象，关闭时应严密。

操作方法：机械操作防火卷帘升降、触发防火卷帘侧的手动控制按钮；消防控制室启动防火卷帘的半降、全降控制装置。

自动方式下分别触发两个相关的探测器，防火卷帘控制器接收来自与其相连的消防联动控制设备半降、全降控制信号，输出控制防火卷帘完成相应动作信号，并发出防火卷帘动作声、光指示，防火卷帘按设定的程序自动下降；在下降的过程中，防火卷帘侧的手动控制按钮具有优先功能。安装在疏散通道上的防火卷帘，应在一个相关探测器报警后下降至距地面 1.8m 处停止；另一个相关探测器报警后，卷帘应继续下降至地面。仅用于防火分隔的防火卷帘，火灾报警后，应直接下降至地面。

（d）防火卷帘的保护装置检查。设有水幕、闭式喷淋保护的防火卷帘，水幕、闭式系统的设置位置、消防用水量、火灾持续时间等应符合设计要求。对于汽雾式（蒸发式、水雾式）防火卷帘，应在确认火灾后（可通过火灾探测器或温感喷头传动装置），自动或在消防控制室手动开启与卷帘配套的供水管上的电磁阀，并向消防控制室联动控制设备反馈其动作信号。

（e）监督检查中需要注意的事项：

a）防火卷帘因火灾探测器误报而误动作，应防止防火卷帘控制器的电源和卷门机的电源被关闭；

b）防火卷帘下不能堆放物品。

9）消防电梯。消防电梯的检验应进行 1～2 次人工控制和联动控制功能检验，非消防电梯应进行 1～2 次联动返回首层功能检验，其控制功能、信号均应正常。

（a）触发首层的消防电梯迫降按钮，检查消防电梯能否下降至首层，并发出反馈信号，此时其他楼层按钮不能呼叫消防电梯，只能在轿厢内控制。

（b）模拟火灾报警，检查消防控制设备能否手动和自动控制电梯返回首层，并接收反馈信号。

（c）轿厢内的专用电话应能与消防控制室或电梯机房通话。

（d）观测从首层到顶层的运行时间是否超过 60s。

（e）查看消防电梯的井底排水设施。

（4）用电、用火检查要点。

1）用电检查要点。

（a）电器设备安装和维修，必须由专门电工按规定进行，新设备增设、更换必须经相关部门批准后方可使用。电工人员应持证上岗，严格执行电工手册的规定，不得违反操作规程。

（b）电器设备和线路不准超负荷使用。接头要牢固，绝缘要良好。禁止使用不合格的保险装置。

（c）所有电器设备和线路要定期检修并建立明火制度，发现可能引起火花、短路、发热及电线绝缘损坏情况必须立即修理。

（d）在储存易燃液体、气体钢瓶，石油及其他化学危险品库内敷设的照明线路，应用金属套管并采用防爆型灯具和开关。

（e）禁止在任何灯头上使用纸、布或其他可燃材料作灯罩。

（f）在任何部位安装、修理电器设备，未经做试验正式使用之前工作人员离开现场时，必须切断设备的电源。

2）用火检查要点。

（a）应当建立严格的动火审批管理制度。

（b）电焊、气割等动火作业人员应持证上岗，严格按照动火操作规程执行。

（c）气焊、气割减压阀、管道等器具应完好，不可出现泄漏。

（d）气焊、气割时所使用的氧气瓶、乙炔瓶离动火点的安全距离应超过 10m，且两者之间的距离不小于5m。

（e）动火作业前应做好防火措施，过程中加强监护。

（f）氧气瓶及器具不得沾上油脂、沥青等物质，避免与高压氧气接触发生燃烧。严禁乙炔与铜、银、汞类物质接触，以防发生爆炸。

（g）动火周围应清除可燃物。禁止在“严禁明火”的部位及周围进行焊割，禁止焊割未经清洗的可燃气、易燃气、液体及喷漆用过的容器和设备。

（h）动火工作结束后应彻底清理现场火种，确保火种安全熄灭。

（5）疏散通道检查要点。

1）安全出口、疏散通道、楼梯间设置符合要求，并保持畅通，未锁闭，无任何物品堆放。各类提示性、警示性、禁止性标识齐全。

2）疏散楼梯围护结构完整，无违反规范要求设置房间，无可燃气体管道和甲、乙、丙类液体管道，首层有直通室外的出口。

3）封闭楼梯、防烟楼梯及其前室的防火门向疏散方向开启，具有自闭功能，并处于常闭状态；平时因频繁使用需要常开的防火门能自动、手动关闭；平时需要控制人员随意出入的疏散门，不用任何工具能从内部开启，并有明显标识和使用提示：常开防火门的启闭状态在消防控制室能正确显示、联动正常。

4）疏散用门应向疏散方向开启，不应采用侧拉门，严禁采用转门。公共娱乐场所安全出口处不得设置门槛、台阶，不得采用卷帘门、转门、吊门和侧拉门，门口不得设置影响疏散的遮挡物。

5）疏散指示标志及应急照明灯的数量、类型、安装高度符合要求。封闭楼梯间、防烟楼梯及前室、公共建筑疏散走道、人员密集场所等多功能厅室应设火灾应急照明。疏散指示标志安装在离地面1m以下，能在疏散路线上明显看到指示，并明确指向安全出口（基本要求：场所任一点都能导向清晰并保持视觉连续性）。

6）应急照明灯主、备用电源切换功能正常，供电保持连续，照度符合要求（可切断照明电源试验）。

7）安全疏散楼梯间、前室、疏散步道上严禁存放电瓶车或为其充电。

2. 电力专业防火部分

（1）生产调度大楼检查要点。检查生产调度大楼消防安全时，除本节通用部分检查要点，蓄电池室、电缆沟（电缆隧道、电缆夹层）专业检查要点外，还应包括以下部分：

1）自动化机房内电气线路接头处应在封闭的接线盒内，并定期测量计算导线负荷情况，及时更换不符合要求的线路。

2）熔断器严禁用铜铁代替熔丝。

3）电源线与信号线应分别敷设在不同的线槽内，如果因条件限制必须同时敷设，电源线应采用金属套管。

4）通信自动化机房内严禁任意安装临时线路和移动灯具，机房内移动式电线应采用橡胶护套或塑料管穿线保护，并且要有防护装置。

5）通信机房内严禁安装使用卤钨灯等高温照明灯具，照明配电盘应使用难燃材料，且不宜安装在电缆槽道中。

6）通信机房内采用日光灯时，镇流器和灯管的电压与容量必须相匹配安装使用，必须有防止镇流器发热起火的措施；照明线路在穿越吊顶或其他隐蔽处时，要穿金属管敷设，接头处安装接线盒、开关、插座，照明器不得靠近可燃物，必要时应采取隔热、散热等措施。

7）机房布线不能沿外墙敷设，以防雷击时墙内钢筋瞬间传导强雷电流，磁场感应机房内线路而把设备击坏。

8）电缆井、管道井、排烟井、排气道、垃圾道等竖向管道井应分别独立设置，井壁上的检查门应采用丙级防火门。

9）设在疏散走道上的防火卷帘应在卷帘的两侧设置启闭装置，并应有手动、自动和机械控制功能。

（2）变电站（换流站）检查要点。变电站（换流站）防火检查要点除通用部分外，还应检查以下要点：

1）消防安全重点部位应设置明显的防火标志，并在出入口位置悬挂防火警示标示牌。标示牌的内容应包括消防安全重点部位的名称、消防管理措施、灭火和应急疏散方案及防火责任人。

2）防火重点部位禁止吸烟，并应有明显标志。

3）排水沟、电缆沟、管沟等沟坑内不应有积油。

4）变电站变压器设置有事故油坑时，应定期检查和清理，不被淤泥、灰渣及积土覆盖。

5）凡穿越墙壁、楼板和电缆沟道而进入控制室、电缆夹层、控制柜及仪表盘、保护盘等处的电缆孔、洞、竖井和进入油区的电缆入口处必须用防火堵料严密封堵。

6）电缆沟动力电缆与控制电缆之间，应设置层间防火隔板。

7）变电站电缆隧道内设置指向最近安全出口处的导向箭头，主隧道、各分支拐弯处醒目位置设整个电缆隧道平面示意图，并在示意图上标注所处位置及出入口位置。电力电缆中间接头盒的两侧及其邻近区域，应增加防火包带等阻燃措施。

8）防火涂料、堵料应符合《防火封堵材料》（GB 23864）的有关规定，且取得型式检验认可证书。防火涂料在涂刷时要注意稀释液的防火。

9）电缆沟每隔60m应设置防火墙。防火墙两侧电缆1m范围内应涂防火涂料。

10）蓄电池室内上部应加装排风装置，所使用的墙壁插座、烟感火灾报警探测器应为防爆型。照明开关应设置在室外。

11）变电站（换流站）加装的火灾自动报警系统、自动喷淋系统、排油注氮系统、泡沫喷淋系统、气体灭火系统、消防给水系统、消防栓系统检查要点详见本节“消防设备、设施检查要点”部分。

12）检修结束后各类废油应倒入指定的容器内，并定期回收处理，严禁随意倾倒。

13）变电站（换流站）内动火作业应严格按照动火作业管理制度实施，具体检查要点详见本节“用火检查要点”部分。

14）变电站（换流站）所配置的灭火器应在有效期内，压力合格且所配置的软管无老化。

15）变电站（换流站）生产现场禁止吸烟。

16）泡沫喷淋室、雨淋阀室、消防水泵房门应保持在关闭状态，但不应上锁。

（3）蓄电池室检查要点。蓄电池室防火检查要点除通用部分外，还应检查以下要点：

1）严禁在蓄电池室内吸烟和将任何火种带入蓄电池室内。蓄电池室门上应用红漆书写“蓄电池室”“严禁烟火”或“火灾危险，严禁火种入内”的标语。

2）蓄电池室可装设整个管路焊接的暖气装置，严禁采用明火取暖。

3）蓄电池应装置在单独的室内，开启式蓄电池室用耐火二级、乙类生产建筑与相邻房间隔断，防酸隔爆型蓄电池室用耐火二级、丙类生产建筑与相邻房间隔断。蓄电池室门应向外开。

4）蓄电池室应装有通风装置，通风道应单独设置，不应通向烟道或厂房内的总通风系统。离通风管出口处10m内（含10m）有引爆物质场所时，则通风管的出风口至少应高出该建筑物屋顶2m。

5）蓄电池室应使用防爆型照明和防爆型排风机，开关、熔断器、插座等应装在蓄电池室的外面。

6）蓄电池室的照明线应采用耐酸导线，并用暗线敷设。检修用的行灯应采用12V防爆灯，其电缆应用绝缘良好的胶质软线。

7）凡是进出蓄电池室的电缆、电线，在穿墙处应用耐酸瓷管或聚氯乙烯硬管穿线，并在其进出口端用耐酸材料将管口封堵。

（4）电缆沟、电缆层及电缆隧道检查要点。电缆沟、电缆层及电缆隧道防火检查要点除通用部分外，还应检查以下要点：

1）缆沟、电缆隧道排水要畅通，通风要良好，电缆隧道不能作为通风系统的进风道。

2）电缆头两侧各2～3m的范围内，应采用防火包带作阻火延烧处理。终端电缆头不应放置在电缆沟、电缆隧道、电缆槽盒、电缆夹层内；对置于电缆沟、电缆隧道、电缆槽盒、电缆夹层内的中间电缆头必须登记造册，应使用多种监测设备进行监测。

3）各中间电缆头之间应保证足够的安全长度距离，两个以上的电缆头不得安装在同一位置，电缆头同其他电缆之间应采取严密的封堵措施。

4）电缆沟、电缆隧道、电缆夹层内不能存留易燃物。

5）电缆夹层、电缆隧道的门一定要加锁，不能让人随意出入，防止人为因素引起电缆失火。

6）充油电气设备附近的电缆隧道防火门应处于常开状态，沟盖板要密封，防止设备故障失火时油流到电缆沟里引燃电缆。

7）电缆隧道里电缆阻火墙的厚度一般不应小于240mm，阻火墙要比电缆支架宽100mm以上，阻火墙两侧还要有不小于1000mm阻火段（可用防火涂料、防火包等）。如为防火门，应在火灾情况下能自动关闭。

8）电缆沟、电缆隧道或夹层内是否有焦味或异常声响。

（5）物资仓库检查要点。物资仓库防火检查要点除通用部分外，还应检查以下内容：

1）仓库内露天堆放的设备及油库、油漆库等，应设立明显的防火等级标志；仓库应保持环行道路畅通。对油库、油漆库等，要采取隔离火种等安全措施。

2）易燃易爆危险物品的储存要严格执行国家《化学危险品安全管理条例》有关规定。

3）对性质相抵触的气体，其气瓶不能混装一库。对氧化剂或具有氧化性的酸，如 $H_2HO_4$、$HNO_3$、HCl 等，不能与易燃物品同存一库。

4）危险物品与普通物资同存一库时应保持足够的安全距离。

5）对易燃的氧气、乙炔气等液化气体，应分别设专库，并保持通风良好，不可在高温仓库或露天库堆放。

6）物品入库前应当有专人负责检查，确定无火种等隐患后，方准入库。

7）使用过的油棉纱、油手套等沾油纤维物品以及可燃包装，应当存放在安全地点，定期处理。

8）库房内不准设置移动式照明灯具。照明灯具下方不准堆放物品，其垂直下方与储存物品水平间距离不得小于 0.5m。

9）库房内敷设的配电线路，需穿金属管或用非燃硬塑料管保护。

10）库区的每个库房应当在库房外单独安装开关箱，保管人员离库时，必须拉闸断电。禁止使用不合规格的保险装置。

11）库房内不准使用电炉、电烙铁、电熨斗等电热器具和电视机、电冰箱等家用电器。

12）仓库电器设备的周围和架空线路的下方严禁堆放物品。对提升、码垛等机械设备易产生火花的部位，要设置防护罩。

13）仓库应当设置醒目的防火标志。进入甲、乙类物品库区的人员，必须登记，并交出携带的火种。

14）严禁使用一切火炉、大功率电灯等易发热电器。

（6）宾馆、饭店及职工宿舍检查要点。宾馆、饭店及职工宿舍防火检查要点除通用部分外，还应检查以下内容：

1）宾馆、饭店。

（a）禁止将易燃易爆物品带入。

（b）客房内应配有禁止卧床吸烟的标志、应急疏散指示图、宾馆客人须知及酒店内的消防指南。

（c）厨房内天然气、煤气管道及连接管等应定期检测，无漏气、连接管无老化开裂。

（d）厨房用大功率电器设备应合格，电源线无老化，制定正确的操作使用规程。

（e）天然气管道、连接管、电源线等应远离火源。

（f）每日工作结束离开前，应检查电源、天然气、热源火种等，并确认开关、阀门关闭。

2）职工宿舍。

（a）职工宿舍中禁止使用大功率电器，如热得快、电热毯、电炉、电饭煲等。

（b）宿舍内装修材料必须符合消防技术标准。

（c）宿舍内严禁私自拉线、接线、乱接插座。

（d）宿舍安全出口必须保持畅通，向疏散方向开启，禁止锁闭，不应采用侧拉门，严禁采用转门。

（e）宿舍所配置灭火器、防烟面具等消防设备是否适当、充足。

## 三、火灾隐患的整改及消除

供电企业对存在的火灾隐患，应当及时予以消除。

1. 火灾隐患当场改正

对下列违反消防安全规定的行为，单位应当责成有关人员当场改正并督促落实：

（1）违章进入生产、储存易燃易爆危险物品场所的。

（2）违章使用明火作业或者在具有火灾、爆炸危险物品场所吸烟、使用明火等违反禁令的。

（3）将安全出口上锁、遮挡或者占用堆放物品影响疏散通道畅通的。

（4）消火栓、灭火器材被遮挡影响使用或者被挪作他用的。

（5）常闭式防火门处于开启状态，防火卷帘下堆放物品影响使用的。

（6）消防设施管理、值班人员和防火巡查人员脱岗的。

（7）违章关闭消防设施、切断消防电源的。

（8）其他可以当场改正的行为。

违反上述条款规定的情况以及改正情况应当有记录并存档备查。

2. 火灾隐患限期整改

对不能当场整改的火灾隐患，消防工作归口管理职能部门或者专兼职消防管理人员应根据本单位的管理分工，及时将存在的火灾隐患向单位的消防安全管理人或者消防安全责任人报告，提出整改方案。消防安全管理人或者消防安全责任人应当确定整改的措施、期限以及负责整改的部门、人员，并落实整改资金。

在火灾隐患未消除之前，单位应当落实防范措施，保障消防安全。不能确保消防安全，随时可能引发火灾或者一旦发生火灾将严重危及人身安全的，应当将危险部位停产停业整改。如整改过程中，需要暂时停用消防设施、器材的，应当采取有效措施确保消防安全；停用消防设施、器材超过24h的，应当报告辖区消防救援机构。

火灾隐患整改完毕，负责整改的部门或者人员应当前往现场确认整改完毕，并将整改情况记录报送消防安全责任人或者消防安全管理人签字确认后存档备查。

对于涉及城市规划布局而不能自身解决的重大火灾隐患，以及机关、团体、事业单位确无能力解决的重大火灾隐患，单位应当提出解决方案并及时向其上级主管部门或者当地人民政府报告。

对消防救援机构责令限期改正的火灾隐患，单位应当在规定的期限内改正并写出火灾隐患整改复函，报送公安机关消防机构。

# 第二节 扑救初期火灾

火灾通常都有一个从小到大、逐步发展、直到熄灭的过程。一般可分为初起、发展、猛烈、下降和熄灭五个阶段。一般固体可燃物燃烧时，在 5～10min 内，火源的面积不大，烟和气体对流的速度比较缓慢，火焰不高，燃烧放出的辐射热能较低，火势向周围发展蔓延的速度比较慢。因此，火灾处于初起阶段尤其是固体物质火灾的初起阶段，是扑救的最好时机。只要发现及时，用很少的人力和灭火器材就能将其扑灭。

## 一、扑灭初起火灾流程

1. 第一

员工发现火灾应立即呼救并拨打“119”电话报警，起火部位现场员工应在 1min 内形成第一灭火力量，采取如下措施：

（1）火灾报警按钮或电话通知附近的员工，立即按下按钮或拨电话通知消防控制室或值班人员。

（2）消防设施、器材附近的员工使用现场消火栓、灭火器等设施器材灭火。

（3）疏散通道或安全出口附近的员工引导人员疏散。

2. 第二

火灾确认后，单位消防控制室或单位值班人员应立即启动灭火和应急疏散预案，在 3min 内形成第二灭火力量，采取如下措施：

（1）通信联络组按照灭火和应急疏散预案要求通知员工赶赴火场，与综合性消防救援队保持联络，向火场指挥员报告火灾情况，将火场指挥员的指令下达有关员工。

（2）灭火行动组根据火灾情况使用本单位的消防设施、器材扑救初起火灾。

（3）疏散引导组按分工组织引导现场人员疏散。

（4）安全救护组协助抢救、护送受伤人员。

（5）现场警戒组阻止无关人员进入火场，维持火场秩序。

## 二、火灾报警

1. 火灾报警的意义

起火后 10min 之内，是能否将火扑灭、不酿成大火的关键时刻，把握这个关键时刻主要有两条：① 利用现场灭火器材及时扑救；② 同时报火警电话，以便调来足够的力量，及早地控制和扑灭火灾。不管火势大小，都应报警。不要存在侥幸心理，以为自己有足够的力量扑救；或者企业单位发生火灾怕影响评先进、评奖金，怕消防车拉警报影响声誉，怕追究责任或受经济处罚等，就不向消防报警。因为火势的发展是难以预料的，如扑救方法不当，对起火物质的性质不了解，灭火器材的效用有限等原因，均有可能控制不住火势而酿成大火，此刻才想起报警，就算消防队到达扑灭，也必然费力费时，造成一定损失。

有时由于火势已发展到猛烈阶段，大势已定，消防队到场只能控制火势不使之蔓延扩大，但造成损失和危害已成定局。所以“报警早、损失小”就是这个道理。

2. 火灾报警的对象

（1）向周围的人员发出火灾警报，召集他们前来参加扑救或疏散物资。

（2）本单位有专职、志愿消防队的，应迅速向他们报警。

（3）向综合性消防救援队报警。综合性消防救援队是灭火的主要力量，尽管着火单位有专职消防队，也应向综合性消防救援队报警，不可等本单位扑救不了再向综合性消防救援队报警，会延误灭火时机。

（4）向受火灾威胁的人员发出警报，要他们迅速做好疏散准备。发出警报时根据火灾发展情况，作出局部或全部疏散的决定，并告诉群众要从容、镇静，避免引起慌乱、拥挤。

3. 火灾报警的内容

在拨打火警电话向综合性消防救援队报警时，必须讲清以下内容：

（1）发生火灾的详细地址。包括街道名称、门牌号码、靠近何处。高层建筑要讲明第几层、生产经营场所应讲明性质等。总之，地址要讲得明确、具体。

（2）起火物种类及储量。要注意讲明起火物为何物，说明起火物种和储量，便于消防救援队调集力量时选择使用什么类型的车辆，调集多少车辆。

（3）火势情况，如只见冒烟，有火光，火势猛烈等。

（4）报警人的姓名及所用电话号码，以便消防救援队电话联系，了解情况。报警之后，还应到路口接应消防车。

## 三、常见火灾灭火方法

1. 火灾分类

根据《火灾分类》（GB/T 4968），火灾根据可燃物的类型和燃烧特性，分为 A、B、C、D、E、F 六类。

A 类火灾：指固体物质火灾。这种物质通常具有有机物质性质，一般在燃烧时能产生灼热的余烬。如木材、煤、棉、毛、麻、纸张等火灾。

B 类火灾：指液体或可熔化的固体物质火灾。如煤油、柴油、原油，甲醇、乙醇、沥青、石蜡等火灾。

C 类火灾：指气体火灾。如煤气、天然气、甲烷、乙烷、丙烷、氢气等火灾。

D 类火灾：指金属火灾。如钾、钠、镁、铝镁合金等火灾。

E 类火灾：带电火灾。物体带电燃烧的火灾。

F 类火灾：烹饪器具内的烹饪物（如动植物油脂）火灾。

2. 基本灭火方法

物质燃烧必须具备三个条件：可燃物质、助燃物质、火源，如果缺少其中一项，就可使火熄灭。由于火灾发生的类型不同，所以扑救的方法也不相同。根据物质燃烧的基本原则有以下四种基本灭火方法：

（1）冷却灭火法。任何物质的燃烧必须达到一定的温度，这个极限称之为燃点。冷却灭火法就是控制可燃物质的温度，使其降低到燃点以下，以达到灭火的目的。用水进行冷却灭火是扑救火灾的常用方法，也是简单的方法。一般我们常见的火灾，如房屋、家具、木材等可以用水进行冷却灭火。另外，也可用二氧化碳灭火器进行冷却灭火。由于二氧化碳灭火器喷出−78.5℃的雪花状固体，二氧化碳在气化时迅速地吸取燃烧物质的热量，从而达到降低温度使燃烧停止的目的。在灭火实践中，为了有效地控制火势，降低火灾损失，也常用水或二氧化碳冷却火场周围的物质，以防止其达到燃点而起火。

（2）窒息灭火法。顾名思义就是要通过隔绝空气的方法，使燃烧区内的可燃物质，得不到足够的氧气，而使燃烧停止，这也是常用的一种灭火方法，对于扑救初起火灾作用很大，此种灭火法可用于房间、容器等较封闭性的火灾。比如我们常见的炒菜时油锅着火，可及时将锅盖盖上，使燃烧的油与锅外的空气隔绝以达到灭火的目的。

（3）隔离灭火法。这是一种"丢卒保车"的灭火法，将燃烧物体与其附近的可燃物隔离或疏散开，消除燃烧必备的三个条件，以达到灭火的目的。隔离灭火法适用于扑救爆炸物品、流体、固体和气体的各种火灾，也是常用的一种灭火方法。

（4）抑制灭火法。这是一种用灭火剂与燃烧物产生物理和化学抑制作用的灭火方法。如干粉灭火剂，在灭火时由于高压气体（二氧化碳或氮气）冲出储存的容器，形成一股加压的雾状粉流，覆盖到燃烧物上，粉粒与火焰中产生的活性基因接触时，活性基因被瞬时吸附在粉粒表面，形成不活泼的水，从而中断燃烧连锁反应的进行，使火焰迅速熄灭。

火场上采用哪种灭火方法，应根据燃烧物质的性质、燃烧特点和火场的具体情况而定。

3. 灭火器选用原则

针对六类火灾，灭火器选用原则如下：

（1）扑救 A 类火灾可选择水型灭火器、泡沫灭火器、磷酸铵盐干粉灭火器。

（2）扑救 B 类火灾可选择泡沫灭火器（化学泡沫灭火器只限于扑灭非极性溶剂）、干粉灭火器、二氧化碳灭火器。

（3）扑救 C 类火灾可选择干粉灭火器、二氧化碳灭火器等。

（4）扑救 D 类火灾可选择粉状石墨灭火器、专用干粉灭火器，也可用干砂或铸铁屑末代替。

（5）扑救 E 类带电火灾可选择干粉灭火器、卤代烷灭火器、二氧化碳灭火器等。带电火灾包括家用电器、电子元件、电气设备（计算机、复印机、打印机、传真机、发电机、电动机、变压器等）以及电线电缆等燃烧时仍带电的火灾，而顶挂、壁挂的日常照明灯具及起火后可自行切断电源的设备所发生的火灾则不应列入带电火灾范围。

（6）扑救 F 类火灾可选择干粉灭火器。

## 四、电网企业防火重点部位初期火灾扑救

1. 变压器火灾扑救

油浸式变压器火灾是变电站重大火灾危险性之一，发生火情后，应先断电，然后采取的灭火扑救措施为：

（1）对于未加装固定式灭火系统的，如果油箱没有破损，可用干粉、$CO_2$ 等灭火剂进

行扑救；如果油箱破裂，大量油流出燃烧，火势凶猛，可用喷雾水或泡沫扑救。

（2）对于加装固定式水喷雾或泡沫喷雾灭火系统的，应通过遥控或手动打开对应起火主变压器灭火阀门，对起火主变压器进行喷淋。

（3）流散出的油火，也可用消防沙压埋。

2. 电缆沟、电缆夹层、电缆隧道火灾扑救

电缆沟、电缆夹层及电缆隧道电缆起火后，应参照以下方法进行初期火灾灭火：

（1）切断起火电缆电源。根据电缆所经过的路径和特征，认真检查，找出电缆的故障点，同时应迅速组织人员进行扑救。

（2）电缆沟内起火非故障电缆电源的切断。当电缆沟中的电缆起火燃烧时，如果与其同沟并排敷设的电缆有明显的着火可能性，则应将这些电缆的电源切断。电缆若是分层排列，则首先将起火电缆上面的受热电缆电源切断，然后将与起火电缆并排的电缆电源切断，最后将起火电缆下面的电缆电源切断。

（3）关闭电缆沟防火门或堵死电缆沟两端。当电缆沟内的电缆起火时，为了避免空气流通，以利迅速灭火，应将电缆沟的防火门关闭或将两端堵死，采用窒息的方法灭火。

（4）做好扑灭电缆火灾时的人身防护。由于电缆起火燃烧会产生大量的浓烟和毒气，扑灭电缆火灾时，扑救人员应戴防毒面具或正压式空气呼吸器。为防止扑救过程中的人身触电，扑救人员还应戴橡皮手套和穿绝缘靴。若发现高压电缆一相接地，扑救人员应遵守：室内不得进入距故障点 4m 以内，室外不得进入距故障点 8m 以内，以免跨步电压及接触电压伤人。

（5）扑灭电缆火灾应采用的灭火器材。扑灭电缆火灾应采用灭火机灭火，如干粉灭火机、二氧化碳灭火机等；也可使用干砂或黄土覆盖；如果用水灭火，最好使用喷雾水枪；若火势猛烈，又不可能采用其他方式扑救，待电源切断后，可向电缆沟内灌水，用水将故障封住灭火。

（6）扑救电缆火灾时，禁止用手直接触摸电缆钢铠和移动电缆。

3. 蓄电池室火灾扑救

（1）当蓄电池室受到外界火势威胁时，应立即停止充电。如充电刚完毕，则应继续开启排风机，抽出室内不良气体。

（2）蓄电池室火灾时，应立即停止充电，并采用二氧化碳灭火器扑灭。

（3）蓄电池室通风装置的电气设备或蓄电池室的空气入口处附近火灾时，应立即切断该设备的电源。

4. 通信自动化机房火灾扑救

发现火情后，立即切断起火机架或屏柜电源，关闭空调，严禁开窗：

火灾初期，烟雾较小、火势微弱时，及时采用现场配置的气体灭火器进行灭火。如烟雾较大、火势凶猛时，无法及时扑灭，应及时拨打 119 进行报警并正确组织撤离。对加装有固定气体灭火系统的，应自动或手动开启灭火装置。

5. 生产调度大楼（宾馆、酒店、物资仓库、职工宿舍）火灾扑救

发现生产调度大楼某部位起火后，除第一时间报警外，还应充分利用所配置的灭火器、

消火栓进行第一时间灭火。消防控制室确认火灾后，及时手动或自动打开固定式喷淋灭火装置，对起火区域进行灭火。

发生电气火灾后，可采取以下方式进行扑救：

（1）断电灭火。发生电气火灾时，应尽可能实施断电灭火。断电的最简便办法是拉开故障线路的电源开关或断开其熔断器。由于发生火灾时这些设备的绝缘强度可能降低，故上述操作应借助绝缘工具来进行。

断电灭火如果不能拉开电源开关或断开熔断器断电，也可采用剪断电线的办法。要用绝缘良好的工具，不同相电线要在不同部位剪断，以免相碰发生短路。剪断空中电线时，剪断位置应选择在电源方向支持物附近，以防止电线断落下来造成触电。

（2）带电灭火。如果无法切断电源或时间紧迫来不及切断电源时，可实施带电灭火。带电灭火是一项危险的操作，必须注意下列安全事项：

1）正确选用灭火器材：要使用不导电的二氧化碳或其他干粉性灭火剂来灭火。如果附近没有这些器材，也可使用干燥的沙土覆盖等办法灭火。必须注意，不能用水或泡沫灭火剂，因为它们导电，可能造成短路或使人触电。

2）救火人员要保证安全：由于是带电救火，救火人员务必注意不要触电。例如应使人体和所携带的灭火器材与带电体保持一定距离；若有导线断落地面，应防跨步电压触电；使用二氧化碳灭火剂灭火，要注意通风，防止喷出物接触在皮肤上造成冻伤等。

## 第三节　安全疏散逃生

### 一、掌握正确疏散方法的意义

安全疏散是建筑物发生火灾后确保人员生命财产安全的有效措施，是建筑防火的一项重要内容。

建筑物发生火灾时，为避免室内人员因火烧、缺氧窒息、烟雾中毒和房屋倒塌造成伤害，要尽快疏散、转移室内的物资和财产，以减少火灾造成的损失；消防人员必须迅速赶到火灾现场进行灭火。这些行动都必须借助于建筑物内的安全疏散设施来实施，尤其是高层建筑。

高层建筑楼层较多，如果发生紧急事故，疏散人员从事故点到达安全场所需要较长的时间；其次高层建筑发生火灾时会有烟囱效应，竖直状态下烟气蔓延得比较快，人员撤离的速度很难跟上，烟气是威胁人员安全的主要因素，会大大增加安全疏散的难度，而电梯在停电的情况下无法使用；再次高层建筑人员密集，一旦发生事故，很容易发生拥挤问题，同时还有恐惧心理，这都会增加疏散的难度。因此，如何保证安全疏散是十分重要的。

然而，通过对国内外建筑火灾的统计分析表明，由于对安全疏散设施的设计缺陷和管理不善，火灾时，不能起到疏散人员的作用，人员不能及时疏散到安全避难区域，常常造成较大的人员伤亡。

总之，安全疏散对于人员集中的公共场所和高层建筑，如生产调度大楼、宾馆、饭店及员工宿舍等都是十分重要。对于工厂和仓库的人员和物资疏散同样重要。而对建筑物的地下室和人防工程，因采光、通风、排烟效果差，人员疏散困难，安全疏散就显得更为突出。

## 二、正确疏散逃生

对供电企业，人员较为密集的场所主要为生产调度大楼、员工宿舍及宾馆饭店。正确疏散逃生方法如下：

（1）熟悉环境，牢记安全出口。日常工作中，应对办公地点周围的设备、设施、楼层高度、火灾危险性等进行熟悉，并掌握疏散通道、安全出口及楼梯方位等，以便关键时候能尽快逃离现场。

（2）通道出口，畅通无阻。楼梯、通道、安全出口等是火灾发生时最重要的逃生之路，应保证畅通无阻，切不可堆放杂物或设闸上锁，以便紧急时能安全迅速地通过。

（3）保持镇静，明辨方向，迅速撤离。突遇火灾，面对浓烟和烈火，首先要强令自己保持镇静，迅速判断危险地点和安全地点，决定逃生的办法，尽快撤离险地。千万不要盲目地跟从人流和相互拥挤、乱冲乱窜。撤离时要注意，朝明亮处或外面空旷地方跑，要尽量往楼层下面跑，若通道已被烟火封阻，则应背向烟火方向离开，通过阳台、气窗、天台等往室外逃生。

（4）扑灭小火，惠及他人。当发生火灾时，如果发现火势并不大，且尚未对人造成很大威胁时，当周围有足够的消防器材，如灭火器、消防栓等，应奋力将小火控制、扑灭。千万不要惊慌失措，置小火于不顾而酿成大灾。

（5）不入险地，不贪财物。身处险境，应尽快撤离，不要因害羞或顾及贵重物品，而把逃生时间浪费在寻找、搬离贵重物品上。已经逃离险境的人员，切莫重返险地。

（6）简易防护，蒙鼻匍匐。逃生时经过充满烟雾的路线，要防止烟雾中毒、预防窒息。为了防止火场浓烟呛入，可采用毛巾、口罩蒙鼻，匍匐撤离的办法。烟气较空气轻而飘于上部，贴近地面撤离是避免烟气吸入、滤去毒气的最佳方法。穿过烟火封锁区，应佩戴防毒面具、头盔、阻燃隔热服等护具，如果没有这些护具，那么可向头部、身上浇冷水或用湿毛巾、湿棉被、湿毯子等将头、身裹好，再冲出去。

（7）善用通道，莫入电梯。按规范标准设计建造的建筑物，都会有两条以上逃生楼梯、通道或安全出口。发生火灾时，要根据情况选择进入相对较为安全的楼梯通道。除可以利用楼梯外，还可以利用建筑物的阳台、窗台、天面屋顶等攀到周围的安全地点沿着落水管、避雷线等建筑结构中凸出物滑下楼也可脱险。在高层建筑中，电梯的供电系统在火灾时随时会断电或因热的作用电梯变形而使人被困在电梯内，同时由于电梯井犹如贯通的烟囱般直通各楼层，有毒的烟雾直接威胁被困人员的生命。

（8）缓降逃生，滑绳自救。高层、多层公共建筑内设有高空缓降器或救生绳，人员遇险可以通过这些设施安全地离开危险的楼层。如果没有这些专门的设施，而安全通道又已被堵，救援人员不能及时赶到的情况下，你可以迅速利用身边的绳索或床单、窗帘、衣服等自制简易救生绳，并用水打湿从窗台或阳台沿绳缓滑到下面楼层或地面，安全逃生。

（9）避难场所，固守待援。假如用手摸房门已感到烫手，此时一旦开门，火焰与浓烟势必迎面扑来。逃生通道被切断且短时间内无人救援时，可采取创造避难场所、固守待援的办法。首先应关紧迎火的门窗，打开背火的门窗，用湿毛巾、湿布塞堵门缝或用水浸湿棉被蒙上门窗，然后不停用水淋透房间，防止烟火渗入，固守在房内，直到救援人员到达。

（10）缓晃轻抛，寻求援助。被烟火围困暂时无法逃离的人员，应尽量待在阳台、窗口等易于被人发现和能避免烟火近身的地方。在白天，可以向窗外晃动鲜艳衣物或外抛轻型晃眼的东西；在晚上即可以用手电筒不停地在窗口闪动或者敲击东西，及时发出有效的求救信号，引起救援者的注意。

（11）火已及身，切勿惊跑。火场上的人如果发现身上着火，千万不可乱跑或用手拍打。当身上衣服着火时，应赶紧设法脱掉衣服或就地打滚，压灭火苗；能及时跳进水中或让人向身上浇水、喷灭火剂。

（12）跳楼有术，虽损求生。跳楼逃生，也是一个逃生办法，但应该注意的是：只有消防队员准备好救生气垫并指挥跳楼时或楼层不高(一般 4 层以下)，非跳楼即烧死的情况下，才采取跳楼的方法。跳楼应讲技巧，跳楼时应尽量往救生气垫中部跳或选择有水池、软雨篷、草地等方向跳；如有可能，要尽量抱些棉被、沙发垫等松软物品或打开大雨伞跳下，以减缓冲击力。如果徒手跳楼一定要扒窗台或阳台使身体自然下垂跳下，以尽量降低垂直距离，落地前要双手抱紧头部身体弯曲卷成一团，以减少伤害。

## 第四节　消防宣传教育和培训

消防安全宣传教育和培训是把消防安全知识传授给各位员工，让员工认识到火灾的危害，懂得防止火灾的基本措施和扑灭火灾的基本方法，提高防火警惕性和同火灾作斗争的自觉性，是消防安全管理工作中的一项重要基础工作。

### 一、消防教育培训对象

供电企业每名员工应当至少每年进行一次消防安全培训；公众聚集场所对员工的消防安全培训应当至少每半年进行一次。单位应当组织新上岗和进入新岗位的员工进行上岗前的消防安全培训。

应当接受消防安全专门培训的人员包括：① 单位的消防安全责任人、消防安全管理人；② 专、兼职消防管理人员；③ 消防控制室的值班、操作人员；④ 其他依照规定应当接受消防安全专门培训的人员。

### 二、消防教育培训内容

消防教育培训内容主要包括消防安全工作的方针和政策、消防安全法规、消防安全科普知识、火灾案例教育和消防安全技能，具体如下：

（1）消防安全工作的方针和政策。

（2）消防安全法规。消防法规主要包括《中华人民共和国消防法》《机关企事业单位消防管理规定》（公安部令第61号）等，重点培训内容包括：

1）消防重点单位、防火重点部位定义及范围。

2）建筑工程新建、扩建、改建消防设计、审核、报验要求。

3）运行建筑工程维保、检测要求。

4）消防安全职责及具体管理要求。

（3）消防安全知识。主要内容应包括：

1）火灾的危害和防火、灭火的基本方法等常识；

2）日用危险物品使用的防火常识；失火如何报警；

3）如何扑救，如何使用常见的应急灭火器材，如何自救互救和疏散等消防安全知识等。

（4）火灾案例教育。通过对火灾案例的宣传教育，可从反面提高对防火工作的认识，从中吸取教训，总结经验，采取措施。

（5）消防安全技能。消防安全技能培训主要针对作业人员，针对供电企业内部不同的业务性质，具体技能培训内容如下：

1）生产调度大楼（饭店、酒店及员工宿舍）。主要安全技能包括：灭火器、防毒面具、消防栓使用；利用手动报警按钮、电话报警；疏散逃生；引导消防车进入起火区域。对于消控值班人员，还应包括火灾自动报警系统、消防水系统、自动水喷淋系统、防排烟系统、防火分区、火灾公共广播系统的操作使用；有序组织人员应急撤离疏散等。

2）变电站（换流站）。主要安全技能包括：灭火器、防毒面具、消防栓使用；电话报警；火灾自动灭火系统、泡沫喷淋系统、自动水喷雾系统遥控或手动操作；无人值班变电站主变压器火灾判别等。

# 第七章 消防基本能力训练

## 第一节 常用消防设施与器材操作训练

### 一、消防专用电话识别与操作训练

1. 训练目的

考察参训人员对消防专用电话的组成、性能、适用范围、使用要求以及操作方法的掌握情况。

2. 场地、器材

在考核现场标出起点线，距起点线 1m 处标出器材线，器材线上放置消防专用电话 1 台。

3. 训练程序

（1）参训人员在起点线一侧 3m 处站成一列横队，逐个进行操作训练。

（2）每名参训人员指出指定消防专用电话的名称、适用范围、使用方法及注意事项。

（3）每名参训人员对消防专用电话进行操作，第一步拿起消防专用电话上的电话线插入电话线插口内，第二步使电话能够与消防控制中心电话主机连线。

4. 考核时限

考核时限为 2min。

5. 成绩评定

成绩评定分为合格和不合格，有下列情况之一者判定为不合格：

（1）名称辨识错误。

（2）除名称外，其他问题回答错误 2 处（含）以上。

（3）不能与主机正常连线。

（4）超过考核时限。

### 二、消防应急广播识别与操作训练

1. 训练目的

考察参训人员对消防应急广播系统构成、功能、作用、使用要求以及操作方法的掌握情况。

2. 场地、器材

消防控制室技能鉴定室，门前 1m 处标出起点线。

3. 训练程序

（1）参训人员在起点线一侧 3m 处站成一列横队，逐个进行操作训练。

（2）每名参训人员对应控制室设备，指出消防应急广播模块所在位置，并对应说出 CD 录放盘、播音话筒、广播分配盘、功率放大器等的对应位置。

（3）每名参训人员根据考评员命令，先后完成“将控制器设为手动工作方式、按下消防广播启动按键、打开功放电源开关、按下录放盘启动按钮、播放疏散语音、按下话筒通话键、调节音量大小”等操作。

4. 考核时限

考核时限为 2min。

5. 成绩评定

成绩评定分为合格和不合格，有下列情况之一者判定为不合格：

（1）未正确指出应急广播所在位置。

（2）对应组成部分回答错误 1 处（含）以上。

（3）遗漏或违反训练程序。

（4）超过考核时限。

## 三、消防控制室综合应用操作训练

1. 训练目的

考察参训人员对消防控制室设备功能操作方法和要求的掌握情况。

2. 场地、器材

选择一个消防控制室，在消防控制室前 5m 标出起点线。

3. 训练程序

（1）参训人员在起点线一侧 3m 处站成一列横队，逐个进行操作训练。

（2）每名参训人员进入消防控制室，将消防控制室的自动模式调整为手动模式，依次对火灾报警、消防广播、机械排烟、消防泵等进行启动及关闭操作。

4. 训练要求

（1）要严格按照操作规程操作。

（2）考核时限为 3min。

5. 成绩评定

成绩评定分为合格和不合格，有下列情况之一者判定为不合格：

（1）操作失误或违反操作规程。

（2）超过考核时限。

操作训练完成后，参训人员对相关设施进行复位操作。

## 四、防火卷帘操作训练

1. 训练目的

考察参训人员对防火卷帘的组成、适用范围、操作方法及注意事项的掌握情况。

2. 场地、器材

在消防设施齐全的模拟训练场地或建筑物楼层内防火卷帘前标出起点线和操作区。

3. 训练程序

（1）参训人员在起点线一侧3m处站成一列横队，逐个进行操作训练。

（2）参训人员口述常见防火分隔物的名称、适用范围、使用方法及注意事项。

（3）参训人员进行操作训练，先找到设在卷帘一侧储藏箱内的一条圆环式铁锁链，手动操作此锁链，查看防火卷帘是否能够正常升起和降落；通过防火卷帘一侧电动控制器，电动操作防火卷帘，查看防火卷帘是否能够正常升起和降落；触发相关的两个火灾探测器，查看防火卷帘能否正常下降（当现场防火卷帘为“两步降”防火卷帘时，在触发其中一个火灾探测器时，防火卷帘下降至距地面1.8m处停下，在触发另一个火灾探测器时，防火卷帘下降到底）。

（4）参训人员跑至消防控制室，将消防联动控制器设置为手动控制，并按下相应的防火卷帘按钮，查看启动信号灯是否亮灯，待至3～5s后查看反馈信号灯是否亮灯，并检查防火卷帘是否下降。

操作训练完成后，参训人员将有关设备复位。

4. 考核时限

考核时限为5min。

5. 成绩评定

成绩评定分为合格和不合格，有下列情况之一者判定为不合格：

（1）名称辨识错误。

（2）除名称外，其他问题回答错误2处（含）以上。

（3）操作不准确。

（4）超过考核时限。

## 五、防排烟设施识别与操作训练

1. 训练目的

考察参训人员识别防排烟设施、操作防排烟设施的情况。

2. 场地、器材

在消防设施齐全的楼层防排烟设施前标出起点线，距起点线1m处标出操作线。

3. 训练程序

（1）参训人员在起点线一侧3m处站成一列横队，逐个进行操作训练。

（2）参训人员口述防排烟设施的名称、适用范围、使用方法和注意事项。

（3）参训人员按下手动盘排烟口启动按钮，按下专线盘排烟机启动按钮，待排烟风机启动，测量风速和响应时间。测试完毕后，参训人员按下控制室内火灾自动报警主机“复位”按钮，系统复位后，显示屏显示“系统运行正常”“设施复位”。

操作训练完成后，参训人员将有关设备复位。

4. 考核时限

考核时限为3min。

5. 成绩评定

成绩评定分为合格和不合格，有下列情况之一者判定为不合格：

（1）名称辨识错误。

（2）除名称外，其他问题回答错误2处（含）以上。

（3）未正常启动防排烟设备。

（4）操作完毕后未将设备复位。

（5）超过考核时限。

## 六、消防电梯操作训练

1. 训练目的

考察参训人员对消防电梯的操作方法、组成、性能、适用范围和使用方法、要求及注意事项的掌握情况。

2. 场地、器材

在设有消防电梯的建筑物首层电梯间内标出起点线，距起点线5m处标出操作线，起点线处放置手斧1把。

3. 训练程序

（1）参训人员在起点线一侧3m处站成一列横队，逐个进行操作训练。

（2）参训人员口述消防电梯的名称、适用范围、使用方法和注意事项。

（3）参训人员至首层的消防电梯前，先用手斧将保护消防电梯按钮的玻璃片击碎，按下消防电梯红色按钮，待消防电梯轿厢打开后进入轿厢内，参训人员用手紧按关门按钮直至电梯门关闭，用另一只手将希望到达的楼层按钮按下，直到电梯启动才能松手。

操作训练完成后，参训人员将消防电梯复位。

4. 考核时限

考核时限为3min。

5. 成绩评定

成绩评定分为合格和不合格，有下列情况之一者判定为不合格：

（1）名称辨识错误。

（2）其他问题回答错误2处（含）以上。

（3）未按照规定检查消防电梯或正常使用。

（4）未能正常启动消防电梯。

（5）超过考核时限。

## 七、水泵接合器识别与操作训练

1. 训练目的

考察参训人员对各类水泵接合器的名称、适用范围、使用方法和注意事项的掌握情况，以及利用水泵接合器供水方法和要求的掌握情况。

2. 场地、器材

一座设置有地上式水泵接合器、地下式水泵接合器、墙壁式水泵接合器的实地，在距其 10m 处标出起点线。

3. 训练程序

（1）参训人员在起点线一侧 3m 处站成一列横队，逐个进行操作训练。

（2）参训人员分别找出设置的三种类型水泵接合器，并说出每种水泵接合器的名称、适用范围、工作区域、使用方法和注意事项。

（3）参训人员从车上取 2 盘 65mm 的水带，甩开水带，分别连接消防车两个出水口，打开水泵接合器闷盖，连接水带与水泵接合器。

操作训练完成后，参训人员将器材复位。

4. 训练要求

（1）考核时限为 3min。

（2）水带接口不得脱口、卡口。

（3）根据水带接口规格携带匹配的转换接口。

5. 成绩评定

成绩评定分为合格和不合格，有下列情况之一者判定为不合格：

（1）各类型水泵接合器中，有一项名称回答错误。

（2）各类型水泵接合器中，除名称外，其他问题回答错误 2 处（含）以上。

（3）水带脱口、卡口。

（4）遗漏或违反训练程序和要求。

（5）超过考核时限。

## 八、固定消防泵组识别与操作训练

1. 训练目的

考察参训人员对固定消防泵的组成、性能、适用范围、使用方法和注意事项的掌握情况，以及对固定消防泵组操作的使用方法和要求的掌握情况。

2. 场地、器材

在考核现场设置起点线，起点线 1m 处为操作区，操作区放置固定消防泵组 1 台。

3. 训练程序

（1）参训人员在起点线一侧 3m 处站成一列横队，逐个进行操作训练。

（2）参训人员指出固定消防泵组的名称、适用范围、使用方法和注意事项。

（3）参训人员对固定消防泵组进行启动和停止操作。第一步，检查设备处于正常状态，手动启动一台消防泵，检查消防泵是否启动，同时记录启动时间；第二步，检查设备处于正常状态，开启设备出水阀门至消防启动流量或压力，检查消防泵是否启动，同时检验备用泵的启动状态；第三步，检查设备处于正常状态，远距离操作启动消防泵，检查消防泵是否启动，同时记录时间。

操作训练完成后，参训人员将器材复位。

4. 考核时限

考核时限为8min。

5. 成绩评定

成绩评定分为合格和不合格，有下列情况之一者判定为不合格：

（1）名称回答错误。

（2）其他内容回答错误2处（含）以上。

（3）操作前未做好启泵检查。

（4）未正常启动消防泵。

（5）超过考核时限。

## 九、自动喷水灭火系统识别与操作训练

1. 训练目的

考察参训人员对自动喷水灭火系统的类型、组成、功能及作用的掌握情况，以及对自动喷水灭火系统消防水泵、报警阀组、末端试水装置操作技能的掌握情况。

2. 场地、器材

自动喷水灭火系统技能鉴定室，门前1m处标出起点线。

3. 训练程序

（1）参训人员在鉴定室门外一侧3m处站成一列横队，逐个进行操作训练。

（2）参训人员根据考评员命令，现场识别湿式、干式、预作用和雨淋系统，根据考评员指示，现场辨识某一类灭火系统的报警阀、延迟器、水力警铃、压力开关、控制阀、末端试水装置。

（3）根据考核人员给定的操作任务，参训人员分别操作湿式、干式、预作用和雨淋系统的消防水泵、报警阀组、末端试水装置。

4. 考核时限

考核时限为5min。

5. 成绩评定

成绩评定分为合格和不合格，有下列情况之一者判定为不合格：

（1）分辨自动喷水灭火系统少于2类。

（2）未正确辨认出相应自动喷水灭火系统的3项组件。

（3）违反训练程序。

（4）超过考核时限。

## 十、消防安全标志识别训练

1. 训练目的

考察参训人员对常见消防安全标志的识别情况。

2. 场地、器材

在考核现场标出起点线，距起点线 1m 处标出器材线，器材线上放置 1 块磁性板，板上贴有安全标志、标签 4 个。

3. 训练程序

（1）参训人员在起点线一侧 3m 处站成一列横队，逐个进行操作训练。

（2）参训人员指出标志的含义。

4. 考核时限

考核时限 60s。

5. 成绩评定

成绩评定分为合格和不合格，有下列情况之一者判定为不合格：

（1）有 1 个标志名称回答错误。

（2）各类型消防安全标志中，除名称外，其他问题回答错误 2 处（含）以上。

（3）超过考核时限。

## 十一、灭火器识别及扑救初起火灾训练

### （一）灭火器识别训练

1. 训练目的

考察参训人员对各类灭火器名称、适用范围和使用方法及注意事项的掌握情况。

2. 场地、器材

在考核现场标出起点线，距起点线 1m 处标出器材线，在器材线上分别放置清水灭火器、泡沫灭火器、ABC 类干粉灭火器、二氧化碳灭火器各一具（全部撕去标签）。

3. 训练程序

（1）参训人员在起点线一侧 3m 处站成一列横队，逐个进行操作训练。

（2）参训人员依次对各类灭火器进行喷射，喷射过后放回原处，然后依次说出各类灭火器的名称、适用灭火对象、禁用灭火对象。

4. 考核时限

考核时限为 4min。

5. 成绩评定

成绩评定分为合格和不合格，具有下列情况之一者判定为不合格：

（1）所有灭火器中，有一项名称回答错误。

（2）除名称外，其他内容回答错误 2 处（含）以上。

（3）超过考核时限。

### （二）灭火器灭油盘火训练

1. 训练目的

考察参训人员对手提式泡沫灭火器和干粉灭火器灭油盘火方法和要求的掌握情况。

2. 场地、器材

在长 50m、宽 2.5m 的跑道上，标出起点线、终点线。起点线前 35m 处标出喷射线，40～42m 处为燃烧区，燃烧区内设置油盘 1 个。起点线上放置 6L 手提式泡沫灭火器 1 具和 6kg 手提式干粉灭火器 1 具。

3. 训练程序

（1）参训人员着灭火防护服，佩戴个人防护装备在起点线一侧 3m 处站成一列横队，逐个进行操作训练。

（2）参训人员携带灭火器跑向油盘（根据现场风向选择喷射点），拔出保险销，跑到喷射线右（左）手握住压把，左（右）手紧握喷枪，用力下压压把。使用手提式泡沫灭火器时对准油盘内壁喷射或使用手提式干粉灭火器时对准火焰根部喷射，待火焰完全熄灭后，携带灭火器冲出终点线。

4. 训练要求

（1）操作时，灭火器不得触地，底部不得正对人体。

（2）操作时，参训人员应拉下头盔面罩并佩戴手套。

（3）喷射时，参训人员应占据上风或侧上风位置。

（4）考核时限为 1min。

5. 成绩评定

成绩评定分为合格和不合格。具有在操作时灭火器触地、未占据上风或侧上风位置、未对准火焰根部喷射情况之一者加 2s。具有下列情况之一者判定为不合格：

（1）未能将火全部扑灭。

（2）未按要求佩戴和使用个人防护装备。

（3）操作灭火器时，喷枪正对人体。

（4）超过考核时限。

## 十二、消火栓识别及扑救初起火灾训练

1. 训练目的

考察参训人员对室内（外）消火栓的名称、组成、性能以及利用室内、外消火栓出水枪灭火方法和要求的掌握情况。

2. 场地、器材

在距设置有室内消火栓和室外消火栓的实操教室 10m 处标出起点线，距离起点线 1m 处标出器材线，器材线上放置 65mm 水带 2 盘、水枪 1 支、异型接口 1 个，在实操教室设置室内消火栓 1 具、室外消火栓 1 具。

3. 训练程序

（1）参训人员在起点线一侧 3m 处站成一列横队，逐个进行操作训练。

（2）参训人员着灭火防护服，佩戴个人防护装备在起点线一侧 3m 处站成一列横队，逐组进行操作训练。

（3）参训人员在实操教室周边分别找出室内消火栓和室外消火栓，并说出该类型消火栓的名称、适用范围、使用方法和注意事项。

（4）参训人员 2 人一组，第一名携带 1 盘水带和水枪，第二名携带 1 盘水带（备用）和异型接口，跑至实操教室室内消火栓处；第二名打开消火栓箱，连接消火栓接口与异型接口；第一名铺设 1 盘水带，分别连接消火栓和水枪，成立射姿势，第二名举手示意操作结束。

（5）参训人员 2 人一组，第一名携带 1 盘水带和水枪，第二名携带 1 盘水带（备用）和异型接口，跑至实操教室旁室外消火栓处；第二名连接消火栓接口与异型接口；第一名铺设 1 盘水带，分别连接室外消火栓和水枪，面向实操教室成射立姿势，第二名举手示意操作结束。

4. 训练要求

（1）水带接口不得脱口、卡口。

（2）考核时限 2min。

5. 成绩评定

成绩评定分为合格和不合格，有下列情况之一者判定为不合格：

（1）有一项消火栓名称回答错误。

（2）除消火栓名称外，其他内容回答错误 2 处（含）以上。

（3）水带接口脱口、卡口。

（4）超过考核时限。

## 第二节　火场疏散逃生基本方法操作训练

### 一、消防过滤式自救呼吸器识别与操作训练

1. 训练目的

考察参训人员对消防过滤式自救呼吸器的名称、组成、性能、适用范围、佩戴方法和注意事项的掌握情况。

2. 场地、器材

在考核现场上标出起点线，距起点线 1m 处标出器材线，器材线上放置消防员消防过滤式自救呼吸器、空气呼吸器、氧气呼吸器各 1 套。

3. 训练程序

（1）参训人员在起点线一侧 3m 处站成一列横队，逐个进行操作训练。

（2）参训人员辨别出消防过滤式自救呼吸器，说出其名称、组成、性能、适用范围、使用方法和注意事项。

（3）参训人员迅速至器材线处单膝跪地，将过滤式自救呼吸器打开，从面罩后面开口处戴到头上，调整好面罩，待呼吸正常后，戴好头盔，系紧盔带。

4. 训练要求

（1）检查准备时要逐一报告面罩有无划痕、过滤口是否完好等情况。

（2）面罩后部松紧适宜，松紧带紧贴头部。

（3）考核时限为 2min。

5. 成绩评定

成绩评定分为合格和不合格，有下列情况之一者判定为不合格：

（1）辨别错误。

（2）组成、性能、适用范围、使用方法及注意事项回答错误 2 处（含）以上。

（3）面罩松紧带未紧贴头部。

（4）违反操作规程和要求。

（5）超过考核时限。

## 二、缓降器与救生软梯操作训练

### （一）缓降器操作训练

1. 训练目的

考察参训人员对缓降器的掌握情况。

2. 场地、器材

在实操教室第四层窗前标出起点线，起点线上放置缓降器 1 部，在第三层窗口内设置支点 2 处（1 处为可悬挂缓降器的支点，另 1 处为连接安全绳的保护支点）。

3. 训练程序

（1）参训人员在起点线一侧 3m 处站成一列横队，逐个进行操作训练。

（2）参训人员至起点线连接安全绳，将缓降器调速器固定在支点上，从窗口抛下绳索，确认绳索完全打开并落至地面，将安全带套于腋下，收紧带夹，解开安全绳，站在窗台上，面向窗内，双手扶窗框，使身体悬于窗外，松开双手匀速下降。安全落地后，解下安全带，并向下拉动绳索，使绳索另一端的安全带上升至第四层窗口处。

4. 训练要求

（1）缓降器固定要牢固，展开绳索时不能打结。

（2）开始下降时，严禁跳跃。

（3）下降过程中双手轻扶墙面，并注意观察下方。

（4）动作连贯，按照训练程序和要求完成全部操作。

5. 成绩评定

成绩评定分为合格和不合格，未能按照训练程序和要求完成为不合格。

### （二）救生软梯操作训练

1. 训练目的

考察参训人员对救生软梯操作使用的掌握情况。

2. 场地、器材

距实操教室 5m 处标出起点线，距起点线 1m 处标出器材线，器材线上放置救生软梯 1 架、4m 绳 2 条，在实操教室第三层窗口内设置支点 3 处（2 处为救生软梯的支点，另 1 处为连接安全绳的保护支点）。

3. 训练程序

（1）参训人员着训练服在起点线一侧 3m 处站成一列横队，逐个进行操作训练。

（2）参训人员携带救生软梯登至实操教室第三层窗口，连接安全绳，利用 4m 绳固定救生软梯，沿窗口放下软梯，软梯着地。

4. 训练要求

（1）参训人员要在三层窗口内设置安全绳保护。

（2）救生软梯支点不少于 2 处。

（3）软梯要缓慢下放，软梯梁保持平整。

（4）考核时限为 2min。

5. 成绩评定

成绩评定分为合格和不合格，具有下列情况之一者判定为不合格：

（1）直接抛扔软梯，梯梁不平整。

（2）未连接保护绳进行安全保护。

（3）救生软梯支点少于 2 处。

（4）超过考核时限。

## 三、伤员搬运训练

1. 训练目的

考察参训人员对脊柱受伤人员搬运方法和要求的掌握情况。

2. 场地、器材

在考核现场标出起点线，距起点线 5m 处标出终点线，终点线前放置泡沫垫 1 张，泡沫垫上平躺辅助人员 1 名。

3. 训练程序

（1）参训人员在起点线一侧 3m 处站成一列横队，逐个进行操作训练。

（2）参训人员至终点线先将伤者双下肢伸直，上肢也要伸直放在身旁，脊柱固定板放在伤者一侧。三名参训人员水平托起伤者躯干，由一人指挥整体行动，将伤者平起平放移至脊柱固定板上，做好固定后，一起将伤员搬运出起点线。

4. 训练要求

（1）对疑有脊柱骨折的伤者，均应按脊柱骨折处理。

（2）脊柱受伤后，不能随意翻身、扭曲。

（3）在搬运过程中动作要轻柔、协调，以防止躯干扭转。

（4）对颈椎受损的伤者，搬运时要有专人扶持。

（5）考核时限为 5min。

5. 成绩评定

成绩评定分为合格和不合格，具有下列情况之一者判定为不合格：

（1）遗漏或违反训练程序。

（2）超过考核时限。

## 四、组织班（组）实施预案演练训练

1. 训练目的

考察参训人员组织班（组）实施预案演练方法和要求的掌握情况。

2. 场地、器材

会议室、投影仪、抽签电脑。

3. 训练程序

（1）参训人员在会议室按考核顺序坐好。

（2）参训人员就座于考生席，由考评员抽取预案类型。采取问答的方式，参训人员根据投影仪上预案的情况口述班（组）实施预案演练的组织实施，答题完毕喊“答题完毕”。

4. 考核时限

考核时限为2min。

5. 成绩评定

成绩评定分为合格和不合格，有下列情况之一者判定为不合格：

（1）回答的内容不符合实际情况。

（2）超过考核时限。

# 第八章 火灾应急预案与演练

编制并演练火灾应急预案是为了在单位面临突发火灾事故时，能够统一指挥，及时有效地整合人力、物力、信息等资源，迅速针对火势实施有组织的扑救，避免火灾现场的慌乱无序，防止贻误灭火时机，最大限度地减少人员伤亡和财产损失。《消防法》《机关、团体、企业、事业单位消防安全管理规定》《消防责任制实施办法》等消防法律法规中明确规定了各机关、团体、企事业单位均应制定应急疏散预案，并定期实施演练，全面提升单位内部应急处置能力，有效减少火灾事故伤亡。

## 第一节　火灾应急预案概述

### 一、火灾应急预案的概念

为了针对设定的火灾事故的不同类型、规模及社会单位情况，合理调动分配单位内部员工组成的灭火救援力量，正确采用各种技术和手段，成功地实施灭火救援行动，最大限度地减少人员伤亡，降低财产损失，因此特别制定火灾应急预案。

火灾应急预案，是对单位火灾发生后灭火救援有关问题作出预先筹划和安排的计划安排文书，是针对单位内部可能发生的火灾，根据灭火救援的指导思想和处理原则，以及单位内部现有的消防设施和消防器材装备及单位内部员工的数量、质量、岗位情况而拟定的灭火救援应急方案。应急预案作为应对突发火灾事故的行动方案和依据，在处置事故时发挥着重要作用。

### 二、火灾应急预案的分类

分类编制火灾应急预案，是指预案制定单位将可能发生的火灾事故，按其不同性质和类别所制作的应急预案。分类编制火灾应急预案的目的在于，有针对性地分别研究各类火灾事故发生与发展的规律及特点，以全面加强灭火救援应急的各项准备工作。分类编制火灾应急预案的意义在于，有利于加强对此类火灾事故的情况熟悉与掌握；有利于加强内部灭火救援器材的配置与建设，以更加有效地实施各类应急处置行动。

根据火灾类型，火灾应急预案大致划分为以下六类：

（1）多层建筑类针对具有一定规模（建筑规模由社会单位根据实际情况确定）的多层

建（构）筑物，在可能发生的火灾、爆炸等灾害事故情况下所编制的应急预案。

（2）高层建筑类针对具有一定规模（建筑规模由社会单位根据实际情况确定）的高层建（构）筑物，在可能发生的火灾、爆炸等灾害事故情况下所编制的应急预案。

（3）地下建筑类针对具有一定规模（建筑规模由社会单位根据实际情况确定）的地下建（构）筑物，在可能发生的火灾、爆炸等灾害事故情况下所编制的应急预案。

（4）一般的工矿企业类针对具有一定规模（建筑规模由社会单位根据实际情况确定）的工矿企业建（构）筑物，在可能发生的火灾、爆炸等灾害事故情况下所编制的应急预案。

（5）化工类针对生产与储存具有一定爆炸危险性的化工产品单位，在可能发生的爆炸、燃烧、有毒、其他泄漏等灾害事故情况下所编制的应急预案。

（6）其他类针对以上五类以外的单位，在可能发生各种火灾事故的情况下，根据其规律与特点所编制的应急预案。

## 第二节　火灾应急预案编制

### 一、火灾应急预案的编制依据

火灾应急预案的编制依据主要包括三类：

（1）法规制度依据，包括消防法律法规规章、涉及消防安全的相关法律规定和本单位消防安全制度。

（2）客观依据，包括单位的基本情况、消防安全重点部位情况等。

（3）主观依据，包括员工的变化程度、消防安全素质和防火灭火技能等。

### 二、火灾应急预案的编制范围

火灾应急预案的编制范围主要包括消防安全重点单位、在建重点工程、其他需要制定应急预案的单位或场所。

一般单位可参照本节内容制定应急预案，并可根据单位内部实际情况予以适当调整。

### 三、火灾应急预案制定的程序

制定火灾应急预案的程序是指其制定的方法和步骤。一般来说，应按照以下程序进行：

（1）明确范围，明确重点部位。单位应结合单位的实际情况，确定范围，明确重点保护对象或者部位。

（2）调查研究，收集资料。制定应急预案，是一项细致而复杂的工作。为使所制定的应急预案符合客观实际，应进行大量细致的调查研究工作，要正确分析、预测单位内部发生火灾的可能性和各种险情，制定出相应的火灾扑救和应急救援对策。

（3）科学计算，确定人员力量和器材装备。通过计算，确定现场灭火和疏散人员所需要的人员力量、保障的器材装备和物资等方面的数量，为完成灭火救援应急任务提供基本依据。

（4）确定灭火救援应急行动意图。根据灾情，对灭火救援应急行动的目标、任务、手段、措施等进行总体策划和构思。其主要内容有：作战行动的目标与任务、战术与技术措施、人员部署与力量安排等。

（5）严格审核，不断充实完善。应急预案实行逐级审核制度。单位安保部门制定的应急预案必须报请单位主要领导审核，批准后方可投入使用。审核的重点应当侧重于情况设定、处置对策、人员安排部署、战术措施、技术方法、后勤保障等内容。必要时还应当组织专业技术人员充分论证并通过演练进行验证。

## 四、火灾应急预案的编制内容

火灾应急预案的基本内容应包括单位的基本情况、应急组织机构、火情预想、报警和接警处置程序、应急疏散的组织程序和措施、扑救初起火灾的程序和措施、通信联络、安全防护救护的程序和措施、灭火和应急疏散计划图、注意事项等。

1. 单位基本情况

包括单位基本概况和消防安全重点部位情况，消防设施、灭火器材情况，消防组织、义务消防队人员及装备配备情况。消防安全重点单位应当将容易发生火灾或一旦发生火灾可能危及人身和财产安全以及对消防安全有重大影响的部位确定为消防安全重点部位。通过明确重点部位并分析其火灾危险，指导应急预案的制定和演练。

2. 应急组织机构

应急组织机构的设置应结合本单位的实际情况，遵循归口管理、统一指挥、讲究效率、权责对等和灵活机动的原则，包括火场指挥部、灭火行动组、疏散引导组、安全防护救护组、火灾现场警戒组、后勤保障组、机动组。

（1）火场指挥部。确定总指挥、副总指挥成员。指挥部职责：根据方便现场指挥、通信联络畅通、保证自身安全的原则，火场指挥部的地点可设在起火部位附近或消防控制室、电话总机室，指挥协调各职能小组和义志愿消防队开展工作，根据火情决定是否通知人员疏散并组织实施，及时控制和扑救火灾。综合性消防救援队到达后及时向指挥员报告火场内的有关情况，按照指挥员的统一部署，协调配合公安消防队开展灭火救援行动。

（2）灭火行动组。灭火行动组由单位的志愿消防队员组成，可以进一步细化为灭火器材小组、水枪灭火小组、防火卷帘控制小组、物资疏散小组、抢险堵漏小组等。负责现场灭火、抢救被困人员、操作消防设施。

（3）疏散引导组。引导人员疏散自救，确保人员安全快速疏散。

（4）安全防护救护组。负责对受伤人员进行紧急救护，并视情况转送医疗机构。

（5）火灾现场警戒组。负责控制各出口，无关人员只许出不许进，火灾扑灭后保护现场。

（6）后勤保障组。负责通信联络，车辆调配，道路畅通，供电控制，水源保障。

（7）机动组。受指挥部的指挥，负责增援行动。

3. 火情预想

火情预想即对单位可能发生火灾作出的有根据、符合实际的设想，是制定应急预案的重要依据。要在调查研究、科学计划的基础上，从实际出发，根据火灾特点，使之切合实际，有较强的针对性。其内容如下：

（1）重点部位和主要起火点。同一重点部位，可假设多个起火点。

（2）起火物品及蔓延条件，燃烧面积（范围）和主要蔓延的方向。

（3）可能造成的危害和影响（如可燃液体的燃烧、压力容器的爆炸，结构的倒塌，人员伤亡、被困情况等），以及火情发展变化趋势，可能造成的严重后果等。

（4）区分白天和夜间、营业期间和非营业期间。

4. 报警、接警处置程序

（1）报警。以快捷方便为原则确定发现火灾后的报警方式。如口头报警、有线报警、无线报警等，报警的对象为“119”火警台（“三台合一”的地区为“110”指挥中心）、单位值班领导、消防控制中心等。报警时应说明以下情况：着火单位、着火部位、着火物质及有无人员被困、单位具体位置、报警电话号码、报警人姓名；同时，还要报告本单位值班领导和有关部门。

（2）接警。单位领导接警后，启动应急预案，按预案确定内部报警的方式和疏散的范围，组织指挥初期火灾的扑救和人员疏散工作，安排力量做好警戒工作。有消防控制室的场所，值班员接到火情消息后，立即通知有关人员前往核实火情，火情核实确认后，立即报告消防救援队和值班负责人，通知灭火行动组人员前往着火层。

5. 初起火灾处置程序和措施

（1）指挥部、各行动小组和义务消防队迅速集结，按照职责分工，进入相应位置开展灭火救援行动。

（2）发现火灾时，起火部位现场员工应当立即形成灭火第一战斗力量，在第一时间内采取如下措施：灭火器材、设施附近的员工利用现场灭火器、消火栓等器材、设施灭火；电话或火灾报警按钮附近的员工打“119”电话报警、报告消防控制室或单位值班人员；安全出口或通道附近的员工负责引导人员疏散。若火势扩大，单位应当于 3min 内形成灭火第二战斗力量，及时采取如下措施：通信联络组按照应急预案要求通知预案涉及的员工赶赴火场，向火场指挥员报告火灾情况，将火场指挥员的指令下达到有关员工；灭火行动组根据火灾情况利用本单位的消防器材、设施扑救火灾；疏散引导组按分工组织引导现场人员疏散；安全救护组负责协助抢救、护送受伤人员；现场警戒组阻止无关人员进入火场，维持火场秩序。

（3）相关部位人员负责关闭空调系统和煤气总阀门，及时疏散易燃易爆化学危险物品及其他重要物品。

6. 火灾应急疏散的组织程序和措施

（1）疏散通报。火场指挥部根据火灾的发展情况，决定发出疏散通报。通报的次序是：着火层，着火层以上各层，有可能蔓延的着火层以下的楼层。

（2）疏散通报的方式。

1）语音通报，可利用消防广播播放预先录制好的消防紧急广播录音带或由值班人员直接播报火情、介绍疏散路线及注意事项，语言通报应分别采用普通话和常用外语（英、日、韩等语种）通报，并注意稳定人员的情绪。

2）警铃通报。通过警铃发出紧急通告和疏散指令。

（3）疏散引导。

1）划定安全区，根据建筑特点和周围情况，事先划定供疏散人员集结的安全区域。

2）明确责任人，在疏散通道上分段安排人员指明疏散方向，查看是否有人员滞留在应急疏散的区域内，统计人员数量，稳定人员情绪。

3）及时变更修正，由于公众聚集场所的现场工作人员具有一定的流动性，在预案中担负灭火和疏散救援行动的人员变化后，要及时进行调整和补充。

4）突出重点，应把引导疏散作为应急预案制定和演练的重点，加强疏散引导组的力量配备。

7. 安全防护救护和通信联络的程序及措施

（1）建筑外围安全防护清除路障，疏导车辆和围观群众，确保消防通道畅通；维护现场秩序，严防趁火打劫；引导消防车，协助消防车取水、灭火。

（2）建筑首层出入口安全防护禁止无关人员进入起火建筑；对火场中疏散的物品进行规整并严加看管；指引公安消防人员进入起火部位。

（3）起火部位的安全防护引导疏散人流，维护疏散秩序；阻止无关人员进入起火部位；防护好现场的消防器材、装备。

（4）在安全区及时对受伤人员进行救治，对于危重病人及时送往医院救治。

（5）利用电话、对讲机等建立有线、无线通信网络，确保火场信息传递畅通。

（6）火场指挥部、各行动组、各消防安全重点部位必须确定专人负责信息传递，保证火场指令得到及时传递、落实。

（7）应安排专人在主要路口处接应消防车。

8. 绘制灭火和应急疏散计划图

应急疏散计划图有助于指挥部在救援过程中对各小组的指挥和对事故的控制，应当力求详细准确，图文并茂，标注明确，直观明了。应针对假设部位制定灭火进攻和疏散路线平面图。平面图比例应正确，设备、物品、疏散通道、安全出口、灭火设施和器材分布位置应标注准确，假设部位及周围场所的名称应与实际相符。灭火进攻的方向，灭火装备停放位置，消防水源，物资、人员疏散路线，物资放置，人员停留地点以及指挥员位置，图中应标识明确。

9. 注意事项

（1）参加演练的人员应当采取必要的个人防护措施。

（2）灭火疏散阵地设置要安全，应能进能退、攻防兼备。

（3）指挥员要密切注意火场上各种复杂情况和险情的变化，适时采取果断措施，避免伤亡。

（4）灭火救援应急行动结束后，要做好现场的清理工作。

（5）其他需要特别警示的事项。

## 第三节 火灾应急预案演练

火灾应急预案编制后必须经过演练的检验方可确定，基本的检验标准是能否实现预案的预期目标。各消防安全重点单位要根据单位的实际情况定期进行演练，使参加演练的每一位员工明确自己的任务和职责，通过定期培训使全体员工能熟练掌握“三懂、四会”等消防基础知识。

### 一、火灾应急预案演练分类

根据组织形式、演练内容、演练目的与作用等不同，火灾应急预案演练分为不同种类。

1. 按组织形式划分

火灾应急预案演练按组织形式划分为桌面演练和实战演练。

（1）桌面演练。桌面演练是指参演人员利用地图、沙盘、流程图、计算机模拟、视频会议等辅助手段，针对事先假定的演练情景，讨论和推演应急决策及现场处置的过程，从而促进相关人员掌握应急预案中所规定的职责和程序，提高指挥决策和协同配合能力。桌面演练通常在室内完成。

（2）实战演练。实战演练是指参演人员利用应急处置涉及的设备和物资，针对事先设置的突发火灾事故情景及其后续的发展情景，通过实际决策、行动和操作，完成真实应急响应的过程，从而检验和提高相关人员的临场组织指挥、队伍调动、应急处置技能和后勤保障等应急能力。实战演练通常要在特定场所完成。

2. 按演练内容划分

火灾应急预案演练按内容划分为单项演练和综合演练。

（1）单项演练。单项演练是指只涉及应急预案中特定应急响应功能或现场处置方案中一系列应急响应功能的演练活动。注重针对一个或少数几个参与单位（岗位）的特定环节和功能进行检验。

（2）综合演练。综合演练是指涉及应急预案中多项或全部应急响应功能的演练活动。注重对多个环节和功能进行检验，特别是对不同单位（部门）之间应急机制和联合应对能力的检验。

3. 按演练目的与作用划分

火灾应急预案演练按目的与作用划分为检验性演练、示范性演练和研究性演练。

（1）检验性演练。检验性演练是指为检验应急预案的可行性、应急准备的充分性、应急机制的协调性及相关人员的应急处置能力而组织的演练。

（2）示范性演练。示范性演练是指为向观摩人员展示应急能力或提供示范教学，严格按照应急预案规定开展的表演性演练。

（3）研究性演练。研究性演练是指为研究和解决突发火灾事故应急处置的重点、难点问题，试验新方案、新技术、新装备而组织的演练。

不同类型的演练相互结合，可以形成单项桌面演练、综合桌面演练、单项实战演练、综合实战演练、示范性单项演练、示范性综合演练等。

## 二、火灾应急预案演练规划

演练组织单位要根据实际情况，并依据相关法律法规和应急预案的规定，制订年度应急演练规划，按照“先单项后综合、先桌面后实战、循序渐进、时空有序”等原则，合理规划应急演练的频次、规模、形式、时间、地点等。按照有关法律法规要求，消防安全重点单位应当每半年开展一次灭火和应急疏散预案的演练，其他单位应当每年开展一次灭火和应急疏散预案的演练。

演练应在相关预案确定的应急领导机构或指挥机构领导下组织开展。演练组织单位要成立由相关单位领导组成的演练领导小组，通常下设策划部、保障部和评估组；对于不同类型和规模的演练活动，其组织机构和职能可以适当调整。根据需要，可成立现场指挥部。

1. 演练领导小组

演练领导小组负责应急演练活动全过程的组织领导，审批决定演练的重大事项。演练领导小组组长一般由演练组织单位或其上级单位的负责人担任；副组长一般由演练组织单位或主要协办单位负责人担任；小组其他成员一般由各演练参与单位相关负责人担任。在演练实施阶段，演练领导小组组长、副组长通常分别担任演练总指挥、副总指挥。

2. 策划部

策划部负责应急演练策划、演练方案设计、演练实施的组织协调、演练评估总结等工作。策划部设总策划、副总策划，下设文案组、协调组、控制组、宣传组等。

（1）总策划是演练准备、演练实施、演练总结等阶段各项工作的主要组织者，一般由演练组织单位具有应急演练组织经验和突发火灾事故应急处置经验的人员担任；副总策划协助总策划开展工作，一般由演练组织单位或参与单位的有关人员担任。

（2）文案组在总策划的直接领导下，负责制订演练计划、设计演练方案、编写演练总结报告以及演练文档归档与备案等；其成员应具有一定的演练组织经验和突发火灾事故应急处置经验。

（3）协调组负责与演练涉及的相关单位以及本单位有关部门之间的沟通协调，其成员一般为演练组织单位及参与单位的行政、外事等部门人员。

（4）控制组在演练实施过程中，在总策划的直接指挥下，负责向演练人员传送各类控制消息，引导应急演练进程按计划进行。其成员最好有一定的演练经验，也可以从文案组和协调组抽调，常称为演练控制人员。

（5）宣传组负责编制演练宣传方案、整理演练信息、组织新闻媒体和开展新闻发布等。其成员一般是演练组织单位及参与单位宣传部门的人员。

3. 保障部

保障部负责调集演练所需物资装备，购置和制作演练模型、道具、场景，准备演练场地，维持演练现场秩序，保障运输车辆，保障人员生活和安全保卫等。其成员一般是演练组织单位及参与单位后勤、财务、办公室等部门人员，常称为后勤保障人员。

4. 评估组

评估组负责设计演练评估方案和编写演练评估报告，对演练准备、组织、实施及其安全事项等进行全过程、全方位评估，及时向演练领导小组、策划部和保障部提出意见、建议。其成员一般是应急管理专家、具有一定演练评估经验和突发火灾事故应急处置经验的专业人员，常称为演练评估人员。评估组可由上级或专业部门组织，也可由演练组织单位自行组织。

5. 参演队伍和人员

参演人员包括应急预案规定的有关应急管理部门（单位）工作人员、各类专兼职应急救援队伍以及志愿者队伍等。

参演人员承担具体演练任务，针对模拟火灾事故场景作出应急响应行动。有时也可使用模拟人员替代未到现场参加演练的单位人员，或模拟事故的发生过程，如释放烟雾、模拟顾客等。

## 三、火灾应急预案演练准备

单位在开展应急预案演练之前，应当做好下列四项准备工作。

1. 制定演练计划

演练计划由文案组编制，经策划部审查后报演练领导小组批准。主要内容包括：

（1）确定演练目的。明确举办应急演练的原因、演练要解决的问题和期望达到的效果等。

（2）分析演练需求。在对事先设定火灾事故风险及应急预案进行认真分析的基础上，确定需调整的演练人员、需锻炼的技能、需检验的设备、需完善的应急处置流程和需进一步明确的职责等。

（3）确定演练范围。根据演练需求、经费、资源和时间等条件的限制，确定演练事件类型、等级、地域、参演机构及人数、演练方式等。演练需求和演练范围往往互相影响。

（4）安排演练准备与实施的日程计划。包括各种演练文件编写与审定的期限、物资器材准备的期限、演练实施的日期等。

（5）编制演练经费预算。明确演练经费筹措渠道。

2. 设计演练方案

演练方案由文案组编写，通过评审后由演练领导小组批准，必要时还需报有关主管单位同意并备案。主要内容包括：

（1）确定演练目标。演练目标是需完成的主要演练任务及其达到的效果，一般说明“由谁在什么条件下完成什么任务，依据什么标准，取得什么效果”。演练目标应简单、具体、可量化、可实现。一次演练一般有若干项演练目标，每项演练目标都要在演练方案中有相应的事件和演练活动予以实现，并在演练评估中有相应的评估项目判断该目标的实现情况。

（2）设计演练情景与实施步骤。演练情景要为演练活动提供初始条件，还要通过一系列的情景事件引导演练活动继续，直至演练完成。演练情景包括演练场景概述和演练场景清单。

1）演练场景概述要对每一处演练场景概要说明，主要说明火灾事故类别、发生的时间地点、发展速度、强度与危险性、受影响范围、人员和物资分布、可能造成的损失、后续发展预测、气象及其他环境条件等。

2）演练场景清单要明确演练过程中各场景的时间顺序列表和空间分布情况。演练场景之间的逻辑关联依赖于火灾事故发展规律、控制消息和演练人员收到控制消息后应采取的行动。

（3）设计评估标准与方法。演练评估是通过观察、体验和记录演练活动，比较演练实际效果与目标之间的差异，总结演练成效和不足的过程。演练评估应以演练目标为基础。每项演练目标都要设计合理的评估项目、方法、标准。根据演练目标的不同，可以用选择项（如：是/否判断，多项选择）、主观评分（如：1—差、3—合格、5—优秀）、定量测量（如响应时间、被困人数、获救人数）等方法进行评估。

为便于演练评估操作，通常事先设计好评估表格，包括演练目标、评估方法、评价标准和相关记录项等。有条件时还可以采用专业评估软件等工具。

（4）编写演练方案文件。演练方案文件是指导演练实施的详细工作文件。根据演练类别和规模的不同，演练方案可以编为一个或多个文件。编为多个文件时可包括演练人员手册、演练控制指南、演练评估指南、演练宣传方案、演练脚本等，分别发给相关人员。对涉密应急预案的演练或不宜公开的演练内容，还要制订保密措施。

1）演练人员手册。内容主要包括演练概述、组织机构、时间、地点、参演单位、演练目的、演练情景概述、演练现场标识、演练后勤保障、演练规则、安全注意事项、通信联系方式等，但不包括演练细节。演练人员手册可发放给所有参加演练的人员。

2）演练控制指南。内容主要包括演练情景概述、演练事件清单、演练场景说明、参演人员及其位置、演练控制规则、控制人员组织结构与职责、通信联系方式等。演练控制指南主要供演练控制人员使用。

3）演练评估指南。内容主要包括演练情况概述、演练事件清单、演练目标、演练场景说明、参演人员及其位置、评估人员组织结构与职责、评估人员位置、评估表格及相关工具、通信联系方式等。演练评估指南主要供演练评估人员使用。

4）演练宣传方案。内容主要包括宣传目标、宣传方式、传播途径、主要任务及分工、技术支持、通信联系方式等。

5）演练脚本。对于重大综合性示范演练，演练组织单位要编写演练脚本，描述演练事件场景、处置行动、执行人员、指令与对白、视频背景与字幕、解说词等。

（5）演练方案评审对综合性较强、风险较大的应急演练，评估组要对文案组制定的演练方案进行评审，确保演练方案科学可行，以确保应急演练工作的顺利进行。

3. 演练动员与培训

在演练开始前要进行演练动员和培训，确保所有演练参与人员掌握演练规则、演练情景和各自在演练中的任务。

所有演练参与人员都要经过应急基本知识、演练基本概念、演练现场规则等方面的培训。对控制人员要进行岗位职责、演练过程控制和管理等方面的培训；对评估人员要进行岗位职责、演练评估方法、工具使用等方面的培训；对参演人员要进行应急预案、应急技能及个体防护装备使用等方面的培训。

4. 应急演练保障

（1）人员保障。演练参与人员一般包括演练领导小组、演练总指挥、总策划、文案人员、控制人员、评估人员、保障人员、参演人员、模拟人员等，有时还会有观摩人员等其他人员。在演练的准备过程中，演练组织单位和参与单位应合理安排工作，保证相关人员参与演练活动的时间；通过组织观摩学习和培训，提高演练人员的素质和技能。

（2）经费保障。演练组织单位每年要根据应急演练规划编制应急演练经费预算，纳入该单位的年度财政（财务）预算，并按照演练需要及时拨付经费。对经费使用情况进行监督检查，确保演练经费专款专用、节约高效。

（3）场地保障。根据演练方式和内容，经现场勘察后选择合适的演练场地。桌面演练一般可选择会议室或应急指挥中心等；实战演练应选择与实际情况相似的地点，并根据需要设置指挥部、集结点、接待站、供应站、救护站、停车场等设施。演练场地应有足够的空间，良好的交通、生活、卫生和安全条件，尽量避免干扰公众生产生活。

（4）物资和器材保障。根据需要，准备必要的演练材料、物资和器材，制作必要的模型设施等，主要包括：

1）信息材料。主要包括应急预案和演练方案的纸质文本、演示文档、图表、地图、软件等。

2）物资设备。主要包括各种应急抢险物资、特种装备、办公设备、录音摄像设备、信息显示设备等。

3）通信器材。主要包括固定电话、移动电话、对讲机、海事电话、传真机、计算机、无线局域网、视频通信器材和其他配套器材，尽可能使用已有通信器材。

4）演练情景模型。搭建必要的模拟场景及装置设施。

（5）通信保障。应急演练过程中应急指挥机构、总策划、控制人员、参演人员、模拟人员等之间要有及时可靠的信息传递渠道。根据演练需要，可以采用多种公用或专用通信系统，必要时可组建演练专用通信与信息网络，确保演练控制信息的快速传递。

（6）安全保障。演练组织单位要高度重视演练组织与实施全过程的安全保障工作。大型或高风险演练活动要按规定制定专门应急预案，采取预防措施，并对关键部位和环节可能出现的突发事件进行针对性演练。根据需要为演练人员配备个体防护装备，购买商业保险。对可能影响公众生活、易于引起公众误解和恐慌的应急演练，应提前向社会发布公告，告示演练内容、时间、地点和组织单位，并做好应对方案，避免造成负面影响。

演练现场要有必要的安保措施，必要时对演练现场进行封闭或管制，保证演练安全进行。演练出现意外情况时，演练总指挥与其他领导小组成员会商后可提前终止演练。

## 四、火灾应急预案演练实施

应急预案的演练一般包括以下三个步骤。

1. 演练启动

演练正式启动前一般要举行简短仪式，由演练总指挥宣布演练开始并启动演练活动。

2. 演练执行

（1）演练指挥与行动。

1）演练总指挥负责演练实施全过程的指挥控制。当演练总指挥不兼任总策划时，一般由总指挥授权总策划对演练过程进行控制。

2）按照演练方案要求，应急指挥机构指挥各参演队伍和人员，开展对模拟演练事件的应急处置行动，完成各项演练活动。

3）演练控制人员应充分掌握演练方案，按总策划的要求，熟练发布控制信息，协调参演人员完成各项演练任务。

4）参演人员根据控制消息和指令，按照演练方案规定的程序开展应急处置行动，完成各项演练活动。

5）模拟人员按照演练方案要求，模拟未参加演练的单位或人员的行动，并作出信息反馈。

（2）演练过程控制。总策划负责按演练方案控制演练过程。

1）桌面演练过程控制。在桌面演练中，演练活动主要围绕对所提出问题进行讨论。由总策划以口头或书面形式，部署引入一个或若干个问题。参演人员根据应急预案及有关规定，讨论应采取的行动。

在角色扮演或推演式桌面演练中，由总策划按照演练方案发出控制消息，参演人员接收到事件信息后，通过角色扮演或模拟操作，完成应急处置活动。

2）实战演练过程控制。在实战演练中，要通过传递控制消息来控制演练进程。总策划按照演练方案发出控制消息，控制人员向参演人员和模拟人员传递控制消息。参演人员和模拟人员接收到信息后，按照发生真实事件时的应急处置程序，或根据应急行动方案，采取相应的应急处置行动。

控制消息可由人工传递，也可以用对讲机、电话、手机、传真机、网络等方式传送，或者通过特定的声音、标志、视频等呈现。演练过程中，控制人员应随时掌握演练进展情况，并向总策划报告演练中出现的各种问题。

（3）演练解说。在演练实施过程中，演练组织单位可以安排专人对演练过程进行解说。解说内容一般包括演练背景描述、进程讲解、案例介绍、环境渲染等。对于有演练脚本的大型综合性示范演练，可按照脚本中的解说词进行讲解。

（4）演练记录。演练实施过程中，一般要安排专门人员，采用文字、照片和音像等手段记录演练过程。文字记录一般可由评估人员完成，主要包括演练实际开始与结束时间、演练过程控制情况、各项演练活动中参演人员的表现、意外情况及其处置等内容，尤其是要详细记录可能出现的人员“伤亡”（如进入“危险”场所而无安全防护，在规定的时间内不能完成疏散等）及财产“损失”等情况。

照片和音像记录可安排专业人员和宣传人员在不同现场、不同角度进行拍摄，尽可能全方位反映演练实施过程。

（5）演练宣传报道。演练宣传组按照演练宣传方案作好演练宣传报道工作。认真做好信息采集、媒体组织、广播电视节目现场采编和播报等工作，扩大演练的宣传教育效果。对涉密应急演练要做好相关保密工作。

3. 演练结束与终止

演练完毕，由总策划发出结束信号，演练总指挥宣布演练结束。演练结束后所有人员停止演练活动，按预定方案集合进行现场总结讲评或者组织疏散。保障部负责组织人员对演练现场进行清理和恢复。

演练实施过程中出现下列情况，经演练领导小组决定，由演练总指挥按照事先规定的程序和指令终止演练：

（1）出现真实突发事件，需要参演人员参与应急处置时，要终止演练，使参演人员迅速回归其工作岗位，履行应急处置职责；

（2）出现特殊或意外情况，短时间内不能妥善处理或解决时，可提前终止演练。

## 五、火灾应急预案演练评估与总结

应急预案演练结束后，单位还应当对演练工作进行评估、总结，根据演练工作的经验和教训，制定完善改进措施，提高演练和实战能力。

1. 演练评估

演练评估是在全面分析演练记录及相关资料的基础上，对比参演人员表现与演练目标要求，对演练活动及其组织过程作出客观评价，并编写演练评估报告的过程。所有应急演练活动都应进行演练评估。

演练结束后可通过组织评估会议、填写演练评价表和对参演人员进行访谈等方式，也可要求参演单位提供自我评估总结材料，进一步收集演练组织实施的情况。

演练评估报告的主要内容一般包括演练执行情况、预案的合理性与可操作性、应急指挥人员的指挥协调能力、参演人员的处置能力、演练所用设备装备的适用性、演练目标的实现情况、演练的成本效益分析、对完善预案的建议等。

2. 演练总结

演练总结可分为现场总结和事后总结。

（1）现场总结。在演练的一个或所有阶段结束后，由演练总指挥、总策划、专家评估组长等在演练现场有针对性地进行讲评和总结。内容主要包括本阶段的演练目标、参演队伍及人员的表现、演练中暴露的问题、解决问题的办法等。

（2）事后总结。在演练结束后，由文案组根据演练记录、演练评估报告、应急预案、现场总结等材料，对演练进行系统和全面的总结，并形成演练总结报告。演练参与单位也可对本单位的演练情况进行总结。

演练总结报告的内容包括：演练目的、时间和地点、参演单位和人员、演练方案概要、发现的问题与原因、经验和教训以及改进工作的建议等。

3. 成果运用

对演练暴露出来的问题，演练单位应当及时采取措施予以改进，包括修改完善应急预案、有针对性地加强应急人员的教育和培训、对应急物资装备有计划地更新等，并建立改进任务表，按规定时间对改进情况进行监督检查。

4. 文件归档与备案

演练组织单位在演练结束后应将演练计划、演练方案、演练评估报告、演练总结报告等资料归档保存。

对于由上级有关部门布置或参与组织的演练，或者法律、法规、规章要求备案的演练，演练组织单位应当将相应资料报有关部门备案。

5. 考核与奖惩

演练组织单位要注重对演练参与单位及人员进行考核。对在演练中表现突出的单位及个人，可给予表彰和奖励；对不按要求参加演练，或影响演练正常开展的可给予相应批评。

# 第九章
# 电网企业火灾事故案例分析

## 第一节　主变压器火灾事故分析

### 案例一　35kV 干式变压器爆炸事故

1. 事故经过

某 500kV 变电站扩建了 35kV 2 号站用变压器，选用的是型号为 SCZ10－630/35 的国产干式变压器，拟安装在专用站用变压器室内，但由于土建工程进度滞后，该干式变压器带铝合金包装箱在现场室外放置了 3 个月，其包装箱的标称防水等级为 IP30，但在开箱时，曾发现外表的有些螺丝和构件等处有受潮锈蚀现象，经过一定烘干处理后安装在室内，取消了铝合金包装箱。安装后的交接试验包括绕组直流电阻、电压比测量及接线组别、绝缘电阻及吸收比、有载调压切换装置检查试验项目，并进行了现场交流耐压试验，即在高压—低压及地施加电压 56kV，试验频率 256.6Hz，历时 1min，交接试验所有项目均为合格。运行单位严格按国内相关交接标准验收后将其投入运行，此站的 35kV 系统是不接地系统。在投运时，按启动方案对该 35kV 干式变压器进行 3 次充电，约 40min 后带上约 50kW 负荷，从声音、温度、外观及其电压、电流上均未发现异常，运行至约 3h 后，该 35kV 干式变压器发生爆炸，站用变压器室火灾告警。当时录到的故障电流有效值超过 20 000A，峰值达到 34 400A，该站用变压器保护电流Ⅰ段 8ms 后动作约 40ms 出口跳闸，约 80ms 故障切除，该系统 35kV 电压恢复正常。事故现场该 35kV 干式变压器 B 相本体爆裂，分接开关侧导线炸断，站用变压器室门窗全部震飞，强大的电磁力将其 35kV 进线电缆从支架甩至电缆沟底。

2. 事故原因分析

根据故障过程和现场勘查结果可以判断，此 35kV 干式变压器爆炸应是其 B 相内部绕组引出分接位置存在绝缘缺陷，带上负荷后发热，热效应逐渐累积导致绝缘击穿，造成绕组匝间短路，故障向地电位最近的底部发展，在强大的电磁力作用下，B 相分接头接线板被炸开，电弧与故障的碎片殃及 C 相，导致 BC 相短路故障，在此较小的空间中电弧迅速蔓延，最终导致三相短路。从故障现场照片中看到，变压器 B 相与本体相连的端子排多条很深的沟，说明此处有很大的电弧电流流过；在烧蚀的沟中有一个非常深，对应到本体处也有一个很深的小窝，这个位置附近应是故障的起始点。这个部位是干式变压器场强分布最复杂且故障率很高的部位，从绕组中焊接出分接出线，焊口的质量是关键，控制不好必然会在带负荷运行中发热，非常容易导致故障，并且这个位置结构复杂，环氧树脂浇制的过程中容易在此处形成小气泡，在运行中这些小气泡会发生局部放电而产生热量，如果这位置附近有局部受潮，绝缘强度将下降，局部放电会逐渐扩大，形成贯穿性故障。

综上所述，这次干式变压器爆炸的主要原因为：① 在绕组中焊接出分接头部位有质量缺陷；② 引出分接头附近绝缘介质内部有小范围局部受潮。

3. 事故启示

（1）交接试验项目中对干式变压器焊接质量缺陷有所反映的只有绕组直流电阻测量这一项，对这类小容量的变压器，相间差别要求不大于 4%（线间要求为 2%），显然小缺陷难以发现，纵向比较更难发现问题，但又由于导线材质差别，无法提高要求，因此这项试验很难发现焊口小缺陷。检测绝缘介质的缺陷有绝缘电阻、吸收比、1min 交流耐压及 3 次运行电压冲击试验，但必须较严重的缺陷才能被发现，况且现场 1min 交流耐压只是出厂试验的 80%，更不利于发现小气泡或局部小范围受潮缺陷。因此，目前交接标准的要求对以上缺陷失效是难免的。

（2）干式变压器有受潮嫌疑时，现场只按通常的交接标准进行试验。如果增加局部放电试验和温升试验，问题应该已在试验中被发现。这两项试验才是真正考核干式变压器质量的关键，目前温升试验只是常规变压器的型式试验，但每台变压器制造质量都有差异，尤其生产低电压、小容量变压器的厂家对制造工艺的控制不太严密，工艺问题在实际中是层出不穷的。因此，应该把温升试验作为出厂试验；而局放试验对干式变压器的绝缘局部缺陷是非常有效的，但由于这项试验在现场进行有难度，由现场试验单位主导编制的交接标准忽略了这项试验，对于有受潮嫌疑的干式变压器或在系统位置比较重要的 35kV 干式变压器，应该增加局放试验。

（3）一次电缆与重要的保护二次电缆并行同沟敷设显然是不合理，不应对保护二次电缆的屏蔽效果过于依赖。

## 案例二　南郊 330kV 变电站主变电设备火灾事故

1. 事故经过

2016 年 6 月 18 日凌晨 0 点 25 分，某电力公司南郊 330kV 变电站突发大火，并伴随强烈的爆炸声和电弧声，现场出现 6 层楼高的大火和十多层楼高浓烟，凌晨 1 点 20 分大火才被消防人员扑灭。经初步勘查，现场过火面积有 $100m^2$ 左右，火灾和爆炸现场一片狼藉。

整个事故过程中 330kV 南郊变电站、110kV 韦曲变电站的二次保护设备均未动作。通过调阅相关变电站保护动作信息和数据，推断本次事故发展经过如下：

0 时 25 分 10 秒，市区距离南郊变电站约 700m 的一个十字路口 35kV 电缆沟发生爆炸；

27 秒后故障发展到韦曲变电站的 110kV 系统，4、5 号主变压器起火爆炸。

0 时 27 分 22 秒（电缆爆炸 132s 后）故障发展到南郊 330kV 变电站，1、2 号主变压器喷油、3 号主变压器起火；

0 时 27 分 25 秒（故障发生 135s 后）330kV 南郊变电站 6 回出线全部跳闸，省电网调度自动化系统发出故障告警信息，监控系统报出上述线路跳闸信息。从故障发生到切除，持续时间共计 2min15s。

0 时 29 分，省调通知省检修公司安排人员立即查找故障。

0 时 38 分，南郊 330kV 变电站现场人员确认全站交、直流完全失压，开关无法操作。

0 时 40 分，地调汇报省调，共有 8 座 110kV 变电站失压。

0 时 55 分—1 时 58 分，市地调将另外 7 座失压变电站调到其他 330kV 变电站供电。

2 时 55 分，经检查确认，韦曲变电站 110kV 4、5 号主变压器烧损，南郊变电站 330kV 3 号主变压器烧损，1、2 号主变压器喷油，均暂时无法恢复供电。

35kV 电缆爆炸和可燃气体闪爆造成电缆沟道井盖和相邻的通信井盖受爆炸气浪冲开，造成邻近商铺门窗受损，5 台车辆不同程度受损，3 名街边乘凉的无辜群众不同程度受伤。

2. 事故原因分析

（1）本次事故起因是 35kV 电缆中间头爆炸起火，电缆沟道内存在的可燃气体发生闪爆。

（2）新蓄电池未正常连接直流母线，全站保护及控制回路只有直流模块供电。

（3）电缆中间头爆炸起火引起 330kV 南郊变电站 0、1、2 号站用变压器低压脱扣使直流模块交流失电。从而造成直流系统完全失压。

3. 事故启示

（1）现场改造组织不力：直流系统改造准备不充分，现场勘察不细致，施工过渡方案不完善，施工、监理、运行、厂家等相关单位职责不明确，风险分析不到位，安全措施不完善。施工单位和运行单位协调配合不够，新投设备验收把关不严，运行注意事项未交代清楚。

（2）直流专业管理薄弱：站用直流技术监督不到位，直流屏改造后未进行蓄电池连续供电试验，未及时发现蓄电池脱离直流母线的重大隐患。未组织运行人员对新投设备开展针对性技术培训，未及时修订现场运行规程。

（3）配电电缆管理松懈：公司资产电缆与用户资产电缆同沟敷设，运维职责不清，日常维护不到位，缺乏有效的监测手段，设备健康状况了解不够。

（4）应急联动信息报告不够及时，内部协调不够顺畅，事故后沟通解释工作不够到位，造成不好社会反响。

## 第二节　换流站火灾事故分析

### 案例　某换流站阀厅火灾事故

1. 事故经过

1994 年 6 月 25 日 11 时 40 分中央报警和事件记录同时发出极 I 直流 07 保护（换流桥三角形结线桥差保护）动作，极 I 紧急停运（ESOF）。运行人员立即进入极 I 阀厅检查，发现阀厅内烟雾较大，A 相塔阀顶部半层阀处有火苗，便立即用灭火器进行灭火，由于着火部位，位于A相塔阀左侧最上层的半层阀（1L）靠直流侧的阳极电抗器上，其上方正对着与阀厅巡检通道相连的阀基电子设备（VBE）安装架的空处，所以火势立即得到控制。灭火时间仅用1min左右。

2. 事故原因分析

半层阀电抗器引线铜排接触不好发热燃烧熔断的过程中，熔化的金属沫造成局部放电，特别是当主回路连接线烧断时放电加剧，形成了局部放电过程。究其铜排引线母线与阀电抗器绕组引线相接部分发热原因，存在着两种可能性：① 软连接与绕组引线铜排连接，由于长时间运行接触电阻变大；② 绕组线圈与引线铜排间的焊接处存在某种先天不足，经不起长期运行考验。

但从敲掉环氧树脂后对阀电抗器进行检查的结果来看，第②种原因显得证据不足。7月23日，对极2阀厅所有阳极电抗器连接螺栓进行检查，发现所有螺栓均已松动，同时发现A相左侧的L，阳极电抗器底部连接螺栓已烧断，连接铜排及阳极电抗器环氧树脂外壳均已烧变色。由此可见。前述第①种推测是正确的。

3. 事故启示

该换流站也是因阳极电抗器引线处发热所致。换流阀中造价最高的是可控硅，人们往往对它比较重视，在设计制造和维护时都给予了充分的重视，然而辅助设备与可控硅在电气和机械上都连为一体，辅助设备的故障都会导致大量主设备的损坏，因此，设计制造和运行维护部门均须加深对辅助设备的认识。设计制造部门应把提高辅助设备质量与提高可控硅参数放在同等重要的地位。

运行值班人员必须对阀厅发出的任何一个信号，甚至包括一个TE板和一个BOD的回报信号都不能放过。一旦阀厅发出信号，运行人员应加紧对阀厅的巡视和报告有关人员。美国太平洋联络线的教训就在于运行人员发现2块TE板损坏后没有及时对阀厅进行检查，酿成阀塔烧塌的严重后果。

该换流站这次侥幸快速将火扑灭，是因为故障的部位便于灭火。假设着火部件在阀塔的中间，则无法快速灭火，损失将不可估量。因此，阀厅消防演习应定期进行。消防演习的内容包括运行人员做阀厅安全措施的速度与消防人员到达现场及把消防水管连接消防栓并冲进阀厅的速度。早期火灾监视系统，尤其像VESDA狐光探测系统等，可以防患于未然。一旦发生明火则必须使用消防器材灭火，但阀厅自动消防系统造价很高，且施工阶段影响送电。因此，定期对运行人员及消防人员进行反事故演习是经济实用的有效途径。

## 第三节　互感器火灾事故分析

### 案例　互感器爆炸火灾事故

1. 事故经过

2019年5月9日，某供电局某供电所供电服务班班长王某某，发现某一专变用户4月电量异常，经查询 4 月用户负荷无明显变化，初步怀疑电能表异常。于是安排李某某（供电服务班班员）与他 5 月 10 日一同去检查专变计量装置。

5 月 10 日 16 时 17 分，王某某在 4A—生产管理系统—故障抢修模块中填报低压报障单。

5 月 10 日 16 时 19 分，配抢中心接报障单后进行派工。

5 月 10 日 16 时 24 分，王某某接单，随即王某某、李某某、周某某（抄表员）等 3 人从供电所出发。

16 时 30 分，王某某、周某某、李某某等 3 人到达计量装置安装位置的 10kV 硝伞线 2 号杆。

16 时 54 分，王某某现场填写《书面形式布置和记录》和《班前班后会记录》并发至该供电局营销作业管控群。

17 时 12 分，经驻所督导员（该供电局派驻的驻供电所安全督导员）审查作业文件后，同意现场人员开展工作。

17 时 24 分，110kV 白岩变电站 10kV 硝伞线过电流 I 段保护动作跳闸，重合闸不成功，故障显示为三相故障。

17 时 27 分，路人文某发现 10kV 硝伞线 2 号杆 10kV 组合互感器爆炸着火并现场有人受伤，拨打 120 急救电话。

17 时 40 分，120 救护车赶到。

17 时 45 分，县人民医院急救人员现场认定王某某、周某某死亡，并将李某某送往医院治疗。

2. 事故原因

发现 10kV 硝伞线 2 号杆处：10kV 组合互感器底部前、左、右三面均爆裂，电能表箱内负控终端和电能表已烧融。

目前事故原因尚未查明，对爆炸原因进行了初步分析，认为该台电流互感器存在制造固有缺陷，由于产品质量原因造成这台电流互感器在正常运行中，内部发生突发性绝缘击穿短路，引起互感器爆炸。

3. 事故启示

（1）只有制造厂家提高产品，消除设备的固有缺陷，才能保证设备安全运行。

（2）对于产品缺陷，用局部放电试验可以比较有效的发现缺陷。因此需要认真做好出厂试验中局部放电试验。

## 第四节　电缆沟火灾事故分析

### 案例一　变电站低压电缆烧毁事故

1. 事故经过

2009 年 10 月 24 日，某 220kV 变电站站内电缆沟电缆着火，造成站用电系统全停。根据站内监控系统故障记录信息分析，20 时 32 分 11 秒，4 号主变压器冷却系统电源故障报警，且伴有间隔在 160～180ms 左右的间断恢复过程，确定故障起始点为 1 号站用变压器低压侧电缆发生单相接地短路故障。20 时 33 分 16 秒，1 号站用变压器低压空气开关低电压脱扣跳开。站用电 380V Ⅰ段母线失压。20 时 33 分 53 秒，2 号站用电低压侧电缆故障。站用电 380V Ⅱ段母线失压。该变电站共有 0、1、2 号三台站用变压器（SZ9－800/35），其中 1、2 号站用变压器高压侧经熔断器（SMD—2C/20E）分别接至 2、3 号主变压器 35kV 侧母线上，0 号站用变压器高压侧经熔断器接站外 35kV 电源。380V 站用电为单母分段接线，0 号站用变压器低压侧经 2 只空气开关分别接至 380V Ⅰ、Ⅱ段母线，作为 2 台站用变压器的备用电源，采用手动切换方式。3 台站用变压器低压侧通过每相 2 根 $500mm^2$ 单芯电力电缆并联接入站用电屏。

经事故现场勘察发现，电缆沟主要着火部位为站用电室进出线电缆沟第一直角转弯处。该电缆沟内近百根电缆（光缆）遭受不同程度损伤；其中烧损 380V 站用电缆 51 根（主要为 0、1、2 号站用变压器低压侧电缆、主变压器冷却系统电源电缆、站用电屏分路电缆、直流电机电源电缆），通信光纤和高频电缆 13 根。除站用电室进出线电缆沟第一直角转弯处电缆着火严重烧毁外，在高压设备区电缆沟内还发现另外 4 处电缆起火点（均自熄），所有起火点均位于电缆支架处。5 处起火点中有 3 处发生在电缆转弯处。2 处发生在电缆直线段。对事故电缆剩余部分外观检查发现，电缆外护套层在电缆支架处均存在明显压痕。

2. 事故原因分析

（1）变电站站用低压电缆设计选型采用了磁性钢带铠装的单芯电力电缆（VV22－0.6/11×500），违反了《电力工程电缆设计标准》（GB 50217—2018）中 3.4.1（1）条“交流系统单芯电力电缆，当需要增强电缆抗外力时，应选用非磁性金属铠装层，不得选用未经非磁性有效处理的钢制铠装”的规定。电缆在运行中长期存在磁性铠装层涡流发热，使电缆内外护套层绝缘老化加速。

（2）电缆敷设施工过程中转角处电缆外护套局部绝缘层拉薄，电缆磁性铠装层存在涡流，对电缆支架持续性间隙放电并形成环流，铠装层局部出现过热，致使电缆主绝缘层逐渐融化并击穿，引发单相接地短路故障，最终导致电缆起火燃烧。

（3）变电站站用变压器高压熔断器熔体设计配置上未对熔体保护范围和动作可靠性进行严格计算校核，存在保护死区，站用变压器低压出线电缆末端单相故障时不能可靠熔断，无法快速切除电缆故障，致使电缆持续燃烧并波及同沟其他电缆。

3. 事故启示

（1）电缆选型上存在严重失误。设计人员对电缆制造有关《额定电压 1kV（$U_m$=1.2kV）到 35kV（$U_m$=40.5kV）挤包绝缘电力电缆及附件》（GB 12706）及其变更不熟悉，既未按老标准（1991 版）对选用的单芯电力电缆（型号 VV22）铠装层防磁性能提出明确说明，也未按新标准及时修改设计选用的电缆型号（新标准应为 VV62），直接导致工程中使用了不符合规定的电力电缆。

（2）站用变压器高压熔断器熔体设计配置不当。由于站用变压器布置在高压设备区，站用变压器至站用电室之间使用了较长距离的低压电力电缆。设计人员在熔断器熔体选择上仅依据站用变压器额定容量计算，未对熔体规格选择的合理性、可靠性进行严格计算校核，导致保护上存在死区。站用变压器低压侧电缆末端故障不能可靠快速切除，造成了事故扩大。

（3）施工单位施工前验收把关不严格，未对电缆作抽样试验分析。电缆敷设过程中未采取有效保护措施，致使电缆外护套局部绝缘层受损拉薄，监理单位也未能及时发现设计和施工质量问题，遗留了事故隐患。

（4）供货厂家未按规范要求核实用户的使用条件。向用户提供了带有磁性铠装的单芯电力电缆。从事故电缆检测和解剖检查看，电缆还存在绝缘电阻常数不符合要求以及绝缘厚度不均匀、钢带向绝缘层方向内嵌等质量缺陷。

（5）低压电力电缆与保护、控制电缆同沟集中敷设。由于站用变压器低压电力电缆工作电流大，发生故障的概率较控制、通信电缆高，一旦发生火灾事故，极易波及同沟的控制、通信电缆，造成全站控制、通信失灵而酿成全站停电事故。

## 案例二　变电站站用电缆火灾事故

1. 事故经过

某 500kV 枢纽变电站共有 750MVA 主变压器 3 组，冷却方式为 OMAN/ONAF/ODAF，冷却容量为 60%/80%/100%额定容量；500kV 部分采用 3/2 接线 4 回出线；220kV 采用双母双分段接线出线 14 回。

2008 年 7 月 22 日 20 时 32 分，该变电站发生站用电低压电缆着火事故，因同沟敷设的保护用光缆和高频通信电缆被相继烧断，该变电站 4 条 500kV 线路的 8 套保护和 4 条 220kV 线路 7 套保护通道中断，主变压器减负荷运行，变电站被迫改为终端运行方式。因站用电屏至充电机室电源电缆烧毁，直流系统交流充电电源中断，全站保护及自动装置仅靠蓄电池供电，变电站面临全站停电的危险。

经事故后现场勘察，电缆沟着火部位为站用电室进出线电缆沟第一直角转弯处，电缆沟过火长度约 13m。该电缆沟内 122 根电缆（光缆）遭受不同程度损伤；其中烧损 400V 站用电缆 51 根（主要为 0、1、2 号站用变压器低压侧电缆、主变压器冷却系统电源电缆、站用电屏分路电缆、直流充电机电源电缆）；通信光纤和高频电缆 13 根；后又发现主控制室西侧的主电缆沟拐弯处有 1 根动力电缆熔断，7 根控制电缆严重烧损，周围电缆不同程度损伤；主变压器及 35kV 场地的东西两侧电缆主沟发现另有 3 处不同程度的动力电缆烧损，其周围电缆不同程度受损。

2. 事故原因分析

经现场勘察发现，1 号站用变压器高压侧 A、B、C 三相熔断器均熔断，2 号站用变压器 B 相熔断器熔断；0 号站用变压器 A 相熔断器熔断。1、2 号站用电屏进线断路器（1ZKD，2ZKD）均处于跳开状态，1 号站用变压器低压侧三相电缆烧损最为严重。

根据调查分析，判断事故直接原因为 1 号站用变压器低压侧电缆在站用电室电缆沟直角转弯处局部绝缘受损，电缆运行中发生单相接地短路，由于站用变压器高压熔断器未能及时切除单相接地短路电流，导致电缆超温持续存在并引起电缆绝缘起火燃烧，最终发展成相间及其他同沟敷设电缆燃烧。

3. 事故启示

（1）站用变压器保护方式不可靠。站用变压器采用熔断器保护占地少、设备投资小，因而是站用电设计规程推荐的方案之一，但其使用是有条件的。

该变电站站用变压器参数为 800kVA，35/0.38kV；站用变压器高压侧额定工作电流 13.86A；变压器低压单相短路反映到高压侧的短路电流：10m 电缆约 88A、100m 电缆约 38～52A，可见变压器低压侧长电缆末端发生单相故障时高压熔断器难以可靠熔断。

（2）站用变压器低压电缆选型问题。该变电站站用变压器布置在 35kV 配电装置场地，站用配电屏室布置在 100m 外的主控通信楼底层，变压器至站用电屏的联络采用了电缆。

事故后发现制造厂按新标准提供了铠装钢带采用常规磁性钢材的电缆。单相电缆采用铁磁钢带，温升虽不至直接引起电缆燃烧，但交流电流将在钢带中感应出磁场，磁场涡流会使钢带升温，进而造成附加损耗和增加电缆阻抗。对故障电缆剩余部分检查试验发现，铠装钢带内嵌绝缘层损伤，不能排除长期高温条件运行加上钢带升温时损伤了电缆，但也不能排除电缆制造缺陷或施工损伤的隐患。

（3）电缆敷设问题。该变电站站用电中央配电屏位于主控通信楼底层，由于控制楼前电缆沟有 3 条，很难再找到位置开沟将主、备双回路电缆分沟敷设，因已采用阻燃电缆，设计也未进一步采取防火分隔措施。本次事故反映出阻燃电缆在超过耐受条件时也会燃烧，同沟敷设电缆未采取防火隔离措施，起火后难以避免全部受影响。电缆敷设质量直接影响电缆运行安全，作为电缆质量控制的一部分，除设计需满足相关要求外，在设计文件中还应对电缆敷设提出明确要求。

## 案例三　变电站馈线电缆燃烧事故

1. 事故经过

2013 年某日 13 时 13 分，广东电网某 110kV 变电站 F20 出线线路保护动作，继而 F23、F5、F21、F6、F10、F27、F31、F38、F36、F28、F3 共 11 条出线线路相继保护动作，经查，出站电缆沟着火，于 14 时 08 分全站停电抢修。经过抢修，当日对 22 条变电站出线进行了送电，剩余线路于 21、22 两日相继送电，至次日 8 时 04 分，最后一条故障出线 F23 修复送电。据查，着火电缆沟内集中了全站 38 条出线中的 22 条，分别为 F2、F3、F4、F5、F6、F8、F10、F12、F19、F20、F21、F22、F23、F24、F27、F28、F30、F31、F33、F36、F37、F38。在对故障现场进行勘察后，发现着火出站电缆沟内的各条站出线均被不同程度的烧损，尤其是围墙处的电缆烧损最为严重，大量芯线存在烧熔、断股的现象，由于变电站内侧坑道内堆放有大量防火材料填充的防火袋，遏制了火势向站内的进一步发展。

2. 事故原因分析

从截取的故障电缆完好段的试验结果看，在外护套存在的情况下，电缆的绝缘、阻燃性能均能满足正常运行的要求和相应标准，但部分电缆的屏蔽尺寸不满足标准要求，结合现场勘察情况，初步判定本次故障主要由电缆偷盗引起，而电缆质量不合格为引起故障的次要原因。

从电缆故障当日和历史运行数据看，各条电缆的当日最大负荷和历史最大负荷均远小于其载流量，不存在重载和过载引发绝缘老化击穿的情况。从现场结果看，首先发生故障的F20、F23、F5等线路的运行时间超过15年，测得的直流电阻虽在标准范围内，但明显偏大，会增加电缆正常运行时的发热量，使绝缘劣化。而作为均匀电场的内、外屏蔽层尺寸不合格，使其无法有效发挥均匀电场、避免电缆各层间局部放电的作用，加速了绝缘的劣化。在电缆被盗窃时，电缆的外护套、铜屏蔽被剥除，剥除过程中，半导电层和主绝缘因受外力破坏，使电缆的绝缘强度进一步降低，最终导致电缆主绝缘被击穿，造成F20线路的相间短路故障。

根据继保记录，保护均正常动作，首条故障线路F20过电流Ⅰ段保护动作时，切断的故障电流折合到一次侧达到了 12 643A，击穿前电缆发热产生的热能使得电缆的绝缘材料熔融分解，绝缘强度进一步下降，最终使绝缘被完全击穿，击穿电弧所产生的电火花引燃了高热量下绝缘材料分解所产生的乙烯等可燃气体，使电缆发生燃烧。由于具有阻燃特性的聚氯乙烯外护套被剥除，现场坑道内还存有偷盗时剥离的电缆填充物、树叶和枯枝等可燃物，这些物质不但不具有阻燃性，其燃烧还会产生大量热量，可加热邻近电缆到燃烧状态，使燃烧进一步向上蔓延。加上现场垂直电缆坑道提供了一个形似“烟囱”的风口，加速了火焰的顺流蔓延。在火焰焚烧下，邻近馈线电缆的主绝缘遭到破坏，相继发生对地或相间短路故障，这点在继电保护动作时间上得到了印证，F20线路的动作时间为13时13分，而后续F23、F5、F21等馈线都集中在13时30分左右动作，从时间顺序上表征了火势的蔓延过程。

3. 事故启示

（1）本次事故主要由于电缆偷盗、电缆质量不合格导致电缆绝缘下降，最终引发事故。

（2）须加强电缆坑道周边的防盗工作，通过修建围墙、加装摄像头、封堵垂直电缆坑道等方式进行防盗。

（3）须加强电缆产品的入网抽检，加强对入网产品绝缘、尺寸等项目的考核，杜绝问题产品入网。

（4）应开展对电缆的成束燃烧进行进一步研究，分析现有的电缆坑道防火阻燃设计是否合理，是否需要对相关标准进行修编。

## 第五节　电缆隧道火灾事故分析

### 案例　电缆隧道火灾事故

1. 事故经过

2009年3月26日17时26分，某公司烧结工序地下电缆隧道发生火灾，烧毁50m长一段隧道内的大小41根高压电缆，共计2405m，造成直接财产损失302 745元。由于起火地段隧道坡度大、隧道周边设施多、施救地形狭窄，隧道内电缆密集，排烟设备不足，夜间视线不佳等原因，致使所有参与灭火人员历经近 8h 的奋力扑救，于 3 月 27 日 0 时 45 分才将火灾扑灭。

当日 17 时 26 分 07 秒，变电站运行人员按能动中心调度要求合上“新烧二号”断路器，突然听到控制室传出电抗器的轰鸣声，立即切断断路器（17 时 26 分 32 秒），与此同时，变电站工作人员发现“烧三”断路器开路跳闸（17 时 26 分 29 秒），10kV Ⅰ母发出接地信号。相继“烧二”断路器（17 时 57 分）、“烧六”断路器（17 时 58 分）过电流保护器动作跳闸，以及由此变电站供电的其他负荷出线断路器相继跳闸和接地报警。

根据该变电站各路保护控制电器动作时序，“新烧二号”单芯电缆首先发生异常，沿敷设“新烧二号”电缆的电缆桥架查找，发现在一固定电缆槽盒与金属支架的金属螺钉处有明显的接地放电电弧痕迹，此处玻璃钢槽盒受电弧高温影响已熔化。

火灾后消防部门共调查询问 11 人次，分别为该公司能动中心供电车间主任、电工班长、指挥调度及火灾第一报警人、电缆作业区作业长等。据其中电工班长描述：3 月 26 日 17 时 26 分送电时听到“新烧二号”柜背面有异响，随即将此柜电源开关断开，稍后隔壁的火灾报警主机报警（冶烧 55、56 号两个点报火警），说明此次火灾起火时间即在此时。

2. 事故原因分析

（1）直接原因。综合现场勘查及调查询问情况，并经技术分析，认定此起火灾系“新烧二号”电缆送电时绝缘被高压击穿形成 10kV 单相接地故障，致使电缆隧道内的电缆群遭受系统高压击穿，产生电弧高温引起电缆燃烧而成灾。随着“新烧二号”10kV 电缆故障接地，隧道电缆群因由贴邻接地的钢制电缆托架敷设，从而造成 6kV 电缆遭受超过其额定值的过电压冲击。从理论上分析，过电压值可达额定电压值的 3.5 倍以上。现场勘验发现，在靠近 5 号隧道井南侧墙面电缆钢制井架处呈现多点放电迹象，南侧墙面上留有喷溅的金属熔珠，且该处托架上有一电缆被截断，截面整齐，覆盖该电缆的薄型钢板上有直径约 10cm 疑似被电弧击穿的孔洞，其下方地面有一截疑似被电弧击断的角钢。

以上说明此隧道电缆群绝缘遭受系统过电压严重破坏，再次发生严重故障接地，持续性电弧温度高，接地回路电流大，热效应强，最终引燃电缆塑料外护层造成起火事故并蔓延成灾。

（2）间接原因。隧道电缆陈旧老化是其间接原因。火灾后检查隧道内电缆群，除“烧六 1 号”于 2002 年更换，“烧六 2 号”“烧二”两开路电缆为 2008 年更换外，其余 5 个烧结开路均为 1992 年投运的电缆。在事后的调查分析中发现，“烧三号”电缆头首先“放炮”就证明该电缆头存在薄弱点，说明此隧道内电缆陈旧老化，也进一步促使了此次火灾事故的发生。

在综合分析上述调查情况后，当地公安消防部门依法对起火单位制发了《火灾原因认定书》，并根据有关规定对相关的责任单位、责任人给予了相应的行政处罚，失火单位对此均无异议。

3. 事故启示

单芯电缆防火是一个新问题，目前绝大多数电缆沟虽已设置了防火门和火灾报警装置等设施设备，不少电缆还做了阻燃处理，但由于单芯电缆目前使用不很普遍，其安全运行防护措施的特殊性还未受到应有的重视，尤其是电缆运行附属设施设备的检查维护还较易被忽视。此次“新烧二号”电缆火灾事故前，当年 3 月 13 日第一次送电时，就发生了 A 相电缆烧损冒烟情况，但有关单位只是做了简单处置，没有深入分析找出根本原因。当年 3 月 23 日还进行了电缆的耐压试验（结果为合格）。在本次事故发生前的送电准备时，施工方还进行了电缆的绝缘摇测，但对电缆本身和附属设施未进行仔细检查确认，最终导致起火成灾。此次火灾事故充分说明，电缆防火除应严格按国家相关规范、标准设计、施工外，还必须加强对包括接地保护在内的安全措施的检查维护，才能全面落实好电缆火灾防范的治本措施。

## 第六节　雷击事故引发变电站火灾事故分析

### 案例　雷击事故引发变电站火灾事故

1. 事故经过

220kV 某变电站共有 2 个通信机房，发生故障的微波楼通信机房为第一通信机房，主控楼 1 层设置有第二通信机房，故障前 2 个机房通信设备均运行正常。2013 年 06 月 07 日 7 时，该 220kV 变电站所在地出现雷电大雨天气。

7 时 30 分，站内值班员看到一球型闪光在微波塔下部电缆托架附近一闪即逝。8 时 10 分，一声强雷之后，该站主控室照明、监控机、管理机等设备短时失去电源。经查为监控台内的空气开关跳闸。8 时 20 分，该站火灾报警装置发出报警信号，值班员随即到楼下查看，发现微波楼 2 楼东侧有烟冒出，进入微波楼内，发现烟雾太大。值班员戴上防毒面具后，进入微波楼 2 楼查看，发现楼内烟雾很浓，房间东南角处有较大火光，并伴有“噼啪”的放电声，温度很高，无法靠近。值班员在门口处用干粉灭火器对准火焰进行喷射，但由于距离较远，干粉不能喷射到火焰处，灭火效果不明显。值班员随即断开低压室内低压屏上通往微波楼的所有交流电源，立即报火警 119，同时报告公司运维工区领导，启动消防应急预案。10 时 20 分，火势得到控制，现场已无明火，消防人员随后赶到，进行彻底灭火。

2. 事故原因分析

该变电站处于平原地区，微波塔接地装置与通信楼接地网连为一体，当年 5 月实测接地电阻值 0.62Ω，符合相关标准（不大于 5Ω）要求，天馈线等通信线缆外金属层或屏蔽层均已按规程要求接地。起火点所在电缆竖井内敷设了交流电缆、直流电缆、音频电缆和光缆等，有直接接地的金属支架，该金属支架与微波塔天馈线金属桥架连通，在 1 楼电缆沟处与接地网相连，电缆沟内接地网与微波塔接地网为同一接地网，且独立于变电站接地网。

由于与通信线缆连接的通信设备均未损坏，因此可排除雷击微波塔后，引起地电位升高，造成设备及线缆绝缘损坏而起火。造成故障的原因如下：

（1）光缆为不导电物质。

（2）交流电缆外具备铠甲，且两端直接接地。

（3）通信线缆屏蔽层也按规程要求接地。

（4）蓄电池电缆 1×50 ITI1TI 铜质线缆，线芯外部只有约 1.5mm 绝缘层，没有金属屏蔽层。

（5）现场检查除烧毁的蓄电池负极电缆外；其他线缆铜芯没有烧毁现象，只是表面发生氧化。

（6）电缆外皮燃烧的温度相对较低，不能使铜融化。因此从断点被烧熔的现象看，应该是雷击短路放电时电弧产生的高温所致。

综上所述，判断该变电站微波塔遭雷击后，部分雷电流经电缆托架入地，在蓄电池电缆中引起感应过电压，造成电缆绝缘薄弱位置击穿，引发放电，进而发展成电缆外皮燃烧起火。这是造成此次故障的直接原因。

3. 暴露出的问题

（1）该 220kV 站微波楼通信机房于 1980 年投运，当时直流电缆未采用铠装屏蔽阻燃电缆，不满足现行设计标准要求。微波馈线室外引入桥架未在进入微波机房前接地，虽然 2010 年时的规程对此无要求，但不符合《通信局（站）防雷与接地工程设计规范》（GB 50689—2011）（2012 年 5 月 1 日起实施）的要求，导致微波塔遭受雷击后通过桥架引入雷电波，造成短路起火。

（2）通信机房的线缆布置不规范，电缆所在竖井封堵不合格。敞开式走线架上的强、弱电缆未分离，光缆与动力电缆未分沟敷设，共用一条电缆沟引入微波楼，没有第 2 光缆路径，并且电缆竖井无隔离挡板，电缆直接外露，内部敷设的光缆、电缆数量太多，造成电缆及光缆间存在缝隙封堵不严密，导致火势自 2 层向 1 层和 3 层蔓延，造成事故范围扩大。

（3）通信监控系统不完善。该站通信监控系统于 1998 年投入运行，微波楼 1、2 层的通信监测系统无烟感探头，且未安装视频监控摄像头，造成通信监控人员无法及时发现起火。

（4）该站内通信专业基础资料不全，对现场抢修造成一定延误。